기초 지식에서 전문 기술까지

네일 케어 & 네일 아트

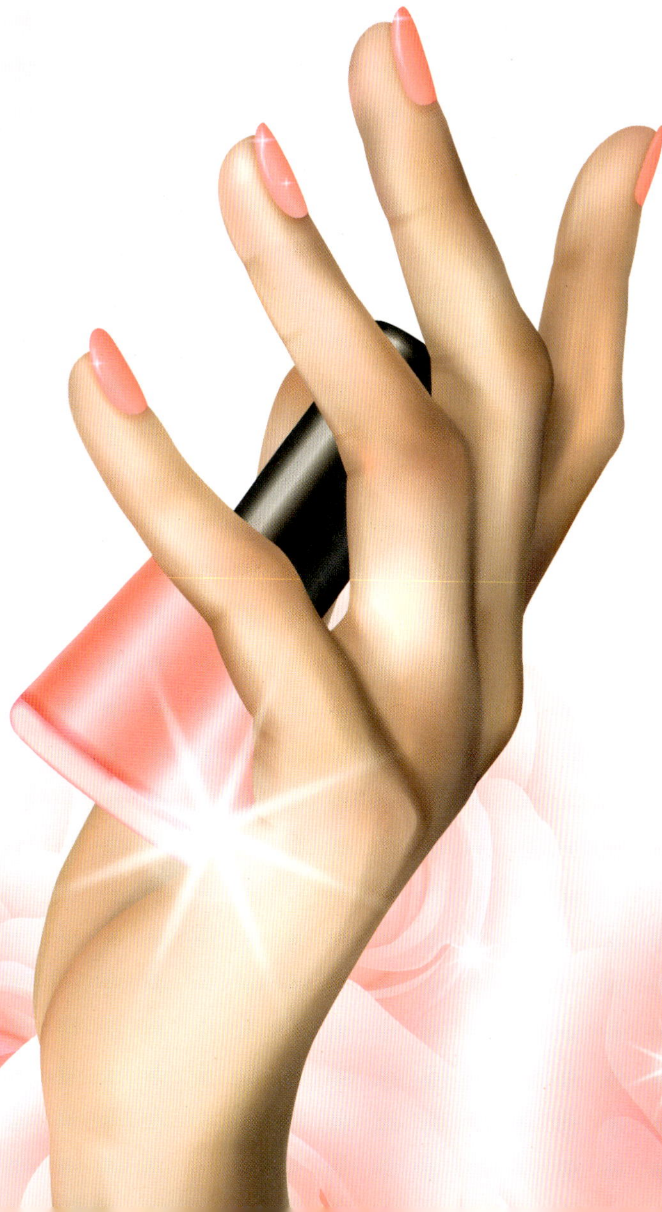

메디시인

머 리 말

현대는 국경을 초월한 4차 산업혁명 시대로 인공지능, 3D프린팅, 의료관광, 영상, 서비스 등이 빠르게 발전하며, 문화사회로 이끌고 있습니다.

이 시대 사람들의 관심사는 건강을 유지하고 증진하여 아름답고 행복하게 살고자 하는 데 초점이 맞춰져 있습니다. 이를 위해서는 꾸준한 자기 관리로 건강에 대한 관심과 투자가 선행될 때 건강하고 아름답게 살고자 하는 욕구를 만족시킬 수 있습니다.

결국 건강한 내면과 외면의 아름다움을 창출시키며, 자신감 있는 삶을 영위하는 것이 인생의 1차 목표라고 할 수 있겠습니다.

미용 분야의 창의적 기술은 미용예술로 현대 사회의 한 축을 담당해 나아가고 있습니다. 그 중에서도 네일아트는 가장 작은 공간에 가장 섬세한 작업으로 가장 큰 만족감과 기쁨을 줄 수 있는 미용의 완성이라 할 수 있습니다.

현대인에게 아름다운 네일아트는 예의이며, 네일 산업은 선진국형 고부가가치 서비스업입니다. 따라서 미용과 건강을 위한 네일 케어와 네일아트의 발전과 우리 사회에 맞는 네일 산업을 정착시키기 위해서는 다양한 아트의 연구와 개발에 적극적인 투자가 필요합니다.

이 책은 이 분야에서 많은 경험을 쌓은 교수들이 네일아트의 모든 것, 즉 미용과 건강을 위한 손과 손톱 관리, 손 마사지, 네일 아트 등의 분야로 나누어 이론과 실무를 겸비할 수 있도록 교과서화 하였습니다.

다시 말하면 정보화 시대 네일아트의 다양해지는 고객의 욕구와 요구를 모두 수용할 수 있도록 끊임없이 기술을 연구 · 개발한 결과물로서 맞춤형 인재양성을 목표로 네일의 기초적 지식과 최신 기술의 습득을 위한 교재라고 할 수 있겠습니다.

이 책이 네일 정보화 시대에 네일 미용 인재들에게 반드시 필요한 기본 지침서로 활용되기를 바라며, 아울러 네일 교육 발전에도 기여하게 되기를 기대합니다.

2020년 봄

저자 일동

차례

Contents

Chapter 03 미생물학

Chapter 04 피부의 이해

차례

PART Ⅱ 네일 관리 실무

Chapter 01 네일을 위한 기본 상식

Chapter 02 네일 시술 방법

Contents

Chapter 03 인조 네일의 분류

Chapter 04 젤을 이용한 인조 네일

차례

Chapter 05 젤을 이용한 마블링

Chapter 06 젤을 이용한 아트

Chapter 07 그밖의 네일 아트

Contents

차례

PART Ⅰ 네일의 이해

1. 네일 미용 개론
2. 손과 발의 해부학
3. 미생물학
4. 피부의 이해
5. 네일 미용의 위생 및 안전관리

Chapter 1

PART Ⅰ 네일의 이해

네일 미용 개론

1. 매니큐어(Manicure)의 이해

1. 매니큐어의 정의

손과 손톱을 건강하고 아름답게 가꾸는 미용기술로 손톱의 형태를 다듬어 주고 큐티클 정리, 마사지, 컬러링, 네일 아트 등의 전체적인 손 관리를 의미한다.

Check point

매니큐어의 어원

- Manicure = Manus(hand, 손) + Cura(Cure, 관리)
- Pedicure = Pedis(foot, 발) + Cura(Cure, 관리)

2. 매니큐어의 종류

(1) 습식 매니큐어(Regular Manicure)

가장 기본적이고 보편적인 네일 서비스로 핑거볼에 미온수를 사용하여 손을 담근 후에 큐티클을 정리하는 방법이다. 미온수의 사용만으로 큐티클을 불리기 어려울 때는 다양한 큐티클 연화제(큐티클 리무버, 큐티클 오일, 큐티클 크림)를 함께 사용할 수 있다.

(2) 건식 매니큐어(Dry Manicure, Nail care)

물을 사용하지 않고 건조한 상태로 큐티클 리무버나 오일을 이용해 큐티클을 정리하는 방법이다. 기본적인 과정은 습식 매니큐어와 동일하지만 유 · 수분이 많은 고객이나 인조 네일의 보존력을 높이기 위해 인조 네일의 작업 전에 미온수나 큐티클 연화제를 사용하지 않고 큐티클을 정리하는 것이 차이점이다.

(3) 핫 크림 매니큐어(핫 로션, 핫 오일, Hot Cream Manicure)

오일 워머기(oil warmer)에 제품을 넣어 데우고 큐티클을 부드럽게 해주고 정리하는 방법이다. 유 · 수분이 포함되어 있는 제품을 사용함으로써 선천적으로 건성인 피부나 건조하고 갈라지는 네일 및 거스러미 네일 등 건조한 손톱과 큐티클, 손톱 주위의 피부조직 상태를 부드럽게 연화시켜 준다. 여름철보다는 겨울철에 효과적이다. 최근에는 다양한 큐티클 제품의 출시로 많이 사용하지는 않는다.

(4) 파라핀 매니큐어(Paraffin Manicure)

파라핀 성분이 피부에 침투하여 건조하고 거친 피부나 큐티클에 보습 및 영양을 공급해 주는 방법이다. 파라핀 왁스에 콜라겐 성분과 비타민 E · 유칼립투스 · 멘톨 및 식물성 오일 등을 첨가하여 뛰어난 보습력과 영양 침투력으로 피부에 충분한 영양과 수분을 공급하여 혈액순환을 촉진시켜 준다. 손과 발의 피로를 풀어 주고 관절에 이상 징후가 있는 사람에게도 효과적이며, 근육이완 작용이 있어서 물리치료에도 사용된다. 여름철보다는 겨울철에 효과적이다.

손과 발을 관리함으로써 보습에 도움을 줄 수는 있으나 찢어진 피부, 습진, 빨갛게 부어오른 피부에는 사용을 금한다.

2. 네일 미용의 역사

1. 한국 네일 미용의 역사

(1) 고려 시대

고려 26대 충선왕(918~1392년) 때에 봉숭아꽃물을 들인 궁녀 이야기가 전해지고 부녀자와 처녀들 사이에서 '지갑화 또는 염지갑화(染指甲花)'라고 하는 봉숭아꽃물 들이기 풍습이 이루어진 시기로, 한국 네일 미용의 기원이다.

(2) 조선 시대(1392년~1910년)

세시풍속집 '동국세시기'에는 젊은 각시와 어린이들이 신분에 관계없이 손톱에 봉숭아 꽃물을 들이는 풍속이 유행하였다는 기록이 있다. 조선시대에는 '손은 마치 봄에 솟아난 죽순 같아야 하며 손바닥에 혈색이 붉어야 한다.'는 미인의 기준이 생겨났다.

(3) 1980년대

- 1988년 : 서울 올림픽에서 100m 달리기를 우승한 미국의 플로렌스 그리피스조이너(Florence Griffith-Joyner) 육상선수가 인조 팁을 시술하였다는 사실이 방송에 보도되었다.
- 1989년 : 이태원에서 미국인을 위한 네일 미용 서비스가 시작되었고 국내 최초의 정식 네일 살롱인 '그리피스(Griffith)'가 서울 이태원에 개설되었다.

(4) 1990년대

- 1996년 : 세씨 네일이나 헐리우드 네일 등의 네일 전문 살롱이 압구정동에 개설되고, 미국 키스사 제품이 국내에 소개되었다.
- 1997년 : 한국네일협회가 창립되었고, 미국 레브론 계열사인 크리에이티브 네일사가 전문가 용품 등 다양한 제품을 국내에 대량 보급하였다. 인기 스타들이 네일 미용을 하면서 네일 아트의 대중화가 시작되었다.
- 1998년 : 한국네일협회에서 최초의 네일 민간 자격시험제도가 도입 · 시행(4월 19일)되었다. 대학에서 네일 관련 수업이 신설되었다.

(5) 2000년대

- 2000년 : 미용 관련 대학에서 네일 미용사가 배출되기 시작하였다.
- 2002년 : 네일 제품의 전문화가 이루어졌고 네일 산업의 호황기를 맞게 되었다.
- 2014년 : 7월 1일 미용사(네일) 국가자격증 시행령이 실시되고, 11월 16일 미용사(네일) 국가자격증 제1회 필기시험이 시행되었다.

2. 외국의 네일 미용 역사

(1) 고대 이집트

피라미드 안에서 손톱에 바르는 약과 금속으로 만들어진 손톱용 칼과 줄칼이 발견되었다. 주술적인 의미로써 관목에서 나오는 헤나(Henna)의 붉은 오렌지색으로 손톱을 염색하였으며, 왕족과 신분이 높은 계층은 짙은 색으로, 신분이 낮은 계층은 옅은 색으로 손톱을 물들여 신분과 지위를 나타냈다.

(2) 고대 중국

밀랍(벌꿀), 난백(계란 흰자), 아리비아고무나무 수액 등을 혼합하여 오늘날의 네일 폴리시에 해당하는 액을 손톱에 발랐으며, '조홍'이라고 하는 입술 연지를 만드는 홍화를 손톱에 두껍게 물들였다. BC 600년경 귀족들은 금색, 은색, 검정, 빨강으로 상류층의 신분 과시와 미적 감각을 표현하였다.

(3) 그리스 · 로마시대

상류층에서 손의 관리가 시작되었다. 손(마누스, Manus)이라는 단어와 관리(큐라, Cura)라는 단어가 합해져 '마누스 큐라'라는 단어가 생겨났고 자연스럽고 건강한 아름다움이 중시되었다.

(4) 15세기

- 중국 : 명나라 왕조들은 흑색과 적색을 손톱에 발라서 신분을 과시하였고, 전쟁에 나가는 군 지휘관들은 입술과 손톱에 같은 색을 칠하여 용맹과 승리를 기원하였다.
- 유럽 : 손톱은 붉고 손과 손가락은 희고 길며 손이 아름다운 여성이 건강한 미의 기준이 되었으며, 손의 위생을 중요하게 여겼다.

(5) 17세기

인도의 상류층 여성들은 문신 바늘을 이용해 네일 매트릭스(조모, Nail Matrix)에 색소를 넣어 신분을 과시하였다.

(6) 1800년대

- 1800년 : 끝이 뾰족한 아몬드형 네일 모양이 유행하였고 붉은색 오일을 발라 샤미스(Chamois, 염소나 양의 부드러운 가죽) 버퍼를 사용하여 손톱에 광택이나 색깔을 내기도 하였다.
- 1830년 : 발 전문 의사인 시트(Sitts)가 치과에서 사용되던 기구에서 고안하여 오렌지 우드 스틱(Orange wood stick)을 개발하였다.
- 1885년 : 네일 폴리시의 필름 형성제인 니트로셀룰로오스(Nitrocellulose)가 개발되었다.
- 1892년 : 네일 아티스트(Nail Artist)가 미국에서 새로운 직업으로 도입되었다.

(7) 1900년대

- 1900년 : 금속 가위와 금속 파일(File)이 제작되어 도구를 이용한 케어가 시작되었으며 유럽에서 네일 관리가 본격적으로 시작되었다.
- 1910년 : 미국의 매니큐어 제조 회사인 플라워리(Flowery)가 뉴욕에 설립되어 금속 파일과 사포로 된 파일이 제작되었다.
- 1917년 : 닥터 코로니(Dr. Korony)가 네일 홈케어 제품을 보그(Vouge) 잡지에 소개하였다.
- 1925년 : 네일 폴리시 산업이 본격화되면서 일반 상점에서도 폴리시를 판매하였다. 투명한 장밋빛 네일 폴리시로 루눌라(Lunula)와 프리에지(Free Edge)를 제외하고 네일 보디에만 핑크를 바르는 'Moon Manicure(달 매니큐어)'가 유행하였다.
- 1927년 : 흰색 폴리시, 큐티클 크림, 큐티클 리무버가 제조되었다.
- 1930년 : 제나(Gena) 연구팀에 의해 폴리시 리무버, 워머 로션, 큐티클 오일이 제조되었다.
- 1932년 : 다양한 색상의 네일 폴리시가 제조되었고, 레블론(Revlon)사에서 립스틱과 잘 어울리는 네일 폴리시를 최초로 출시하였다.
- 1935년 : 인조 손톱(네일 팁)이 개발되었다.
- 1940년 : 미국의 여배우 리타 헤이워드(Rita Hayworth)에 의해 빨간색 폴리시로 네일 전체에 채워 바르는 스타일이 유행하였고 남성들도 이발소에서 네일 관리를 받았다.

- 1948년 : 미국의 노린 레호(Noreen Reho)에 의해 매니큐어 작업 시 도구와 기구를 사용하게 되었다.

- 1956년 : 헬렌 걸리(Helen Gouley)가 미용학교에서 네일 교육을 시작하였다.
- 1957년 : 토마스 슬랙(Thomas Slack)이 '플랫폼'이라는 지금의 네일 폼을 개발하여 특허를 받았다. 네일 팁(Tip) 사용자가 증가되고 패티 네일(Patti nail)이라고 불렀던 호일(Foil)을 이용한 아크릴릭 네일(Acrylic Nail) 시술이 최초로 행해졌으며 근대적 페디큐어가 등장하였다.

- 1960년 : 실크(Silk)와 린넨(Linen)을 이용하여 부러지기 쉬운 네일을 보강하는 네일 랩핑(Nail Wrapping)이 시작되었다.

- 1967년 : 손과 발의 트리트먼트가 출시되면서 관리에 사용되었다.
- 1970년 : 네일 팁과 아크릴릭 네일이 본격적으로 사용되고 여성들이 손톱을 길고 아름답게 표현하였다. 치과에서 사용하던 재료에서 아크릴릭 네일 제품이 개발되었다.
- 1973년 : 미국의 네일 제조회사 IBD가 최초로 네일 접착제와 접착식 인조 손톱을 개발하였다.
- 1975년 : 미국의 식약청(FDA: Food and Drug Administration)에 의해 인체에 해를 끼친다고 판명된 메틸 메타크릴레이트(Methyl Methacrylate)와 같은 아크릴릭 화학제품의 사용이 금지되었다
- 1976년 : 스퀘어(Square) 형태의 네일이 유행하고 네일 팁, 아크릴릭 네일, 화이버 랩(Fiber Wrap) 등 네일 아트가 미국에 정착하였다.

- 1981년 : 네일 전문 제품 오피아이(OPI), 에씨(Essie), 스타(Star)가 출시되었고 건 · 지성용 베이스코트와 향기가 있는 탑 코트, 손 관리를 위한 네일 전문제품과 핸드 제품이 출시되었으며 네일 액세서리가 등장하였다.
- 1982년 : 미국의 네일리스트인 타미 테일러(Tammy Taylor)에 의해 파우더(powder), 프라이머(primer), 리퀴드(Liquid) 등의 아크릴릭 네일 제품이 개발되었다.
- 1989년 : 네일 산업이 급성장하였다.

- 1992년 : NIA(Nail Industry Association)가 창립되어 네일 산업이 본격화되면서 정착하였다.
- 1994년 : 독일에서 라이트 큐어드 젤 시스템(Light Cured Gel System)이 등장하였고 뉴욕에서 네일 테크니션 면허 제도를 도입하였다.

(8) 2000년대 이후

네일리스트의 증가로 보편화된 미용분야가 되었고 네일 케어, 네일 보강, 2D · 3D 등의 입체디자인과 핸드 페인팅, 에어 브러시, 젤 아트 기법이 등장하였다. 현재는 전문적인 기술과 제품의 다양화와 더불어 다양한 서비스를 제공하고 있다.

Chapter 2

PART I 네일의 이해

손과 발의 해부학

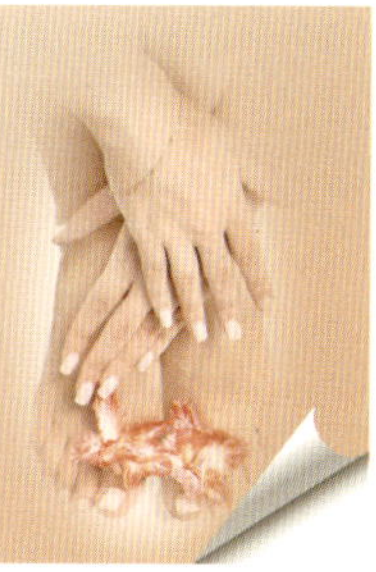

1. 손과 발의 뼈(Bone of Hand and Wrist)

손에는 27개의 뼈가 있으며 수근골(Carpal Bone, 손목뼈), 중수골(Metacarpal Bone, 손허리뼈), 수지골(Phalanx, 손가락뼈)이 있다. 수근골 8개, 중수골 5개, 수지골 14개로 구성된다.

(1) 수근골(Carpal Bone, 손목뼈)

손목을 구성하는 8개의 짧은 형태의 뼈들로 근위 및 원위 수근골로 각각 4개씩 구성된다.

① 근위 수근골(Proximal Carpal Bone, 몸쪽 손목뼈)

주상골(Scaphoid, 손배뼈), 월상골(Lunate, 반달뼈), 삼각골(Triangular, 세모뼈), 두상골(Pisiform, 콩알뼈)

② 원위 수근골(Distal Carpal Bone, 먼쪽 손목뼈)

대능형골(Trapezium, 큰마름뼈), 소능형골(Trapezoid, 작은마름뼈), 유두골(Capitate, 알머리뼈), 유구골(Hamate, 갈고리뼈)

(2) 중수골(Metacarpal Bone, 손허리뼈)

손바닥을 구성하는 5개의 뼈들로 저부(Base), 체부(Body), 두부(Head)로 구분하며 제1중수골이 가장 굵고 제2중수골이 가장 길다.

① 제1중수골(엄지손허리뼈)

② 제2중수골(검지손허리뼈)

③ 제3중수골(중지손허리뼈)

④ 제4중수골(약지손허리뼈)

⑤ 제5중수골(소지손허리뼈)

(3) 수지골(Phalanx, 손가락뼈)

손가락을 구성하는 14개의 짧은 형태의 뼈들로 각각 기절골(Proximal Phalanx), 중절골(Middle Phalanx), 말절골(Distal Phalanx)로 3개씩 구성되며 엄지는 중절골 없이 기절골과 말절골로 이루어져 있다.

① 기절골(첫마디 손가락뼈) : 5개

② 중절골(중간마디 손가락뼈) : 4개(엄지발가락 제외)

③ 말절골(끝마디 손가락뼈) : 5개

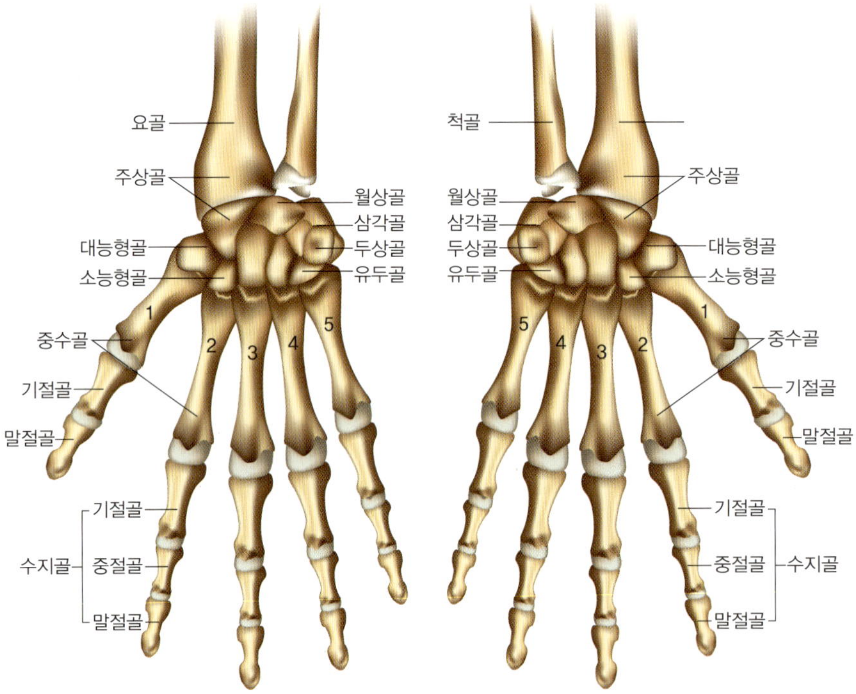

그림 2-1 손가락뼈

3. 발과 발목의 뼈(Bone of Feet and Ankle)

발에는 26개의 뼈가 있으며 족근골(Tarsal Bone, 발목뼈), 중족골(Metatarsal Bone, 발허리뼈), 족지골(Phalanx, 발가락뼈)이 있다. 족근골 7개, 중족골 5개, 족지골 14개로 구성된다.

(1) 족근골(Tarsal Bone, 발목뼈)

발목을 구성하는 7개의 뼈들로 근위족근골 3개, 원위족근골 4개로 구성된다.

① 근위족근골(Proximal tarsal Bone, 몸쪽 발목뼈)

거골(Talus, 목말뼈), 종골(Calcaneus, 발꿈치뼈), 주상골(Navicular, 발배뼈)

② 원위족근골(Distal Tarsal Bone, 먼쪽 발목뼈)

제1설상골(Medial Cuneiform, 내측 쐐기뼈), 제2설상골(Intermediate Cuneiform, 중간 쐐기뼈), 제3설상골(Lateral Cuneiform, 외측 쐐기뼈), 입방골(Cuboid, 입방뼈)

(2) 중족골(Metatarsal Bone, 발허리뼈)

발바닥을 구성하는 5개의 뼈들로 저부(Base), 체부(Body), 두부(Head)로 구분하며 제1중족골이 가장 굵고 강하며 체중유지에 중요하다. 길이는 제2중족골이 가장 길다.

① 제1중족골(엄지발허리뼈)

② 제2중족골(검지발허리뼈)

③ 제3중족골(중지발허리뼈)

④ 제4중족골(약지발허리뼈)

⑤ 제5중족골(소지발허리뼈)

(3) 족지골(Phalanx, 발가락뼈)

발가락을 구성하는 14개의 짧은 형태의 뼈들로 각각 기절골(Proximal Phalanx), 중절골(Middle Phalanx), 말절골(Distal Phalanx)로 3개씩 구성되며 엄지는 중절골 없이 기절골과 말절골로 이루어져 있다. 말절골 말단에는 조면이 있어 발톱이 부착된다.

① 기절골(첫마디 발가락뼈) : 5개

② 중절골(중간마디 발가락뼈) : 4개(엄지발가락 제외)

③ 말절골(끝마디 발가락뼈) : 5개

(4) 족궁(足弓: Arch's of the Foot)

발바닥 가운데 부분이 바닥에 닿지 않고 발바닥 안쪽이 활 모양의 아치를 형성하여 몸의 중력을 분산시키고 걷거나 뛸 때에 충격을 흡수해 주고 완화해 주는 스프링과 같은 역할을 한다. 편평족(扁平足: 평발, Flat Foot)은 선천적 원인으로 생길 수 있으며 후천적 원인으로는 족부의 기능 이상으로 족궁이 변형되어 발바닥의 안쪽 아치가 비정상적으로 낮아지거나 소실되면 변형이 될 수 있다.

인대의 약화 또는 부적절한 자세나 발에 잘 맞지 않는 신발을 오랫동안 신을 경우에도 족궁이 낮아짐으로써 평발이 될 수도 있다. 평발인 사람은 발이 쉽게 피로해지거나 심한 경우 통증을 유발할 수도 있다.

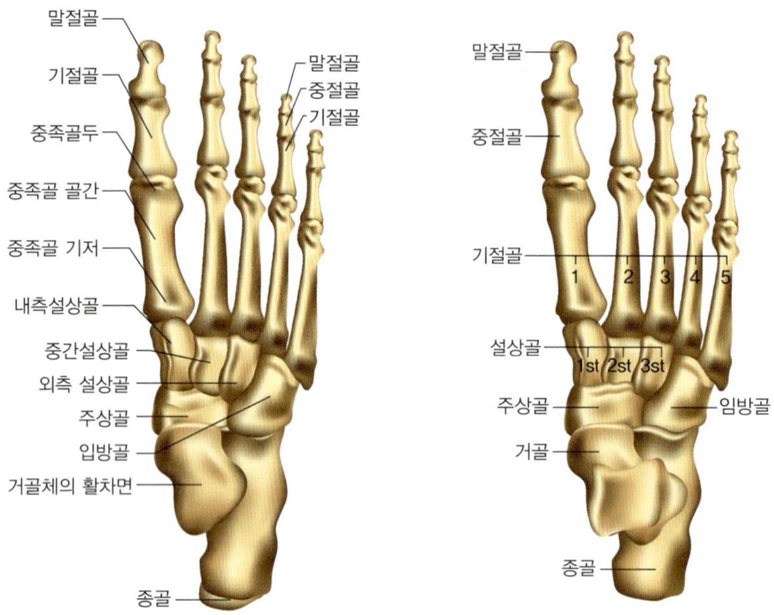

그림 2-2 발가락뼈

2. 손과 발의 근육

1. 손의 근육(Muscle of the Hand)

손등에는 근육의 발달이 미약하며 손에 있는 대부분의 근은 손바닥의 수장건막 밑에 위치하는데 무지측과 소지측에 각각 무지구(Thenar Eminence)와 소지구(Hypothenar Eminence)라는 둥근 융기를 형성하므로 무지구근(Thenar Muscle), 소지구근(Hypothenar Muscle), 그리고 이들 사이의 중간근(Intermediate Muscle)으로 구분한다.

표 2-1 손의 근육과 그 작용

구 분	근 육 명	작 용
(1) 무지구근 Thenar Muscle 엄지손가락의 근육	단무지신근(짧은엄지폄근) Extensor Pollicis Brevis	엄지손가락의 신전
	장무지신근(긴엄지폄근) Extensor Pollicis Longus	
	단무지굴근(짧은엄지굽힘근) Flexor Pollicis Brevis	엄지손가락의 굴곡
	장무지굴근(긴엄지굽힘근) Flexor Pollicis Longus	
	단무지외전근(짧은엄지벌림근) Abductor Pollicis Brevis	엄지손가락의 외전
	장무지외전근(긴엄지벌림근) Abductor Pollicis Longus	
	무지대립근(엄지맞섬근) Opponens Pollicis	엄지손가락의 대립
	무지내전근(엄지모음근) Adductor Pollicis	엄지손가락의 내전
(2) 중간근, 중수근 Intermediate Muscle 손허리뼈 사이의 근육	충양근(벌레근) Lumbricales	손가락의 굴곡 중수골(손허리뼈) 사이를 메워 주는 근육
	장측골간근(손바닥쪽뼈사이근) Palmar Interosseus	2, 4, 5지 손가락의 내전 및 굴곡
	배측골간근(손등쪽뼈사이근) Dorsal Interosseus	2~4지 손가락의 외전 및 굴곡
	천지굴근(얕은손가락굽힘근) Flexor Digitorum Superficalis	2~5지 손가락의 굴곡(표층부)
	심지굴근(깊은손가락굽힘근) Flexor Digitorum Profundus	2~5지 손가락의 굴곡(심층부)
	지신근(손가락폄근) Extensor Digitorum	2~5지 손가락의 신전(표층부)
	시지신근(검지손가락폄근) Extensor Indicis	검지손가락의 신전(심층부)

구 분	근육명	작 용
(3) 소지구근 Hypothenar Muscle 새끼손가락의 근육	소지신근(소지손가락폄근) Extensor Digiti Minimi	소지손가락의 신전
	소지굴근(소지손가락굽힘근) Flexor Digiti Minimi Brevis	소지손가락의 굴곡
	소지외전근(소지손가락벌림근) Abductor Digiti Minimi	소지손가락의 외전
	소지대립근(소지손가락맞섬근) Opponens Digiti Minimi	소지손가락의 대립

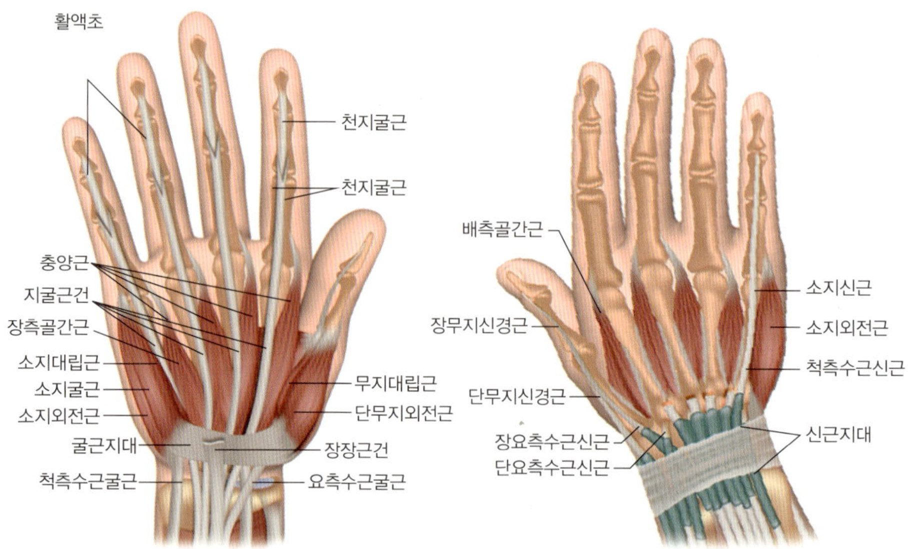

그림 2-3 손가락 근육

Check point

근육의 구분

- 신근(Extensor) : 손목과 손가락을 벌리거나 펴게 하여 내외측 회전과 내외향에 작용하는 근육
- 굴근(Flexor) : 손목을 굽히고 내외향에 작용하며 손가락을 구부리게 하는 근육
- 외전근(Abductor) : 손가락 사이를 벌어지게 하는 근육
- 대립근(Opponens) : 물건을 잡을 때 사용하는 근육
- 내전근(Adductor) : 손가락을 나란히 붙이거나 모을 수 있게 하는 근육
- 회내근(Pronator) : 손을 안쪽으로 돌려서 손등이 위로 향하게 하는 근육
- 회외근(Supinator) : 손을 바깥쪽으로 돌려서 손바닥이 위로 향하게 하는 근육

2. 발의 근육(Muscle of the Foot)

발의 근육은 손에서와 같이 발등을 이루는 족배근(Dorsal muscle of the Foot)보다는 발바닥을 이루는 족척근(Plantar muscle of the Foot)이 더 발달되어 있다.

① 발의 근육들은 발가락을 움직이게 하며, 또한 걷거나 서 있는 동안 균형을 유지하게 한다.

② **발의 근육** : 장지신근(Extensor Digitorum Longus), 장지굴근(Extensor Digitorum Longus), 단지신근(Extensor Digitorum Brevis), 단지굴근(Extensor Digitorum Brevis), 엄지외향근(Abductor Hallucis) 등이 있다.

③ **비복근**(장딴지근, Gastrocnemius) : 뒤꿈치 위 종아리에 있으며, 발을 밑으로 굽히고 종아리를 굽히게 한다.

④ **가자미근**(Soleus) : 비골의 상부에 있으며, 발을 밑으로 구부리게 한다.

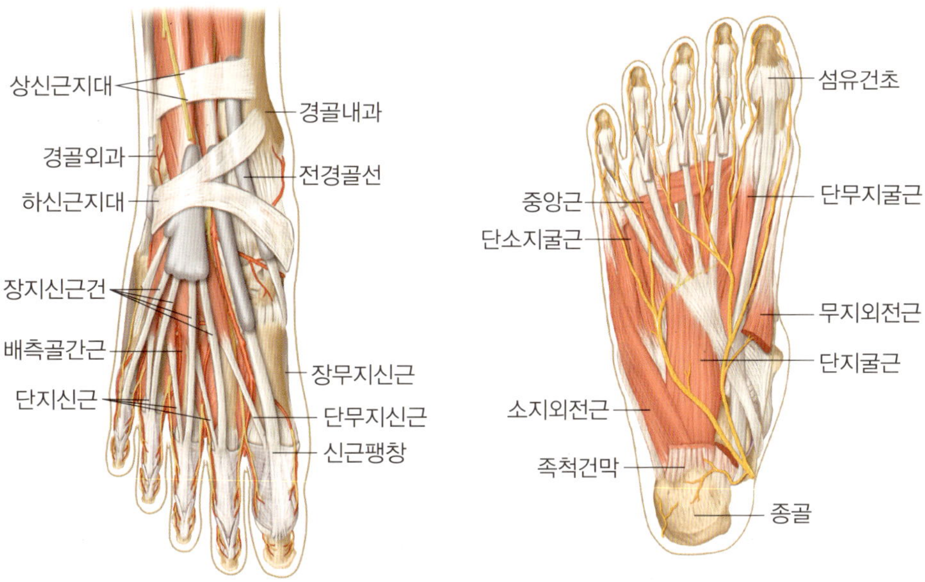

그림 2-4 발가락의 근육

표 2-2 발의 근육과 그 작용

구 분	근 육 명		작 용
(1) 족배근 Dorsal Muscle of the Foot 발등의 근육	단무지신근(짧은엄지폄근) Extensor Pollicis Brevis		엄지발가락의 신전
	장무지신근(긴엄지폄근) Extensor Pollicis Longus		
	단지신근(짧은발가락폄근) Extensor Digitorum Brevis		2~4지 발가락의 신전
	장지신근(긴발가락폄근) Extensor Digitorum Longus		2~5지 발가락의 신전
(2) 족척근 Plantar Muscle of the Foot	내측족척근 Medial Plantar Muscle	무지외전근(엄지벌림근) Abductor Hallucis	엄지발가락의 외전
		단무지굴근(짧은엄지굽힘근) Flexor Hallucis Brevis	엄지발가락의 굴곡
		무지내전근(엄지모음근) Adductor Hallucis	엄지발가락의 내전
	중간근 Central Plantar Muscle	단지굴근(짧은발가락굽힘근) Flexor Digitorum Brevis	2~5지 발가락의 굴곡
		족저방형근(발바닥네모근) Quadratus Plantae	장지굴근을 보조
		충양근(벌레근) Lumbricales	2~5지 기절골의 굴곡 중절골과 말절골의 신전
		척측골간근(발바닥뼈사이근) Plantar Interosseus	3~5지 발가락의 내전
		배측골간근(발등쪽뼈사이근) Dorsal Interosseus	2지 발가락의 외전
	외측족척근 Lateral Plantar Muscle	소지외전근(새끼발가락벌림근) Abductor Digiti Minimi	5지 발가락의 외전을 보조
		단소지굴근(짧은소지굽힘근) Flexor Digiti Minimi Brevis	5지 발가락의 굴곡

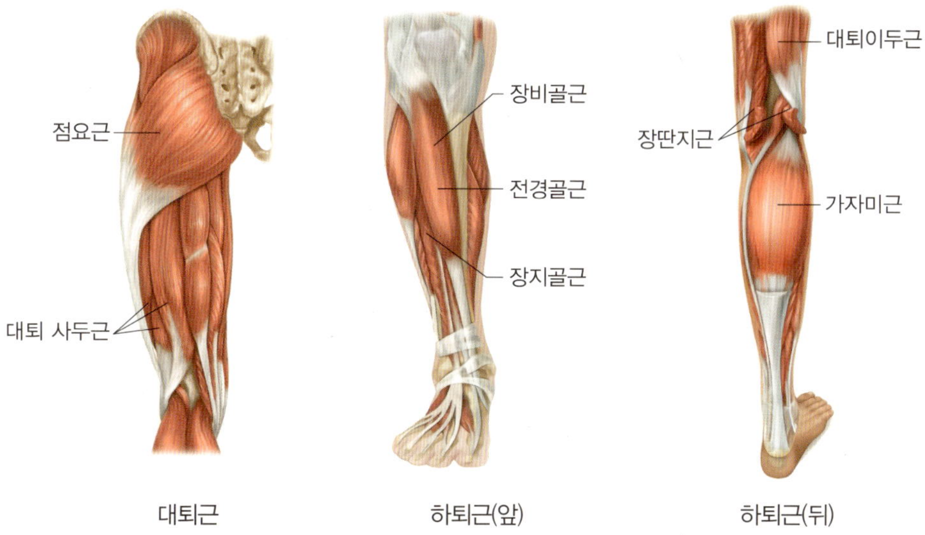

그림 2-5 장당지 근육

3. 손과 발의 신경

1. 손의 신경(Nerve in the Hand)

① 액와신경(Axillary Nerve)

삼각근에 분포하며 삼각근과 소원근의 운동 및 삼각근 상부에 있는 피부감각을 지배하는 신경이다.

② 근피신경(Musculocutaneous Nerve)

굴근에 분포하며 상완이두근과 상완부의 굴근에 대한 운동 지배 및 전완(앞팔)의 외측 피부감각을 지배하는 신경이다. 근피신경 마비는 주관절의 굴곡이 불가능해지는 증상이다.

③ 정중신경(Median Nerve)

팔에서 손바닥 쪽의 한가운데를 관통하는 신경으로 전완의 굴근과 회내근의 운동을 지배하고 무지구근과 2개의 외측충양근의 운동을 지배하며 손바닥 외측 1/2의 피부감각을 지배하는 신경이다. 정중신경 마비는 손목 및 손가락의 굴곡이 불가능해지는 증상이다.

④ 요골신경(Radial Nerve)

요골 쪽으로 내려가는 신경으로 위팔과 전완의 신근과 회외근의 운동, 팔과 전완, 손등의 감각을 지배하는 신경이다. 요골신경 마비는 팔꿈치가 펴지지 않고 손목과 손가락이 구부러지는 증상이며 손목이 마비되어 처지는 손목하수(Wristdrop)의 원인이 된다.

⑤ 척골신경(Ulnar Nerve)

손바닥과 제5지에 주로 분포하며 전완굴근, 소지굴근, 골간근 및 내측 충양근의 운동을 지배하며, 전완 내측피부의 감각을 지배하는 신경이다. 척골신경 마비는 손가락 말절이 굴곡위가 되고 손가락의 내전과 외전이 불가능하게 되어 독수리 손(Claw Hand) 원인이 된다.

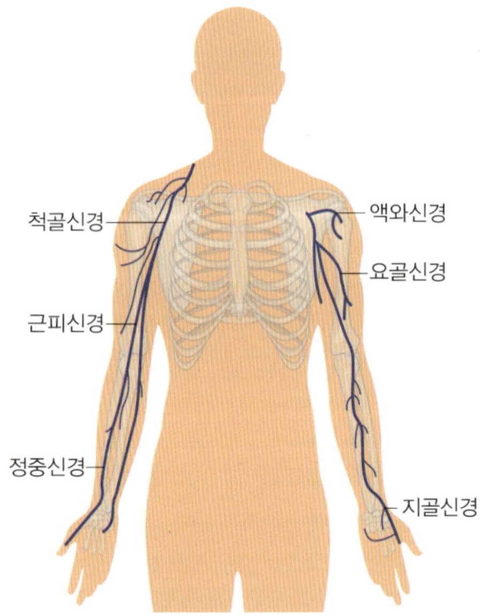

그림 2-6 손의 신경

2. 발의 신경(Nerve in the Foot)

① 대퇴신경(Femoral Nerve)

대퇴부의 피부에 분포하고 복재신경으로 연결된다. 근육을 지배하고 감각을 느끼는 신경이다.

② 좌골신경(Sciatic Nerve)

대퇴부 후면에 분포하고, 무릎 뒤에서 총비골신경과 경골신경으로 갈라진다. 다리의 감각을 느끼고 근육의 운동을 조절하며, 지름이 새끼손가락 정도이고 길이는 약 1m나 되는 전신에서 가장 큰 말초신경이다.

③ 경골신경(Tibial Nerve)

경골 뒤에 전체적으로 분포하고 피지를 하퇴의 후면과 발바닥의 피부로 보내는 기능을 하며 운동신경인 근지는 하지의 모든 굴근과 발바닥의 족척근들을 지배하는 신경이다.

④ 총비골신경(Common Peroneal Nerve)

하퇴의 신근과 비골근, 발등에 분포하고 천비골신경(Superficial Peroneal Nerve) 및 심비골신경(Deep Peroneal Nerve)으로 나뉜다. 천비골신경은 비골의 바깥쪽과 아래쪽, 발등에 분포하고 주로 감각을 느끼며, 심비골신경은 비골의 앞에서 발등을 통과하여 엄지와 제2지 사이에 분포하고 주로 운동성으로 하퇴의 근육을 지배하는 신경이다.

⑤ 비복신경(Sural Nerve)

장딴지에 분포하고 장딴지의 바깥 부분, 발목, 발뒤꿈치 등에 감각을 느끼게 하는 신경이다.

⑥ 복재신경(Saphenous Nerve)

대퇴부 안쪽부터 발뒤꿈치에 걸쳐서 안쪽 피부에 분포하고 다리 안쪽과 무릎에 감각을 전달하는 신경이다.

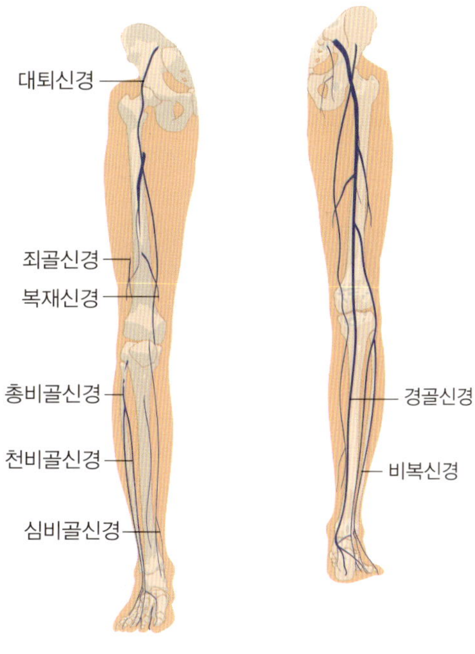

그림 2-7 발의 신경

4 네일의 구조와 특성

1. 네일의 구조

(1) 네일의 자체 구조

① 네일 보디(Nail Body, 조체)

육안으로 보이는 네일을 말하며 일반적으로 손톱이라고 부른다. 각질층이 변형된 것으로 여러 개의 얇은 겹으로 신경조직과 혈관이 없고 산소를 필요로 하지 않으며, 네일 베드와 접해 있는 아랫부분은 약하고 위로 갈수록 강해진다.

② 네일 루트(Nail Root, 조근)

손톱이 자라기 시작하는 피부 밑에 묻혀 있는 손톱의 뿌리이며 새로운 세포가 만들어져 손톱의 성장이 시작되는 곳이다. 네일 베드(Nail Bed, 손발톱바닥)의 모세혈관으로부터 산소를 공급받는다.

③ 프리에지(Free Edge, 자유연)

네일 베드와 접착되어 있지 않은 손톱의 끝부분으로 네일의 길이와 모양을 자유롭게 조절할 수 있는 부분이다.

④ 옐로우 라인(Yellow Line, 스마일라인)

네일 바디가 네일 베드에서 분리되어 피부가 시작되는 노란 빛의 둥근 선이다. 프렌치 컬러링에서 라인을 그리는 부분이다.

⑤ 스트레스 포인트(Stress Point)

네일 바디가 네일 베드에서 분리되는 옐로 라인의 양쪽 끝부분으로 라운드와 오발(Oval 타원형) 형태를 구분하는 부분이다. 외부의 충격을 많이 받는 부분으로 쉽게 찢어질 수 있다.

(2) 네일 밑의 구조

① 네일 베드(Nail Bed, 조상)

네일 바디 밑의 피부를 말하며 네일 바디를 받쳐주고 단단히 부착하는 역할을 한다. 모세혈관이 있어 네일이 핑크빛을 띠게 되고 신진대사와 수분공급의 역할을 하며 혈액세포, 감각세포, 멜라닌세포가 위치해 있다.

② 네일 매트릭스(Nail Matrix, 조모)

네일 루트 밑에 위치하여 네일을 만드는 세포를 생성하며 성장을 담당하는 중요한 역할을 한다. 모세혈관, 림프, 신경조직 등이 있으며 매트릭스가 손상되면 네일이 더 이상 자리지 않거나 변형을 가져올 수 있다.

③ 루눌라(Lunula, 반월)

유백색의 반달 모양으로 완전히 케라틴화가 되지 않은 연 케라틴의 부분이다. 네일 베드, 네일 루트, 네일 매트릭스를 연결해 주는 역할을 한다.

(3) 네일 주위의 피부

① 큐티클(Cuticle, 조소피)

손톱 주위를 덮고 있는 신경이 없는 부분으로 네일에 단단히 붙어 자라나오며 세포가 분비하는 물질이 굳어서 이루어진 얇은 각질막이다. 네일 매트릭스를 보호하고 수분의 증발을 방지하는 역할을 하므로 과도한 큐티클의 정리는 손 주변 피부를 건조하게 하고 네일의 병변에 우려가 있으므로 손상을 입지 않도록 주의해야 한다.

② 네일 폴드, 네일 맨틀(Nail Fold, Nail Mantle, 조주름)

네일 루트가 묻혀 있는 네일의 베이스에 피부가 접혀 있는 부분으로 네일 바디의 윗부분과 옆선에 맞추어 형성되어 있다. 네일 바디를 밀어주며 단단한 방어막을 형성하는 피부 속의 주름이다.

③ 네일 그루브(Nail Grooves, 조구)

네일 바디 옆면과 네일 폴드 사이의 양쪽 측면에 좁게 패인 부분이다.

④ 네일 월(Nail Wall, 조벽)

네일 그루브 위에 있는 네일의 양쪽 피부이다.

⑤ 에포니키움(Eponychium, 상조피)

표피의 연장으로 네일의 베이스에 있는 피부의 가는 선으로 루눌라의 일부를 덮고 있으며 네일 매트릭스를 보호하는 역할을 한다.

⑥ 페리오니키움(Perionychium, 조상연)

네일 전체를 에워싼 피부의 가장자리 부분이다.

⑦ 하이포니키움(Hyponychium, 하조피)

프리에지 밑부분의 피부로 옐로라인 밑에 위치해 있다. 박테리아의 침입으로부터 손톱을 보호하며 네일을 보호하는 방어막 역할을 한다.

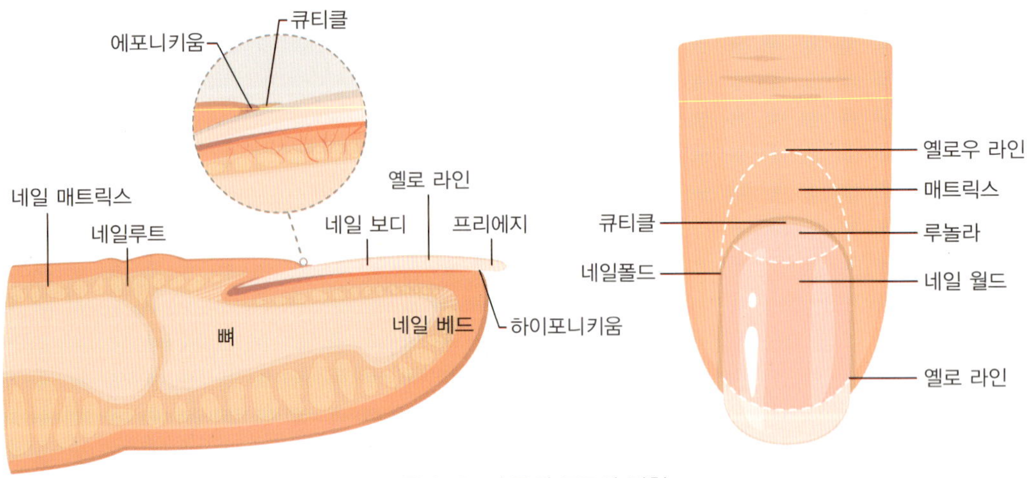

그림 2-8　손톱의 구조와 명칭

2. 네일의 형성과 성장

(1) 네일의 형성 과정

① 임신 8~9주경 : 손톱이 형성되는 부위에서 표피의 각질층과 투명층이 각질판으로 변한다.(손톱의 태동)

② 임신 10주 : 손가락 끝에 손톱이 형성되어 자라기 시작된다.

③ 임신 12~13주 : 손톱의 성장 부위 완성된다.

④ 임신 14주 : 손톱이 나타나기 시작하며 손톱이 자라는 모습도 확인 가능하다.

⑤ 임신 17~20주 : 완전한 손톱 형성된다.

※ 발톱은 손톱보다 약 10일 정도 늦게 생겨난다.

(2) 네일의 성장

① 네일은 매트릭스에 의해 만들어지고 계속 성장하여 자라 나온다.

② 손톱은 1일 평균 약 0.1~0.15mm, 1달에 약 3~5mm 정도의 길이로 자란다.

③ 손톱은 나이가 젊거나, 임신한 경우, 겨울보다 여름에 빨리 자란다.

④ 발톱은 손톱보다 1/2 정도 늦게 자란다.

⑤ 손톱이 탈락한 후 완전히 자라서 대체되는 기간은 약 5~6개월이다.

⑥ 손가락을 많이 움직일수록 빨리 성장한다.(왼손잡이는 왼손의 손톱이 빨리 자란다.)

⑦ 손가락마다 성장속도가 다르다.(중지 > 검지 > 약지 > 소지 > 엄지)

(3) 네일의 구성 성분

① 케라틴(keratin)이라는 섬유단백질로 구성되어 있다.

② 케라틴의 화학적 조성 비율은 탄소 51.9%, 산소 22.39%, 질소 16.09%, 황 2.80%, 수소 0.82%로 구성되어 있다.

③ 수분은 15~18%를 함유하고 있다.

(4) 네일의 기능

① 손가락 및 발가락의 끝부분을 보호한다.

② 감염이나 외부 환경으로부터 손가락을 보호한다.

③ 작고 가느다란 물건을 집어 올릴 때 사용한다.

④ 몸의 건강상태를 확인할 때 사용한다.

⑤ 방어와 공격의 기능을 한다.

⑥ 장식적인 미용의 기능을 한다.

(5) 건강한 네일

① 네일 바디가 네일 베드에 강하게 부착되어 있어야 한다.

② 15~18%의 수분을 함유하고 있어야 한다.

③ 반투명의 분홍색을 띠어야 한다.

④ 둥근 모양의 아치형이어야 한다.

⑤ 표면이 매끄럽고 광택이 나며 윤기가 있어야 한다.

⑥ 갈라짐이 없어야 한다.

⑦ 세균에 감염되지 않아야 한다.

(6) 네일의 분류

① 네일(Nail) : 손톱(Fingernail)과 발톱(Toenail)을 총칭하는 단어이다.

② 자연 네일(Natural Nail) : 네일 표면에 아무것도 도포되지 않은 자연 상태의 손톱과 발톱을 말한다.

③ 인조 네일(Artificial Nail) : 네일 표면에 다양한 네일 재료를 사용하여 인위적으로 만드는 손톱과 발톱이다.

Chapter 3

PART Ⅰ 네일의 이해

미생물학

1. 미생물(Microorganism)의 정의

미생물은 0.1mm 이하의 눈에 보이지 않는 미세한 생명체를 총칭하는 것이다. 현미경을 통해서 그 형태를 볼 수 있는 생물을 말하며 여러 가지 환경에 잘 적응하며 살아간다. 주로 단세포(single cell) 또는 다세포라도 조직분화를 나타내지 않는 균사(hypha)로 이루어진 생물로서 가장 작은 생활단위로 되어 있는 하나의 개체를 말한다. 종류는 곰팡이, 효모, 세균, 리케차, 바이러스, 사상균류, 조류, 원생동물류 등이 있다.

Check point

각종 미생물의 크기

- 곰팡이 : 직경 3~10㎛, 길이 무한대
- 효모 : 6~8㎛
- 세균 : 0.5~3㎛
- 리케차 : 0.3~0.8㎛
- 바이러스 : 0.017~0.3㎛ 정도

2. 미생물의 분류

1. 비병원성 미생물과 병원성 미생물

(1) 비병원성 미생물

인체 내에서 병적인 반응을 일으키지 않는 미생물로 유익한 세균이다. 세균의 약 70%는 비병원성 세균이며, 부패와 분해를 시키는 데 중요한 역할을 한다. 식품을 가공하거나 항생물질로도 이용되며 발효균, 효모균, 곰팡이균, 유산균 등이 있다.

(2) 병원성 미생물

인체 내에서 병적인 반응을 일으키며 증식하는 미생물이다. 세균의 약 30%는 병원성 세균이며 인간의 감염과 질병에 가장 많은 원인이 된다. 형태에 따라 구균 · 간균 · 나선균으로 구분하며, 세균 · 바이러스 · 리케차 · 진균 등이 있다.

2. 병원성 미생물의 종류 및 특징

(1) 세균(Bacteria)

세균의 여러 종류 중 병원성을 가지고 있는 세균은 단세포성 세균과 균사체형 세균이 대부분이다. 단세포형 세균군은 기생 형태별로 기생형과 자유생활형으로 나눌 수 있다. 자유생활형군은 세균의 모양에 따라 구균(Cocci), 간균(Bacilli), 나선균(Spirilla)으로 분류된다.

① **구균**(Cocci, 둥근 모양의 세균)

- 포도상구균(Staphylococci) : 포도알이 밀집해 있는 모습처럼 존재한다. 식중독의 원인균, 손가락 등의 화농성 질환을 일으키는 병원균이다.
- 연쇄상구균(Streptococci) : 체인 모양의 형태로 이루어져 있다. 편도선염, 인후염, 류머티즘, 폐혈증 등을 일으키는 병원균이다.
- 임균(Gonorrhea) : 대개 쌍으로 이루어진 편평한 세포로 존재한다. 성병 임질을 일으키는 병원균이다.

• 수막염균(Meningitidis) : 수막염의 주요 원인이다. 유행성 뇌척수막염의 특이성 병원균이다.

② 간균(Bacilli)

막대 모양의 세균으로 백일해균, 보툴리누스균, 파상풍균, 결핵균, 나균, 디프테리아 등의 질병을 유발한다.

③ 나선균(Spirilla)

S자 또는 나선 모양의 세균으로 콜레라균, 장염비브리오균, 매독균, 랩토스피라균 등의 질병을 유발한다.

(2) 바이러스(Virus)

가장 작은 크기의 미생물이며 세균 여과기의 구멍을 통과하므로 세균 여과기로는 제거하기 어렵다. 바이러스 중에서 크기가 가장 작은 것은 수두 바이러스와 소아마비 바이러스이다.

간염 바이러스를 제외하고는 60℃에서 30분 이상 가열하면 불활성화되며, 포르말린이나 페놀 등과 같은 세균용 소독제로도 불활성화할 수 있다. 가장 큰 특징으로는 독립적인 대사기능이 없기 때문에 생세포 내에서만 증식이 가능하며 자가 증식을 한다. 체내 바이러스는 설파제 등의 항생제 복용에 효과가 없으며, 예방접종을 하거나 감염원을 피하여 예방하는 것이 최선의 방법이다. 주요 질환으로는 홍역, 뇌염, 폴리오, 인플루엔자, 간염 등이 있다.

(3) 리케차(Rickettsia)

바이러스와 세균의 중간 크기이며 바이러스와 같이 살아 있는 세포 내에서만 증식이 가능하다. 리케차를 보유하는 절지동물(벼룩, 진드기, 이 등)이 사람의 혈액을 흡혈할 때 인체에 감염이 된다. 주요 질환으로는 발진티푸스, 발진열, 쯔쯔가무시병 등이 있다.

(4) 진균(Fungi)

진균은 형태에 따라 곰팡이, 효모, 버섯으로 나누어지며 주로 생식 방식에 따라 분류한다.

피부 사상균과 캔디아(Candia)만이 사람에게 전파하여 질병을 유발시키며 네일에 감염이 된 경우에는 네일 표면 바로 밑부분에 노란빛이 나타나고 큐티클 방향으로 증상이 진전되면 변색된 부분이 노란색 → 녹색 → 검은색 순으로 짙어진다. 주요 질환으로는 무좀이나 백선 등의 피부병을 유발한다.

3. 미생물의 생장에 영향을 미치는 요인

미생물은 적당한 환경과 충분한 영양이 공급되면 분열에 의해 증식한다. 미생물의 성장과 사멸에 영향을 주는 요소로는 온도, 산소, 수소이온농도(pH), 수분, 영양원 등이 있다.

(1) 온도

미생물의 성장과 사멸에 가장 큰 영향을 미치는 환경요인으로 최고온도 이상에서는 사멸을 하고 최저온도 이하에서는 신진대사를 멈춘 휴면 상태에 들어가는데 미생물의 종류에 따라 발육의 최적온도가 다르다. 최적온도에 따라 저온성균, 중온성균, 고온성균으로 구분되며 인체 질병의 원인이 되는 대부분의 세균은 인간 체온과 유사한 온도가 최적인 중온성 균이다.

① 저온균 : 15~20℃ 해양성 미생물

② 중온균 : 28~45℃ 곰팡이 효모 등

③ 고온균 : 50~80℃ 토양미생물, 온천에 증식하는 미생물

(2) 산소

세균의 생장에 중요하게 작용하며 산소요구량에 따라 호기성 균, 혐기성 균, 통성혐기성 균으로 구분된다.

표 3-1 산소와 세균의 관계

구 분	종 류
호기성 세균	산소가 있을 때만 생장할 수 있는 균 – 결핵균, 백일해, 디프테리아, 진균 등
혐기성 세균	산소가 없어야만 증식할 수 있는 균 – 파상풍균, 보툴리누스균 등
통성혐기성 균	산소의 유무에 관계없이 증식하는 균(산소가 있으면 더 잘됨) – 대장균, 포도상구균, 살모넬라균 등

(3) 수소이온농도(pH)

세균은 pH 범위 6.0~8.0 사이에서 가장 증식이 잘 된다. 대부분의 병원성 세균들을 pH 5 이하의 산성과 pH 8.5 이상의 알칼리성에서 파괴되며 중성에서 잘 자란다.

(4) 수분

미생물의 생육에 필요한 수분량은 40% 이상이며 40% 미만이면 증식이 억제된다. 세균의 80~90%를 구성하고 있는 것은 수분이며 대부분의 미생물은 상대습도가 낮은 건조한 상태에서는 증식할 수 없다. 특히 건조한 상태에 민감한 세균으로 임질균과 수막염균이 있으며, 건조한 상태에 내성을 가지는 세균으로는 호흡기계의 결핵균이다.

(5) 영양원

최상의 조건에서 미생물을 발육시키기 위해서는 에너지원이 필요한데, 이를 영양원이라고 하며 미생물의 생장을 위해 탄소, 질소, 무기염류 등의 영양이 충분히 공급되어야 한다.

4 소독학

1. 소독(Disinfection)의 정의

소독은 병원미생물의 활동력을 파괴하여 감염력을 없애는 것이다. 소독의 대상은 병원미생물로 비교적 약한 살균력으로 병원성 미생물의 성장을 저지하거나 파괴함으로써 감염의 위험성을 제거하는 것이다.

일반적으로 소독과 함께 혼동하여 쓰이는 용어로 멸균 · 살균 · 방부 등이 있으며, 소독의 효과는 멸균 > 살균 > 소독 > 방부 순이다.

표 3-2 소독의 효과

구 분	내 용
멸균	병원성, 비병원성 미생물 및 포자를 가진 것을 전부 사멸 또는 제거하는 것(무균 상태)
살균	물리적 · 화학적 처리로 생활력을 가지고 있는 미생물을 급속히 사멸시키는 것
소독	물리적 · 화학적 방법으로 병원성 미생물의 생활력을 파괴하여 죽이거나 또는 제거하여 감염력을 없애는 것
방부	병원성 미생물의 증식과 성장을 억제하여 부패나 발효를 방지하는 것

2. 소독제 및 소독작용

(1) 소독제의 구비조건

① 인체에 독성이 없고 자극이 없어야 한다.

② 살균력이 강하고 소독 효과가 즉시 나타나야 한다.

③ 원액 혹은 희석된 상태에서 화학적으로 안정해야 한다.

④ 물품의 부식성 · 표백성이 없어야 한다.

⑤ 용해성이 높고 냄새가 없는 것이 좋다.

⑥ 경제적이고 취급 방법이 간단해야 한다.

(2) 소독 작용에 영향을 미치는 요인

① 접촉시간이 길수록 소독 효과가 크다.

② 온도가 높을수록 소독 효과가 크다.

③ 농도가 높을수록 소독 효과가 크다.

④ 유기물질이 많을수록 소독 효과가 작다.

(3) 소독제 사용 및 보존 시 주의사항

① 소독 대상 물품에 적당한 소독제와 소독 방법을 선택한다.

② 병원 미생물의 종류, 소독의 목적, 소독법, 시간을 고려하여 선택한다.

③ 희석한 소독제는 장기간 보관하지 않는다.

④ 소독제는 밀폐시켜 냉암소에 보관한다.

(4) 소독에 필요한 조건

① 소독에 영향을 미치는 인자 : 온도, 수분, 시간

② 물리적 소독 : 열, 수분, 자외선

③ 화학적 소독 : 물, 온도, 농도, 시간

(5) 살균작용의 기전(Action Mechanism)

① 산화작용 : 과산화수소, 오존, 염소 및 유도체, 과망간산칼륨

② 균체의 단백질 응고 작용 : 석탄산, 크레졸, 승홍, 알코올, 포르말린, 생석회

③ 균체의 효소 불활성화 작용 : 석탄산, 알코올, 역성 비누, 중금속염

④ 균체의 가수분해작용 : 강산, 강알칼리, 중금속염

⑤ 탈수작용 : 알코올, 프르말린, 식염, 설탕

⑥ 중금속염의 형성 : 승홍, 머큐로크롬, 질산은

⑦ 핵산에 작용 : 자외선, 방사선, 포르말린, 에틸렌옥시이드(ethylene oxide)

⑧ 균체의 삼투성 변화작용 : 역성 비누, 석탄산, 중금속염

3. 소독 방법

(1) 자연 소독법

1) 태양광선(Sunlight)

태양광선의 살균작용은 가시광선 · 적외선 · 대기 등의 공동작용, 즉 산화에 의해서 좌우된다. 그 중에서 가장 강력한 살균작용이 있는 파장은 290~320nm 정도의 도르노(Dorno)선이다. 자외선은 내부 침투력이 약해 공기를 통과하는 동안 강도가 약화되므로 미용실에서 사용한 소독 대상물에 분비물, 약제, 수분 등이 들어가는 경우에는 태양광선에 의한 살균시간이 오래 소요되고 살균 효과도 떨어진다.

2) 한냉(Cold)

저온상태는 세균의 신진대사 기능에 필요한 효소의 활성을 떨어뜨려 세균 증식 속도를 늦추기는 하나 사멸시키지는 못한다. 임질균이나 수막염균과 같이 온도에 아주 민감한 세균은 사멸이 되기도 하지만, 일반적인 병원성 세균은 저온에 대한 저항이 강해 한랭소독법을 이용할 경우에는 건조법을 동시에 적용시키는 것이 보다 확실한 살균법이 될 수 있다.

3) 희석(Dilution)

희석 자체에 의한 살균의 효과는 없으나 세균 수가 적을 때는 많은 효소를 분비할 수 없게 됨에 따라 주위환경으로부터 영양물질의 흡수가 지연된다. 환자의 배설물처럼 감염원이 될 수 있는 것을 무한히 희석시키면 세균은 군락(Colony)을 형성할 수 없어 증식이 지연된다.

(2) 물리적 소독법

1) 건열멸균법(Dry Heat Sterilization)

① 화염멸균법(Burning Sterilization)

멸균하고자 하는 물체를 불꽃에 20초 이상 직접 접촉시켜 표면에 붙어 있는 미생물을 태워서 사멸시키는 방법이다.

- 사용 기구 : 알코올 램프, 천연 가스의 화염
- 사용 대상물 : 핀셋, 금속제품, 유리제품, 도자기 등

② 건열멸균법(Dry Heat Sterilization)

건열을 이용하여 미생물을 산화 또는 탄화시켜 멸균하는 방법으로 140℃에서 4시간, 160~180℃에서 1~2시간 동안 멸균시키는 방법이다.

- 사용 기구 : 전기 건열멸균기(Dry Oven)
- 사용 대상물 : 유리제품, 금속제품, 사기제품, 주사기, 분말, 습기가 침투하기 어려운 바세린, 글리세린 등

③ 소각법(Incineration)

화염멸균법의 일종으로 병원체를 불에 태워서 사멸시키는 방법이다.

- 사용 대상물 : 오염된 가운, 수건, 객담이 묻은 휴지, 1급 감염병 환자의 배설물 등

2) 습열멸균법(Steam Sterilization)

습열을 이용한 방법은 건열멸균법에 비하여 수분이 열전도 매개체 역할을 하기 때문에 열의 전도가 빠를 뿐만 아니라 모든 부분에 골고루 열이 전달된다. 수분의 존재로 인하여 미생물 단백질의 응고가 촉진되어 멸균 효과도 커지게 되며 대표적인 종류로는 자비소독법과 저온소독법이 있다.

① 자비소독법(Boiling Water)

100℃의 끓는 물 속에서 20~30분 동안 가열하여 미생물을 사멸시키는 방법으로 완전한 멸균은 기대할 수 없으나 영양형 세포는 몇 분 이내에 사라진다. 끓는 물에 1~2% 탄산나트륨, 1~2% 붕소, 또는 5% 석탄산, 2~3% 크레졸 비누액을 넣고 열을 가해 주면 세척작용과 소독력을 높이고 금속성 제품은 녹스는 것도 방지할 수 있다. 금속제품은 물이 끓기 시작한 후, 유리제품은 찬물에 투입한다.

- 사용 기구 : Schimmelbusch 멸균기
- 사용 대상물 : 유리제품, 스테인리스 용기, 도자기, 수건, 의류 등

② 저온소독법(Pasteurization)

프랑스의 파스퇴르(Pasteur)에 의해 고안된 것으로 일반적으로 62~63℃에서 30분 정도 소독하는 방법이다. 소독할 대상의 영양성분 파괴를 방지하거나 맛의 변질을 막고 결핵균, 소의 유산균, 살모넬라균 및 구균들의 감염방지를 목적으로 우유 소독과 술의 부패 방지에 사용된다. 포자를 형성하는 세균이나 대장균은 사멸되지 않는다.

③ 고압증기멸균법(Autoclave Steam Sterilization)

고온의 수증기를 미생물, 포자 등과 접촉하여 사멸시키며 포자를 포함한 모든 미생물을 거의 완전하게 멸균시키는 가장 빠르고 효과적인 방법이다.

- 사용 기구 : 고압멸균기(Autoclav)
- 사용 대상물 : 수술기구 등의 금속제품, 유리제품, 의류, 고무제품, 미용기구, 무균실 기구, 액체약 등
- 소독 시간 : 10LBs(파운드) 115℃에서 30분 동안, 15LBs 121℃에서 20분 동안, 20LBs 126℃에서 15분 동안

④ 간헐멸균법(Intermittent Sterilization)

고압증기멸균법에 의한 가열온도에서 파괴될 수 있는 물품과 아포를 형성하는 미생물 멸균 시에 사용한다. 100℃의 유통증기 속에서 30~60분 동안 멸균시킨 다음 20℃ 이상의 실온에서 24시간 방치하는 방법으로 3회 반복하는 멸균법이다.

- 사용 기구 : 코흐 증기솥(Koch's Sterilizer), 아놀드 증기솥(Arnold Sterilizer)
- 사용 대상물 : 금속제품, 사기제품, 여과지, 붕대재료, 물약, 물 등

3) 자외선 소독기(Ultraviolt sterilizer)

자외선, UV의 파장을 이용하여 소독하는 기기이다. 기구와 도구 등을 세척 후 자외선 살균기에 약 20분 동안 넣어 살균한다. 자외선이 닿지 않는 부분은 소독되지 않는다.

(3) 화학적 소독법

1) 알코올(Alcohol)

알코올류 중 살균제로 사용되는 것은 에탄올(Ethanol)과 이소프로판올(Isopropanol)이다. 영양형 세포에는 살균작용을 가지나 세균포자 및 사상균에 대해서는 효과가 없어 완전한 멸균을 하는 것이 아니라 세포활동을 정지시키는 소독으로 일반적으로 소독력은 약하다. 알코올은 가격이 저렴하고 살균력이 있으며 쉽게 증발되는 것으로 항균력을 지니고 있다.

① 에탄올(Ethanol)

현재에도 가장 흔하게 사용되며 의료용 소독제로서 가장 오래된 것 중 하나이다. 살균력을 나타내기 위해서는 수분이 필요하며 보통 70~80%의 농도를 사용하고 있다. 포자

를 생성하지 못하는 세균과 바이러스에 살균력을 보이며 손, 피부, 칼, 가위, 유리제품 등의 소독에 사용된다.

② 이소프로판올(Isopropanol)

물과 쉽게 섞일 수 있는 분자량이 큰 알코올이고 살균력은 에탄올보다 좋으며 30~50% 농도로 사용된다. 독성 및 자극적인 냄새는 에탄올보다 강하지만 에탄올 대체품으로 사용할 수 있다. 피부소독과 기구소독에 흔히 사용된다.

③ 위치 하젤(With Hazel)

방부제, 세제, 진통제로 쓰이며, 14% 알코올로 된 용액은 피부세척, 눈썹제모, 면도 후 건강관리에 사용된다.

2) 페놀 화합물(Phenol, 석탄산 화합물)

소독제로 쓰이는 페놀 화합물로는 페놀이나 크레졸 등이 있으나 현재는 독성이 문제되어 사용빈도가 크게 떨어졌다. 그러나 이것을 모체로 한 화학물인 치환 페놀(Exchange Phenol)이나 비스페놀(Bisphenol)이 살균과 방부 분야에 널리 이용되고 있다.

① 페놀(Phenol, 석탄산)

페놀은 석탄산이라고도 하며 일반적으로 3%의 수용액을 사용하고 세균포자나 바이러스에 대해서는 작용력이 거의 없다. 소독력 강화를 위해 식염이나 염산을 첨가해서 사용기도 하며 승홍수보다 1,000배의 살균력을 가지고 있다. 저온에서는 살균 효과가 떨어지며 고온일수록 효과가 크다.

조직에 독성이 있어서 인체에는 잘 사용되지 않고 안정된 살균력과 화학적 변화가 적어 소독약의 살균력을 비교하는 기준이 된다(소독제의 평가기준). 금속 부식성이 있고 냄새와 독성이 강하며 피부 등의 점막에 자극성이 강한 단점이 있다. 넓은 지역의 방역용 소독제, 고무 제품, 의류, 가구, 배설물 등의 소독에 사용된다.

② 크레졸(Cresol)

크레졸은 바이러스 소독에는 효과가 적으나 세균 소독에는 효과가 크다. 석탄산보다 2~3배 살균력은 강하나 물에 잘 녹지 않아 비누액에 혼합한 크레졸 비누액을 사용한다. 일반적으로 1~3%의 수용액을 사용하며 고무제품, 플라스틱 제품, 금속제품, 의류 등도 1%의 용액에 담가 소독하고 손 소독에는 1~2%를 사용한다. 환자의 배설물이나 토사물 소독에는 3%의 수용액을 사용한다.

3) 역성 비누(Invert Soap)

양이온 계면활성제의 일종으로 물에 잘 녹고 흔들면 거품이 나며 세정력은 거의 없으나 살균작용이 강하다. 불쾌한 냄새나 색깔이 없으며 피부에 독성이 거의 없어 손, 기구, 식품소독에 적당하며 이 · 미용에도 많이 사용한다.

4) 포르말린(Formalin)

포름알데히드(Formaldehyde) 36%의 수용액으로 약물소독제 중 유일한 가스 소독제이다. 수증기를 동시에 혼합하여 사용하며 온도가 높을수록 소독력이 강하다. 무균실, 병실, 거실 등의 소독 및 금속제품, 고무제품, 플라스틱 등의 소독에 사용한다.

5) 승홍수($HgCl_2$, 염화제2수은)

0.1~0.5%의 수용액으로 사용되며 온도가 높을수록 살균력이 강해진다. 대장균이나 포도상구균을 5~10분에 사멸시키며 맹독성이 있고 금속 부식성이 강하므로 식기류나 피부 소독에는 부적합하다. 제조법은 승홍(1) : 식염(1) : 물(998)이며 염화칼륨 또는 식염을 첨가하면 용액이 중성으로 변하여 자극성이 완화된다. 유리 제품, 도자기 제품, 의류, 실내 소독 등에 사용한다.

6) 염소(Chlorination)

살균력이 강해 세균과 바이러스에도 작용하나 자극성과 부식성이 있어 상 · 하수도 등의 대규모 소독에 주로 이용된다. 수돗물(음용수)의 소독 시 잔류 염소 함량은 0.1~0.2ppm으로 잔류효과가 크다. 사용이 간편하고 값이 저렴하고 독성이 적어 음료수나 수영장 등의 소독에 사용한다.

7) 과산화수소(hydrogen peroxide)

여러 농도의 수용액으로 생산되는 무색 액체인데, 강력한 산화력에 의하여 미생물을 살균할 수 있는 소독약제이다. 과산화수소(H_2O_2)의 분해에 의해 발생하는 발생기 산소가 강력한 산화력을 나타내며 표백, 탈취, 살균 등의 작용을 하여 세균, 바이러스, 결핵균, 진균, 아포 사멸에 효과적이다.

상처 소독 등에 많이 사용되며 의료용으로 시판되고 있는 제품은 2.5~3.5%의 과산화수소를 함유하고 있으며 무색, 투명하고 냄새가 거의 없다. 일반적으로 4~5배로 희석해

구강 세척에 사용하며, 3~10배 희석하여 기구 세척을 비롯하여 식품의 살균이나 보존 및 표백제와 모발의 탈색제로 사용한다.

8) 생석회(Quicklime, 산화칼륨)

산화칼륨(Potassium, K_2O)을 98% 이상 함유한 백색의 분말로 결핵균이나 아포 등은 효과가 없으며 값이 싸기 때문에 광범위한 소독에 적합하다. 화장실 분변, 토사물, 쓰레기통, 하수도 주위의 소독 등에 사용한다.

9) 요오드(Iodine)

에탄올에 요오드 2%를 녹여 상처 소독에 사용한다. 살균력은 우수하지만 피부자극, 금속 부식에 영향을 미치므로 주의하여 사용한다.

10) 방부제(Preservative)

① 옥도정기(Iodine Tinetures)

2% 용액으로 작은 상처나 베인 곳에 소독용으로 사용한다.

② 붕산(Poric acid)

5% 용액으로 눈 소독시 솜에 적셔서 사용한다.

② 머큐로크롬(Mercurochrone)

2% 용액으로 가벼운 상처나 찔린 상처에 사용한다.

Chapter 4

PART Ⅰ 네일의 이해

피부의 이해

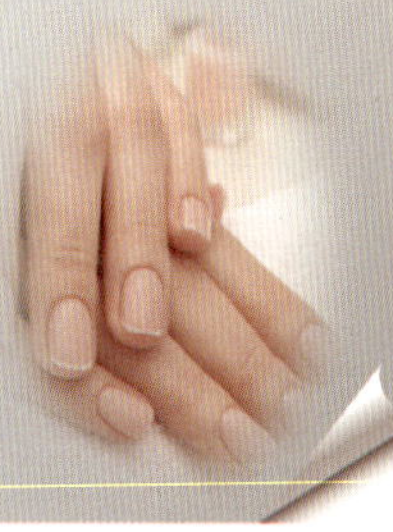

1. 피부 구조의 이해

피부는 신체의 표면을 둘러싸고 있는 조직으로 표피 · 진피 · 피하지방층으로 이루어지며, 부속기관으로는 한선 · 피지선 · 모발 및 손톱과 발톱 등이 있다. 표면적이 약 1.6㎟~1.8㎟이고, 피부두께는 1.5~4㎜로 부위에 따라 다양하며 체중의 16%(3kg)로 가장 큰 인체기관이다.

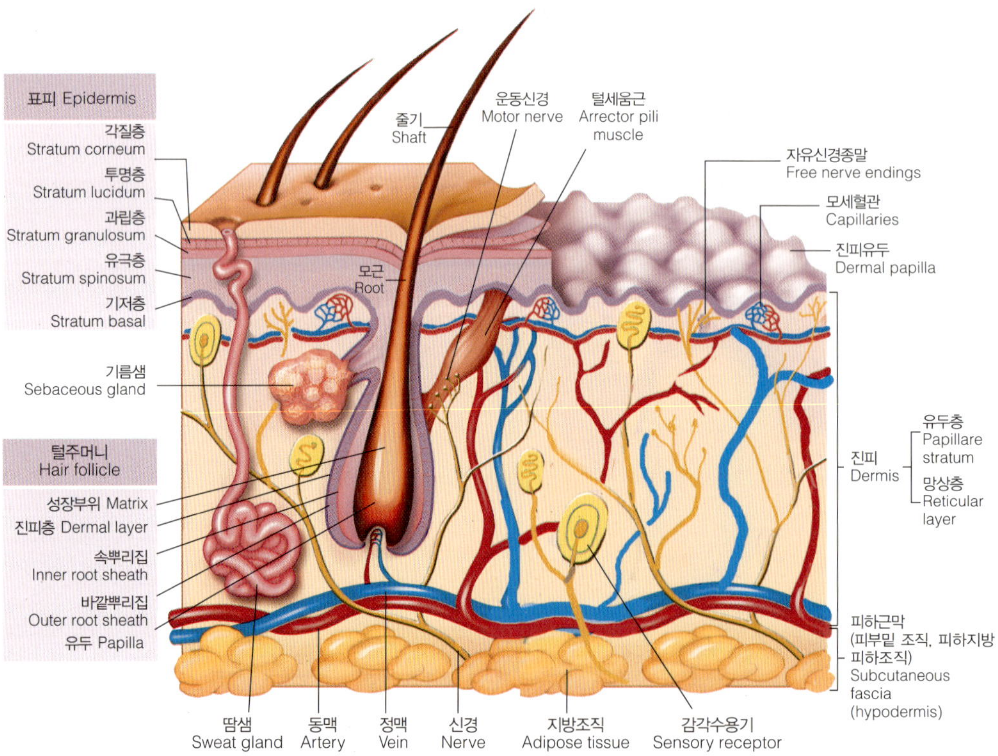

그림 4-1 피부의 구조

1. 표피(Epidermis)

피부의 가장 표면에 있는 층으로 세균, 유해물질 등의 외부자극으로부터 피부를 보호하고 신진대사 작용을 한다. 표피의 발생을 외배엽에서부터 시작되며 혈관과 신경이 존재하지 않는다. 표피의 두께는 평균적으로 0.1~0.4㎜이고, 눈꺼풀이 가장 얇고 손바닥과 발바닥이 가장 두껍다.

표 4-1 표피의 구조와 기능

구 조	기 능
각질층 Stratum Corneum	• 표피를 구성하는 세포층 중 가장 바깥층 • 비늘 모양으로 약 14~20개의 층이며 수분은 15~30% 함유 • 외부자극으로부터 피부보호, 이물질 침투방어 • 각화현상 : 세포가 형성된 후 약 28일이 경과하면 피부로부터 자연적으로 떨어져 나감 • 주성분 : 케라틴 단백질(58%), 지질(11%), 천연보습인자(NMF, 30%)
투명층 Stratum Lucidum	• 손바닥과 발바닥에 주로 분포 • 생명력이 없는 무색, 무핵층 • 엘라이딘(Elaidin) 함유 : 반유동성 물질로 수분침투를 방지하고 피부를 윤기 있게 해주는 역할을 하는 단백질
과립층 Stratum Granulosum	• 각화유리질(Keratohyaline)이 함유되어 있어 각질화 과정 시작 • 레인 방어막(Rein Membrane) : 피부의 수분증발을 방지, 과잉 수분 침투 억제, 유해물질 침투 억제 • 지방세포(각질 세포간 지질)를 생성
유극층 Stratum Spinosum	• 표피 중 가장 두꺼운 층이며, 유핵세포(세포핵 있음) • 표피 전체의 영양을 관장하며 노화될수록 얇아짐 • 세포 표면에 가시모양의 돌기(유극돌기)가 세포 사이를 연결 • 노폐물 및 물질교환이 이루어짐 • 랑게르한스세포(Langerhans Cell) : 외부 이물질 침입을 방어하는 면역 체계 형성
기저층 Stratum Basale	• 표피의 가장 아래층에 위치해 진피의 유두층으로부터 영양을 공급받음 • 단층의 원주상 세포로 배열 • 살아있는 세포로 활발한 세포분열이 이루어짐(유핵세포) • 멜라닌형성세포(Melanocyte) : 피부색과 모발색 결정 • 각질형성세포(Keratinocyte) : 표피의 각질을 만들어 냄 • 촉각세포(Merkel Cell) : 피부의 가장 기본적인 촉각 수용체

2. 진피(Dermis)

표피와 피하지방층 사이에 위치하고 피부의 주체를 이루는 층으로 피부의 90%를 차지한다. 유두층과 망상층으로 구분되나 경계가 뚜렷하지 않으며 콜라겐(Collagen, 교원섬유), 엘라스틴(Elastin, 탄력섬유), 뮤코 다당체(Mucopolysaccharide, 무정형의 기질) 등의 구성 물질로 되어 있다. 또한 피부조직 외의 부속기간인 한선, 피지선, 모발, 감각세포, 혈관, 림프관 등을 포함하고 있다.

표 4-2 진피의 구조와 기능

구 조	기 능
유두층 Papillary Layer	• 진피의 상단부분으로 10~20% 차지 • 표피의 경계부위에 작은 돌기들이 유두 모양으로 형성 • 혈관과 신경이 존재하며 혈관을 통해 표피와 진피에 영양소와 산소를 전달 • 콜라겐, 엘라스틴 섬유들이 가늘고 느슨한 조직으로 구성 • 노화될수록 진피와의 경계인 물결 모양의 파형이 완만해짐
망상층 Reticular Layer	• 유두층의 아래에 위치하고 진피의 80% 이상을 차지 • 탄력성과 팽창성이 큰 지지조직 • 섬유아세포가 함유되어 콜라겐과 엘라스틴을 생산 • 랑거선(Langer's Line) : 일정한 방향선을 가지고 배열되어 각기 다른 주름을 형성하는 선이며, 수술 시 이용하면 흉터를 적게 남김 • 혈관, 피지선, 림프관, 한선, 모발, 입모근 등의 부속기간이 분포

3. 피하조직(Subcutaneous Tissue)

① 진피와 근육 사이에 위치하고, 지방을 함유하고 있는 피부의 가장 아래층에 위치해 있다.

② 지방세포가 피하조직을 형성하며, 지방의 두께에 따라 비만의 정도가 결정된다.

③ 여성 호르몬(Estrogen)과 관련이 있고 신체의 영양상태, 부위, 성별, 연령 등에 따라 다양한 양상을 보인다.

④ 남성보다 여성이 더 발달되어 있다.

⑤ 수분을 조절하고 소모되고 남은 영양과 에너지는 저장한다.

⑥ 체온조절작용, 탄력유지, 외부충격을 흡수를 한다.

2. 네일의 병변

오니코시스(Onychosis, 손 · 발톱병증)는 네일과 관련된 모든 손톱과 발톱의 질병을 총칭하는 용어이다. 네일리스트는 손톱의 비정상적인 상태에 대한 전문적 지식을 가지고 있어야 하며 네일의 이상증세와 질병, 감염여부를 구별하고 설명할 수 있어야 한다. 고객의 네일 상태를 육안으로 확인하고 네일 숍에서 관리가 가능한 네일은 미용적인 방법으로 알맞은 관리를 해주고, 관리가 불가능한 네일일 경우에는 전문의에게 진료를 받을 수 있도록 조언해 주어야 한다.

1. 네일 숍에서 시술 가능한 장애

(1) 네일 바디(Nail Body, 조체) 자체의 이상 증상

1) 오니코파지(Onychophagy, 교조증)

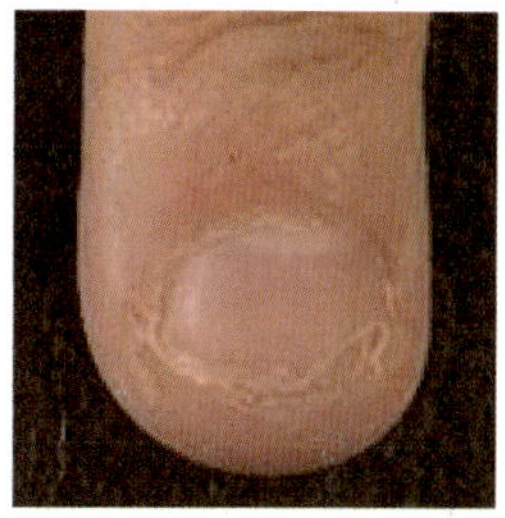

① 불안감이나 스트레스 등의 원인으로 습관적으로 네일을 물어뜯는 현상이다.

② 네일 바디가 작아지고 프리에지가 거의 보이지 않으며 심한 경우 프리에지 부분이 두꺼워지며 손끝이 살 속으로 파고 들어가기도 한다.

③ 정기적인 매니큐어와 인조 네일 작업이 효과적이다.

2) 오니코크립토시스(Onychocryptosis, Ingrown Nail, 조내생증)

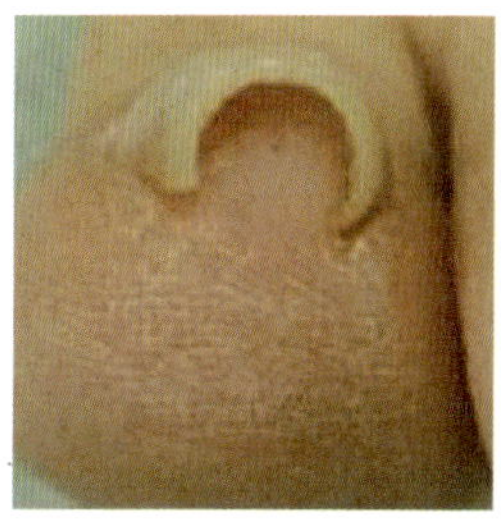

① 손톱이나 발톱이 네일 그루브(Nail Grooves, 조구)로 파고 들어가는 증상으로 주로 엄지발톱에 나타난다.

② 유전적 요인이나 네일을 너무 짧고 라운드형으로 깊이 깎는 경우에도 발생한다.

③ 부적절한 파일링, 작은 신발에 의한 지속적인 압박에도 발생한다.

④ 앞이 좁고 꽉 끼는 신발은 신지 않도록 한다.

⑤ 발톱을 스퀘어(square) 형태로 너무 짧지 않게 조형한다.

3) 에그셸 네일(Eggshell Nail, 계란껍질손톱, 조갑연화증)

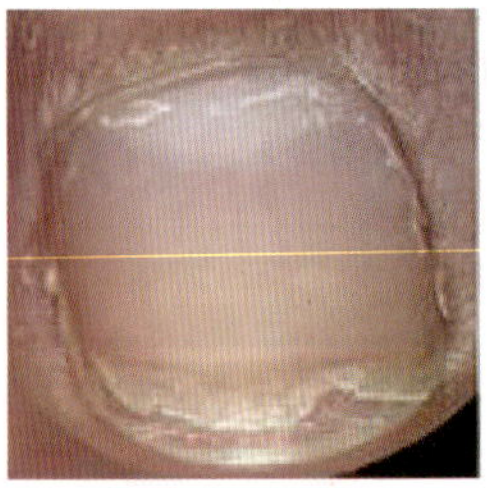

① 네일이 전체적으로 부드럽고 가늘며 하얗게 되어 네일 끝이 굴곡진 상태로 계란껍질 같이 얇고 벗겨지며 흰색을 띠는 증상이다.

② 과도한 다이어트나 식습관 등으로 비타민과 철분 결핍성의 빈혈로 발생할 수 있다.

③ 신경성, 내과적 질병, 신경계통의 이상으로 발생할 수 있다.

④ 단백질, 칼슘, 비타민이 함유된 음식을 섭취한다.

⑤ 네일 강화제를 바르고 손상된 부위가 없어질 때까지 짧게 유지하는 것이 좋다.

⑥ 손상된 부위가 확장되지 않게 인조 네일을 하는 것이 효과적이다.

4) 스푼형 네일(Koilonychia, 숟가락 네일)

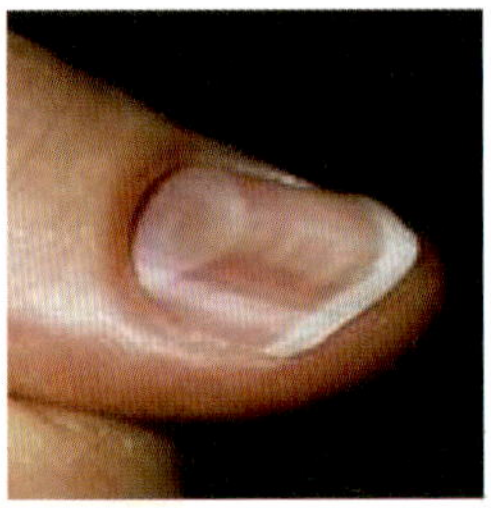

① 네일 바디 옆부분이 바깥쪽으로 벌어지고 가운데 부분이 움푹 들어간 증상이다.

② 선천성 요인이나 빈혈, 당뇨병, 갑상선 질병 등의 원인으로 발생할 수 있다.

③ 습관적으로 네일 바디와 루눌라를 누르는 행동으로도 발생할 수 있다.

④ 네일을 보호하기 위해 인조 네일 작업을 하는 것이 효과적이다.

5) 오니카트로피아(Onychatrophia, 조갑위축증)

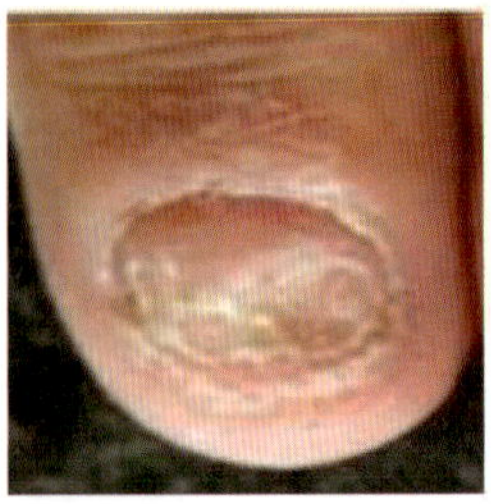

① 네일의 광택과 윤기가 없으며 두께가 얇아지고 오므라들면서 떨어져 나가는 증상으로 주로 새끼발톱에 나타난다.

② 내과적 질병, 네일 매트릭스의 외부 손상, 강알칼리성 화학 약품 사용 등의 원인으로 발생할 수 있다.

③ 샌딩 파일로 표면을 다듬고 네일 강화제를 바른다.

④ 미관상 관리가 필요하면 인조 네일 작업을 하는 것이 효과적이다.

6) 오니콕시스(Onychauxis, Hypertrophy, 조갑비대증)

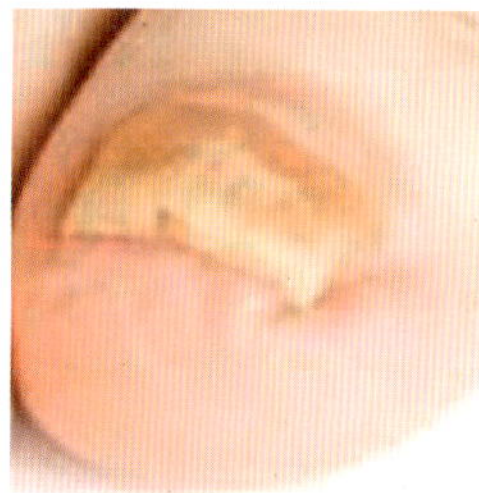

① 네일의 과잉 성장으로 손톱 끝이 두꺼워지고 변색된 증상으로 주로 엄지발톱에 나타난다.

② 질병, 상해, 꽉 끼는 신발을 신은 경우에도 발생할 수 있다.

③ 두꺼운 부분은 파일 또는 머신으로 다듬고, 휘어진 부분은 네일을 자른 후에 정리한다.

(2) 네일 표면에 이상 증상

1) 퍼로우, 코루게이션(Furrow, Corrugation, 고랑 파진 손톱)

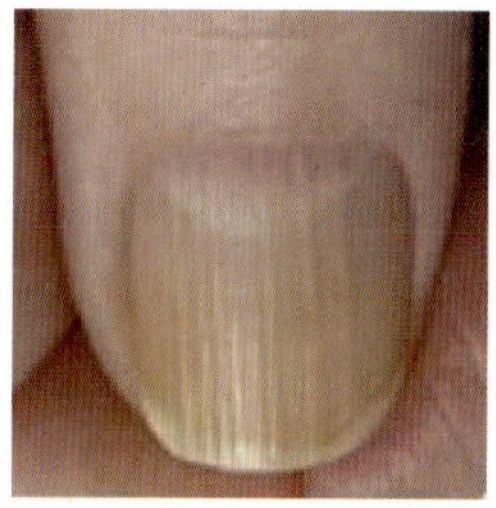

① 손톱 표면에 세로나 가로로 골이 패인 증상이다.

② 잘못된 큐티클 푸셔 사용과 손으로 긁거나 물리적인 압박으로 생길 수 있다.

③ 가로 골은 순환계 이상, 동상으로 인해 생길 수 있으며 세로 골은 고열, 아연결핍, 위장장애, 영양실조, 임신 등으로 생길 수 있다.

④ 샌딩 파일로 표면을 다듬고 네일 강화제를 바른다.

⑤ 메탈 푸셔를 피하고 필러(Filler)를 사용하여 홈을 메꾸어 준다.

2) 오니코렉시스(Onychorrhexis, 조갑종렬증)

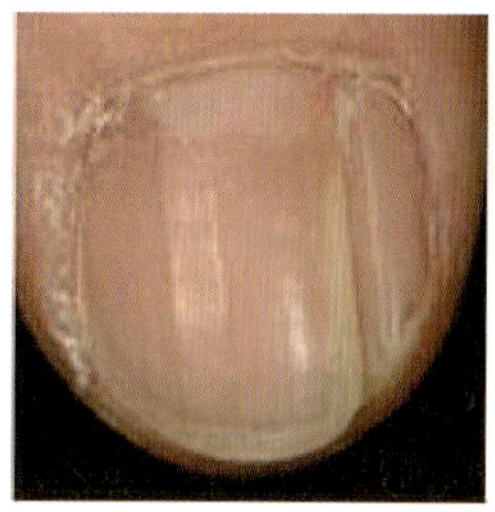

① 네일 바디에 균열이 발생하여 세로로 골이 파져서 갈라지거나 부서지는 현상이다.

② 강한 알칼리성 세제, 리무버, 솔벤트를 과다 사용 시에 발생할 수 있다.

③ 샌딩 파일로 표면을 다듬고 네일 강화제를 바른다.

④ 화학제품의 사용을 자제하고 물을 사용할 때는 장갑을 착용한다.

3) 보우 라인(Beau's Line, Nasal Quadriplegia, 조갑횡구증)

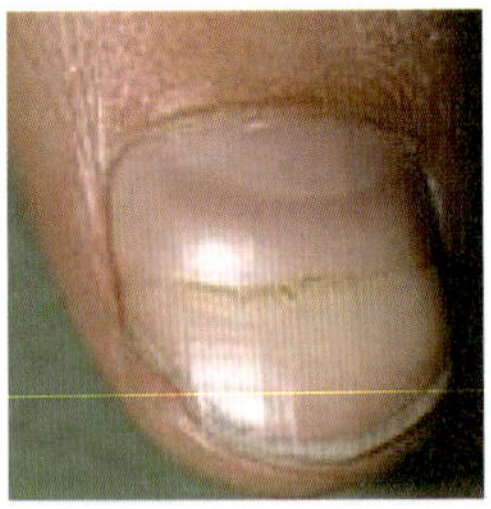

① 가로로 골이 파져 있는 증상이다.

② 건강 약화나 질병으로 인해 네일 매트릭스의 기능이 일시적으로 저하되어 발생할 수도 있으며 기능저하의 기간이 심한 정도에 따라 폭과 길이가 달라질 수 있다.

③ 샌딩 파일로 표면을 다듬고 네일 강화제를 바른다

④ 네일이 얇고 골이 심한 경우에는 인조 네일을 하는 것이 효과적이다.

(3) 큐티클(Cuticle, 조소피)과 네일 주변 피부의 이상 증상

1) 행네일(Hangnails, 거스러미 손톱)

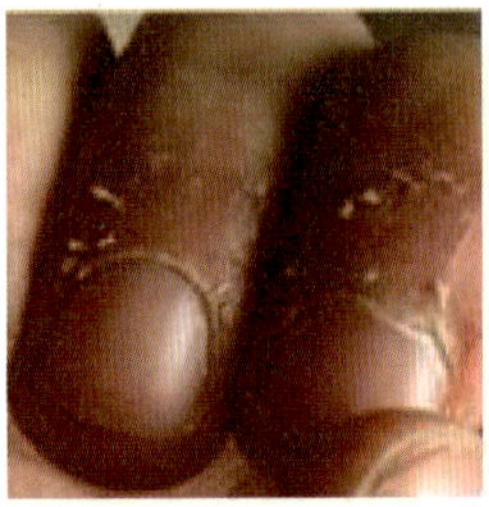

① 큐티클 주위의 피부가 건조하여 거스러미가 일어나는 증상이다.

② 잘못된 큐티클 니퍼 사용이나 큐티클을 잡아떼거나 물어뜯는 습관으로 발생할 수도 있다.

③ 핫 오일 매니큐어와 파라핀 매니큐어를 사용하면 효과적이다.

④ 큐티클 오일이나 핸드 로션 등의 보습제품을 발라 준다.

2) 테리지움(Pterygium, 표피조막, 조갑익상편)

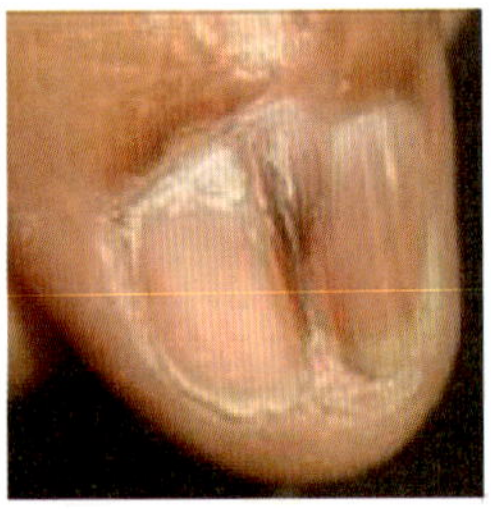

① 큐티클 과잉 성장으로 손톱 위로 과도하게 자라나와 표면을 덮는 증상이다.

② 변질된 제품과 유해한 성분이 들어간 제품을 사용하면 발생할 수도 있다.

③ 큐티클 푸셔로 안전하게 밀어주고 니퍼로 정리 후 보습제를 발라 준다.

④ 큐티클이 딱딱한 경우에는 핫 오일 매니큐어를 해주면 효과적이다.

(4) 색소성 이상 증상

1) 루코니키아(Leuconychia, White Spot, 조백반증, 흰색반점)

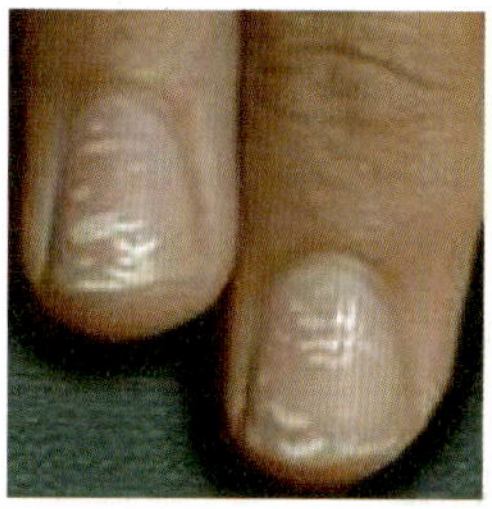

① 손톱에 하얀색 반점이 생기는 증상이다.

② 외부의 충격으로 네일바디와 루눌라 부분에 기포현상으로 발생할 수도 있다.

③ 네일 바디의 표면에 생긴 흰색반점은 샌딩 파일로 제거한다.

④ 네일 바디의 아래에 생긴 흰색반점은 손톱이 자라면 잘라내고 폴리시를 바르면 커버가 된다.

2) 니버스(Nevus, 조갑모반, 반점)

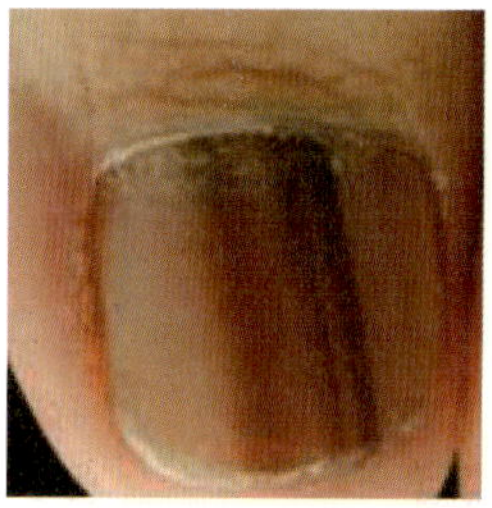

① 손톱 표면 전체 또는 일부 부분이 멜라닌 색소 침착으로 갈색이나 검은색으로 변하는 증상이다.

② 단순 모반은 네일의 멜라닌 색소가 증가하거나 침착하여 발생할 수도 있다.

③ 악성 흑색종과 약물의 부작용으로 발생할 수도 있다.

④ 인조 네일이나 짙은 컬러를 바르면 커버가 된다.

3) 헤마토마(Hematoma, Bruised Nails, 멍든 네일)

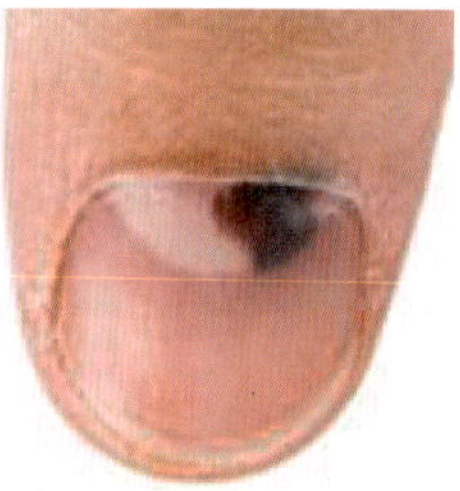

① 네일 베드에 피가 고여 있는 상태로 멍이 반점처럼 나타나는 증상이다.

② 손톱이 잘 부착되어 있으면 무리가 되지 않을 정도로 관리는 가능하다.

③ 심한 경우에는 손톱이 완전히 자라나올 때까지 관리를 하지 않는다.

4) 디스컬러드(Discolored Nails, 변색된 네일)

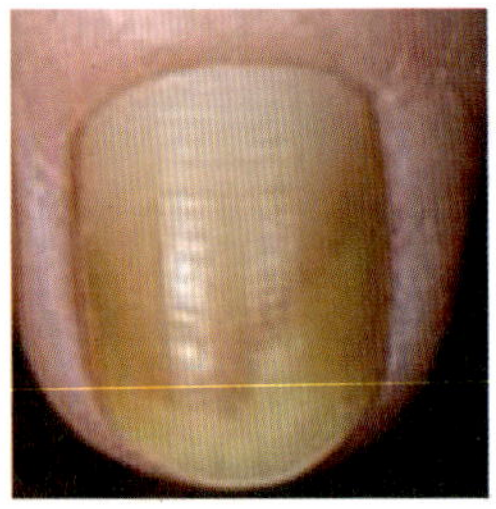

① 손톱이 황색, 청색, 검푸른색, 자색 등으로 변하는 증상이다.

② 혈액순환, 빈혈, 심장이 좋지 못한 상태, 과도한 자외선 노출, 흡연 등으로 발생할 수도 있다.

③ 베이스 코트를 바르지 않고 유색 에나멜을 발랐을 때에도 발생할 수 있다.

④ 혈액순환 개선을 위해 규칙적인 운동을 한다.

5) 오니코사이아노시스(Onychocyanosis, 조갑청색증)

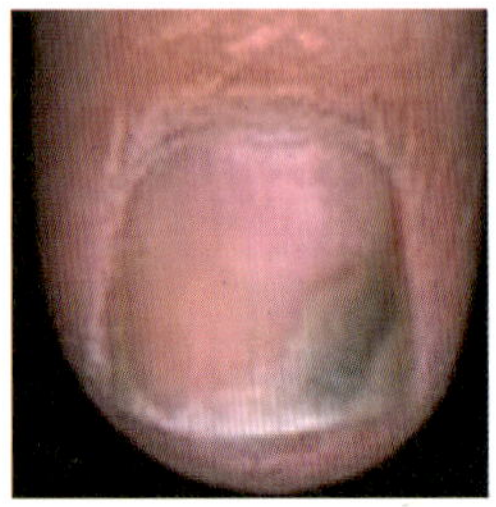

① 손톱의 색이 푸르스름하게 변하는 증상이다.

② 혈액순환이 되지 않아 네일 베드의 작은 혈관에 환원혈소가 증가하거나 산소포화도가 떨어져서 발생할 수도 있다.

③ 일반적인 관리가 가능하다.

2. 네일 관련 질병

(1) 바이러스에 의한 감염

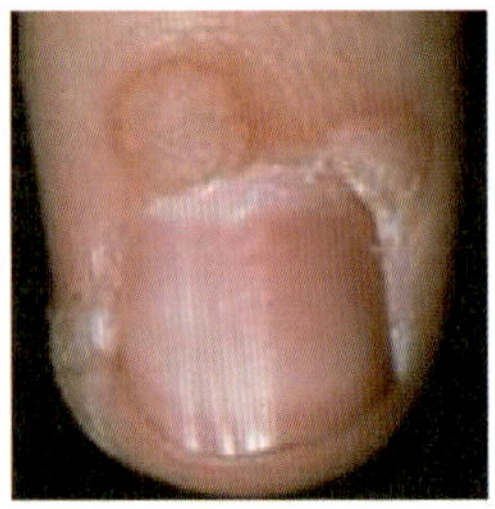

사마귀(Viral Wart Nail, 워트)

손톱 주위 피부의 구진으로 표면이 울퉁불퉁하며 변색이 되어 나타나기도 한다. 유두종 바이러스(HPV)에 감염되어 발병한다

(2) 균에 의한 감염

1) 몰드(Mold, 곰팡이균, 사상균, 백선)

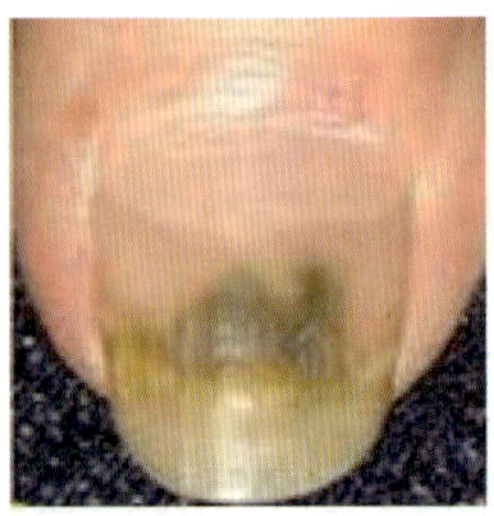

펑거스(Fungus, 버섯균류, 진균, 백선)의 일종으로 자연 손톱과 인조 손톱 사이로 습기가 스며들어 진균염증이 발병한다. 손톱이 노란색과 연두색을 띠다가 검은색으로 변하며, 물렁해지고 냄새가 나며 손톱이 빠질 수도 있다. 전처리 작업 시 네일 바디에 수분을 제거하지 못한 경우와 인조 네일의 보수시기가 지나 균이

번식되어 발생할 수도 있다. 발견 즉시 인조 손톱을 제거하고 약을 바른다.

2) 오니키아(Onychia, 조갑염)

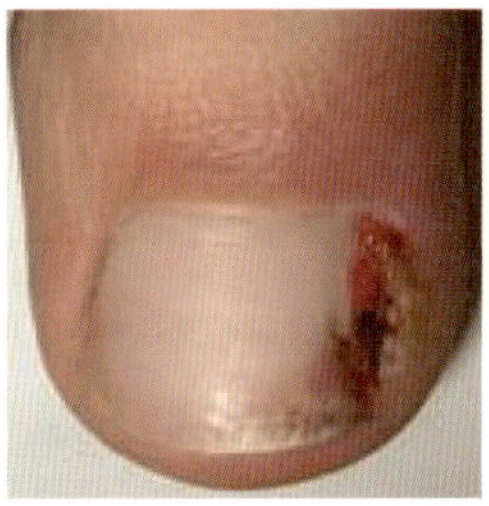

손톱 밑의 피부조직 일부가 없어지거나 함몰된 상태로, 피부가 감염되어 붉어지거나 고름이 생기는 증상이다. 네일 도구를 위생 처리하지 않고 사용했을 때나 클리퍼로 손톱을 자르면서 하이포니키움에 상처가 생겼을 때 발생한다.

3) 오니코마이코시스(Onychomycosis, 조갑진균증)

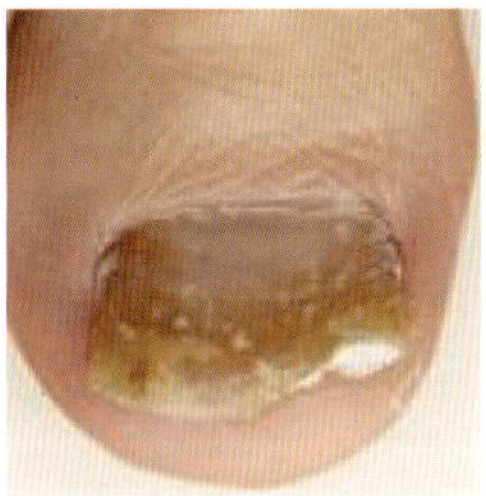

진균류가 손톱의 하이포니키움 또는 프리에지 부분으로 침투하여 네일 루트까지 확장하여 손톱의 성장을 저해한다. 손톱이 희거나 누렇게 변색되고 심한 경우에는 네일 베드가 드러나는 증상이다.

4) 티니아페디스(Tinea Pedis, 발 진균증, 무좀)

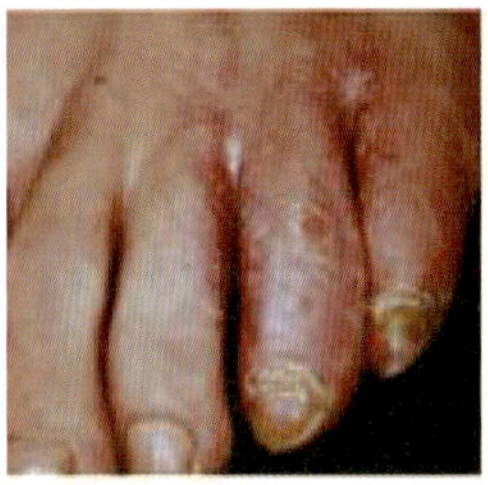

발바닥과 발가락 사이에 붉은색의 물집이 잡히거나 피부 사이가 부어올라 희고 습하게 되며 피부가 가렵고 갈라지는 증상이다. 신발의 습도가 높은 상태로 장시간 착용했을 경우, 발에 생기는 진균이나 백선균 감염이 원인이 된다.

5) 파이로제닉그래뉴로마(Pyrogenic granuloma, 화농성 육아종)

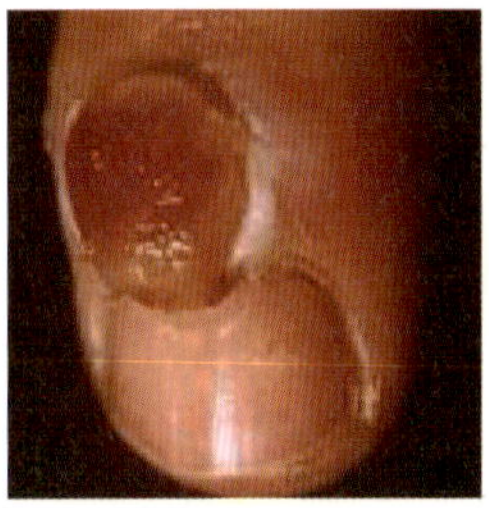

심한 염증을 나타내며 네일 베드에서 네일 바디로 붉은 살이 자라 나온다. 비위생적인 네일 도구 사용으로 네일 주위 피부에 상처가 생기고 박테리아 감염으로 화농성 염증을 일으켜서 발생할 수 있다.

6) 파로니키아(Paronychia, 조갑주위염)

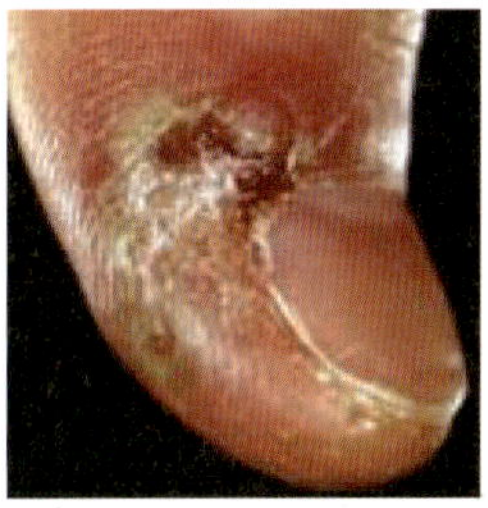

손톱 주위의 피부에 박테리아가 감염된 상태로 빨갛게 부어오르며 살이 물러지거나 염증과 고름을 동반하는 증상이다. 비위생적인 도구 사용, 과도한 큐티클 제거 시에 상처가 났을 때 생긴다.

7) 오니코그리포시스(Onychogryphosis, 조갑구만증)

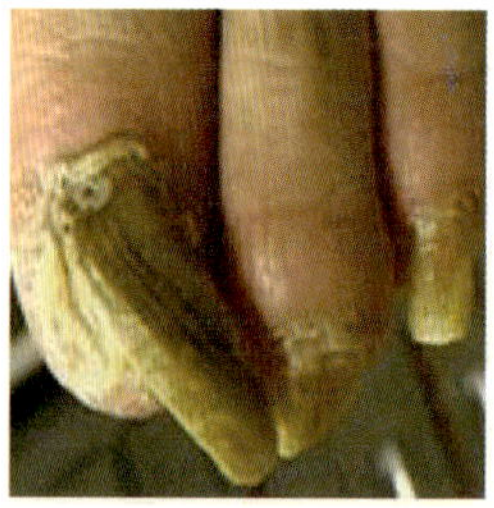

손톱과 발톱이 두꺼워지며 피부 속으로 파고들거나, 손가락이나 발가락이 구부러지는 증상이다.

8) 오니코리시스(Onycholysis, 조갑박리증)

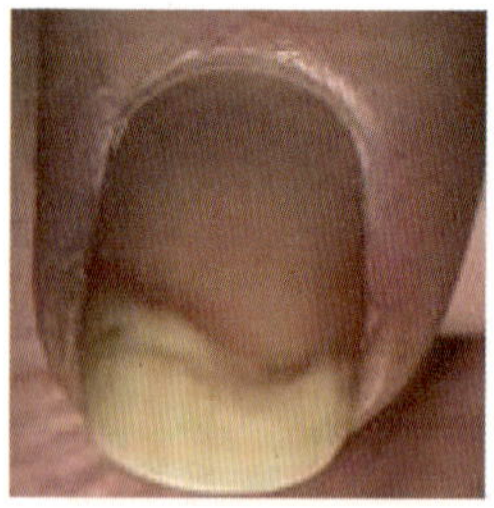

네일 보디와 네일 베드 사이에 틈이 생겨 분리되어 들뜨는 증상이다. 잦은 하이포니키움 손상과 감염증으로 발생할 수 있다. 내과적 질병, 빈혈, 화학제품의 과도한 사용으로 발생할 수 있다.

9) 오니콥토시스(Onychoptosis, 조갑탈락증)

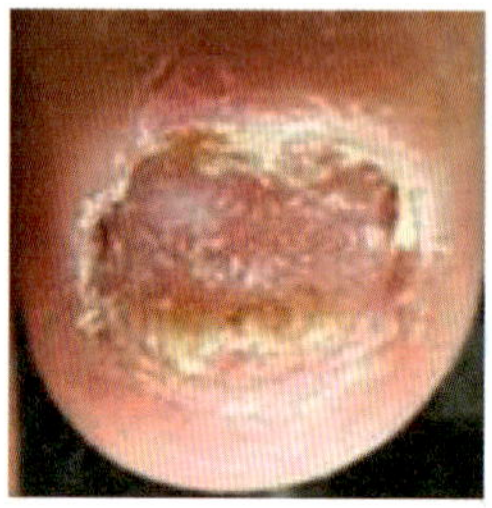

손톱의 일부분 또는 손톱 전체가 떨어져 나가는 증상이다. 매독, 고열, 약물의 부작용 등으로 네일 매트릭스의 기능이 일시적으로 중단되어 네일 바디와 연결이 끊어진 경우에 발생할 수 있다.

3. 네일 숍의 위생관리

(1) 네일 숍의 내부

① 작업 공간은 조도가 높고 온 · 냉방이 되어야 하며 환기가 잘 되어야 한다.

② 천장, 벽, 바닥과 가구는 먼지가 묻지 않게 하며 세척이 가능한 재질이어야 한다.

③ 접수대, 선반, 보관장, 기구는 항상 위생적인 상태로 유지한다.

④ 소독 및 세제용 화학물은 서늘하고 건조한 곳에 보관한다.

⑤ 온수와 냉수가 잘 공급되어야 한다.

⑥ 전기 연결과 전열기는 안전하게 설치되어야 한다.

⑦ 화학성분이 들어 있는 용액을 흘렸을 경우에는 즉시 닦아 준다.

⑧ 작업 테이블은 항상 정리정돈이 잘 되어 있도록 한다.

⑨ 작업테이블 위에는 도구, 기구, 재료 등이 준비되어 있어야 한다.

(2) 도구 및 기구 소독

① 네일 기구는 항상 청결하게 유지하고 시술용 테이블은 사용 전과 후에 70% 에탄올 수용액으로 깨끗이 닦는다.

② 큐티클 니퍼, 푸셔, 클리퍼 등의 철제도구는 70% 에탄올 수용액에 20분 동안 담갔다가 흐르는 물에 헹구고 마른 수건으로 닦는다.

③ 소독 처리된 네일 도구는 자외선 소독기에 넣어 보관한다.

④ 핑거 볼은 1회용을 사용하거나 소독 후 사용한다.

⑤ 타월은 1회용을 사용하거나 자비소독 후 일광에 다시 소독 후 사용한다.

⑥ 가운은 사용 후 세탁 및 일광 소독 후 착용한다.

⑦ 시술 전후 시술자와 고객의 손을 70% 에탄올 수용액으로 소독한다.

⑧ 면도날, 콘 커터, 오렌지 우드 스틱은 일회용으로 사용한다.

⑨ 파일이나 버퍼는 1회용이나 개인용으로 사용한다.

(3) 네일리스트의 위생관리

① 깔끔한 유니폼을 착용하고 손은 항상 청결하게 관리한다.

② 시술이 불가능한 손톱의 질환자는 시술하지 말고 전문의를 방문하도록 한다.

③ 화학 물질은 사용설명서를 숙지하고 사용한다.

④ 화학 물질 사용하고 난 후에는 손을 깨끗하게 씻는다.

4 네일 숍의 안전관리

1. 네일 숍의 안전관리

(1) 물질안전보건자료(MSDS : Material Safety Data Sheet)

재료 안전 자료는 제품을 사용하는 사람들이 제품에 필요한 모든 정보를 볼 수 있게 제조회사가 수록해 놓은 안전 데이터 시트이다. 화학제품에 대한 정의, 위험한 첨가물에 대한 정보, 제조자명, 성분과 성질, 취급상의 주의, 적용법규, 신체 적합성의 유무,

가연성이나 폭발 한계, 건강재해 데이터 등이 기입되어 있으며 보호와 예방조치에 대한 정보가 모두 포함되어 있다.

(2) 일반 관리

① 응급처치용품을 구비하여 네일 숍 내에 비치한다.
② 응급상황 시 연락할 안전사고 대책기관의 연락망을 확보한다.
③ 네일 숍 내에 소화기를 비치하고 열감지기나 연기감지기도 설치한다.
④ 냉 · 온수기 등은 정기적으로 위생 점검을 받는다.
⑤ 네일 숍 내에서는 금연하고 음식물의 섭취를 피한다.
⑥ 인화성이 강한 제품은 화재의 위험이 있는 곳에 두지 않는다.
⑦ 냉 · 난방기는 통풍구의 필터를 자주 청소하고 교체한다.

(3) 네일 숍 내의 안전 수칙

① 환기를 자주 시켜서 화학제품의 냄새와 증기가 빠져나가도록 한다.
② 파일링할 때 먼지가 날리므로 마스크를 착용하여 흡입이 되지 않도록 한다.
③ 프라이머 등이 피부에 닿지 않게 주의한다.
④ 화재를 일으킬 수 있는 화학약품들이 있으므로 담배를 피우지 않는다.
⑤ 화학약품이 눈에 들어가지 않게 보호 안경을 쓰도록 한다.
⑥ 쓰레기는 자주 버리고 뚜껑이 있는 통을 사용한다.
⑦ 식사 전에는 손을 씻어서 화학물질을 제거한다.
⑧ 모든 용기에 라벨을 부착하여 냉암소에 보관한다.
⑨ 모든 재료는 사용하지 않을 때 뚜껑을 닫아 쏟아지지 않도록 한다.
⑩ 사고를 대비하여 응급상자와 비상전화번호 및 소화기를 비치하여 둔다.
⑪ 모든 제품은 설명서, 제조날짜, 유효기간을 확인하고 보관한다.

(4) 전기사용 시 주의사항

① 전기장치의 사용법과 전류의 종류, 특성 등 안전수칙을 숙지해야 한다.
② 코드를 뽑을 때는 콘센트의 플러그를 잡고 안전하게 뽑아야 한다.
③ 수시로 전기 코드를 점검하고 마모되거나 닳은 전기 코드는 교체한다.

④ 한 개의 콘센트에 많은 전기장치를 사용하여 과부하를 주지 말아야 한다.
⑤ 사용하지 않는 전기장치는 스위치를 먼저 끄고 플러그를 뽑아서 전원을 차단한다.
⑥ 전기 장치는 젖은 손으로 만지지 않는다.
⑦ 습기가 많은 장소의 전기기구는 반드시 접지를 해야 한다.

2. 화학물질의 안전관리

① 콘택트렌즈의 사용을 피하고 보호안경을 착용한다.
② 글루, 젤, 솔벤트 등은 피부에 닿을 시 피부를 건조시키고 껍질이 벗겨져서 상처를 통해 균이 침입할 수 있으니 피부에 닿지 않게 주의한다.
③ 솔벤트(Solvent)나 프라이머(primer)는 눈에 들어가면 부상을 입고 실명을 할 수 있으므로 주의해서 사용한다.
④ 파일링(filing)할 때 아크릴릭 파우더와 아크릴릭 리퀴드, 프라이머, 에나맬 드라이어에서 발산되는 증기로 인해 호흡장애를 일으킬 수 있으므로 마스크를 착용한다.
⑤ 소독제는 제품 설명서의 지시에 따라 사용할 때 적정 농도로 사용한다.
⑥ 사용하는 물품은 작업대에서 쏟아지지 않게 재료 정리함에 보관한다.
⑦ 네일 폴리시와 리무버, 글루 드라이어는 인화성이 강하므로 사용 중에 난로에서 멀리하고 흡연을 금한다.
⑧ 폭발 가능성이 있는 화학물질성 스프레이는 냉암소에 보관하며, 각 제품에 라벨(label)을 부착한다.
⑨ 사용한 페이퍼 타월이나 탈지면 등은 뚜껑이 있는 쓰레기통에 폐기한다.
⑩ 환풍기를 사용하거나 창문을 수시로 열어 환기시켜야 한다.
⑪ 재료를 덜어서 사용할 때는 스패튤러를 사용한다.
⑫ 액체인 경우에는 스포이트(spuit)를 사용한다.
⑬ 재료의 유효기간이 지나면 반드시 폐기한다.

3. 네일 미용인의 안전관리

① 스트레칭(stretching)을 규칙적으로 하여 피로회복에 도움을 주도록 한다.
② 바르게 앉는 습관은 허리에 무리를 주지 않아 피로를 완화할 수 있다.

③ 허리에 부담을 주지 않게 의자의 높낮이를 조절하여 작업한다.

④ 의자 밑으로 발을 넣지 않도록 하며 발바닥이 바닥에 닿도록 한다.

⑤ 눈의 피로를 덜어 주기 위해 조명을 밝게 한다.

⑥ 골격과 근육에 피로감이 생기지 않게 정기적으로 휴식을 취한다.

4. 고객의 안전관리

① 고객의 관리 후 사용한 네일 도구는 반드시 소독한 후 자외선 소독기에 보관한다.

② 일회용품은 사용 후 반드시 폐기하고 다음 고객에게 재사용하지 않는다.

③ 고객의 핸드백, 귀중품, 옷 등이 분실되거나 바뀌지 않도록 한다.

④ 굳은살 제거용 면도날은 매 고객마다 새 것으로 사용하여 감염을 방지한다.

⑤ 화학제품이나 네일 도구로 말미암아 알레르기(Allergy)가 생기는 경우에는 중단하고 전문의에게 의뢰하도록 한다.

PART Ⅱ 네일 실습

Chapter 1

PART Ⅱ 네일 실습

네일을 위한 기본 상식

1. 재료와 도구 활용

1. 네일 케어 기구

(1) 매니큐어 테이블(Manicure Table)

① 네일의 전문적인 특성을 살린 전문 테이블을 사용해야 한다.

② 고객과 시술자 모두 편안하게 테이블 아래로 다리는 넣을 수 있고, 전자기기 사용의 편리함을 위해 테이블에 전기 시설을 하여 스탠드(40W)와 플러그를 장착하여야 한다.

③ 제품보관의 용이성을 위해 서랍과 같은 보관공간이 마련되어 있으면 더욱 효율적이다.

④ 고객과 시술의 책상 거리는 45cm 정도가 적당하다.

(2) 시술 의자(Nail Chair)

① 시술자 : 제품 이동시 편리하도록 의자에 바퀴가 달려 있고, 높낮이가 조절되어 시술의 편리함을 갖추어야 한다.

② 고객 : 시술시간이 오래 걸릴 수도 있으므로 고객이 편안한 자세에서 시술을 받을 수 있도록 등받이와 팔걸이가 있어야 하며, 시술 시 의자가 움직이지 않도록 바퀴가 없는 의자를 사용하여야 한다.

(3) 파라핀(Paraffin)과 파라핀 워머기 (Paraffin Warmer Machine)

① 손의 특수관리(보습)를 위하여 응고된 파라핀을 파라핀 워머 기기에 넣어 녹여 준다.
② 용해된 파란핀 액에 손을 여러 번 담가 보습막을 형성하여 팩 관리를 함으로써 거칠어진 손을 관리한다.
③ 단, 여러 사람의 손을 담그게 됨으로써 파라핀 액이 더러워질 수 있으니, 청결에 특별히 신경을 쓰도록 한다.

(4) 네일 드릴(Nail Drill)과 비트(Bit)

① 팔의 과도한 사용으로 유발되는 시술자의 업무 재해가 생기지 않도록 드릴을 이용한다.
② 인조 네일의 표면 파일링(Filing), 인조 네일의 제거, 큐티클 제거, 손톱 표면 광택, 손발의 굳은살 제거 등을 위해 사용된다.
③ 비트는 시술 부위에 따라 선택하여 사용한다.

(5) 자외선 소독기(Ultraviolet Sterilizer)

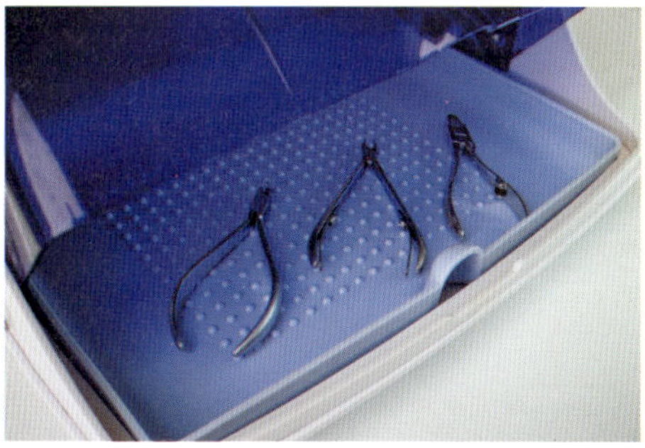

자외선(UV)을 이용하여 시술 전후에 네일 도구의 소독이나 살균을 하는 기기이다.

(6) 습식 소독기(Wet Disinfector)

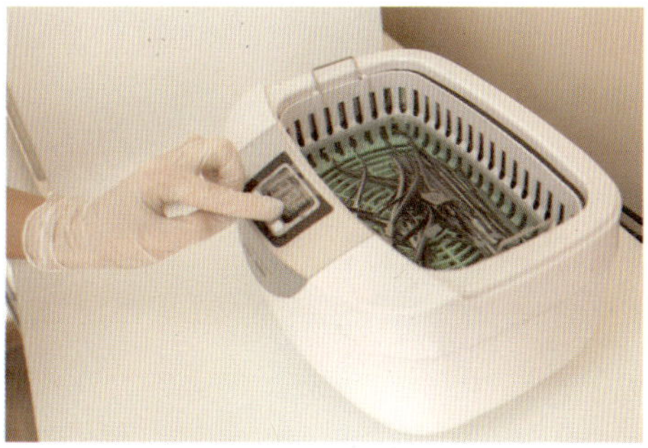

① 70%의 알코올에 메탈 도구 및 오렌지 우드스틱, 티스트브러쉬 등을 담가 두었다가 사용한다.
② 사용을 하지 않을 때에는 이물질이 들어가지 않도록 뚜껑을 항상 닫아 두도록 한다.

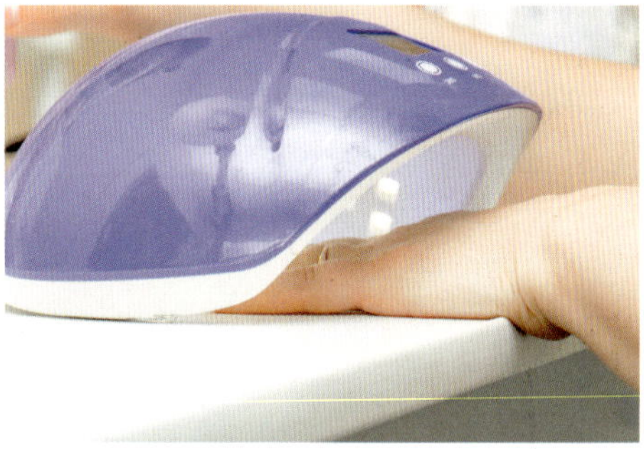

(7) 네일 핸드 드라이어(Nail Hand Dryer)

① 기기 안에 팬이 달려 있어 전원을 켜면 돌아가면서 바람이 나온다.
② 에나멜을 바른 뒤에 말려 주기 위해 사용한다.

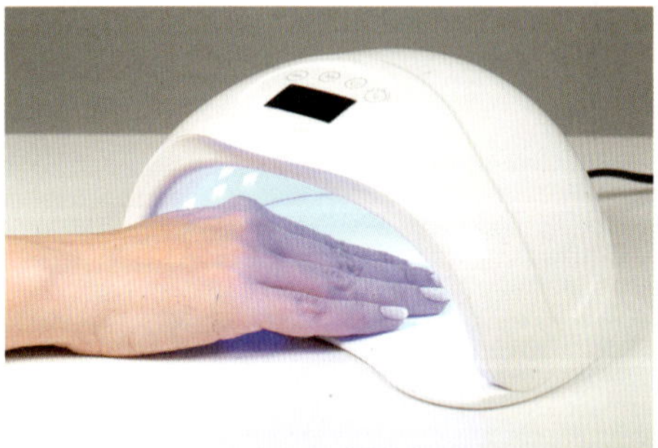

(8) 젤 램프(Gel Lamp)

① Gel 시술 후에 굳히기 위한 기기로 사용한다.
② 젤을 올린 뒤 U.V 또는 LED를 조사하여 젤을 큐어(응고)시켜 준다.

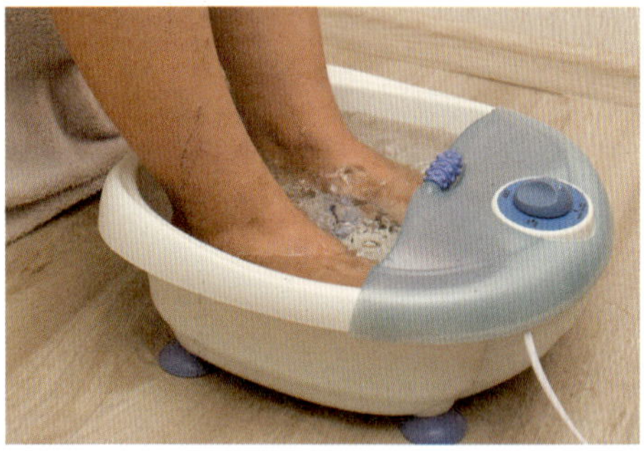

(9) 각탕기(Foot Spa) 또는 스파체어(Spa Chair)

- 아로마(Aroma)나 솔트(Salt)를 첨가하여 발의 피로를 풀어 주거나 발의 각질과 큐티클을 불려 줄 때 사용한다.

(10) 핫 크림 매니큐어(Hot Cream Manicure)

① 핫 크림 전용 로션을 워머기에 넣어 따뜻하게 데워 준 다음에 필요량을 덜어 고객의 손을 마사지한다.
② 혈액순환과 보습에 우수한 효과가 있다.

2. 네일 케어 도구 및 재료

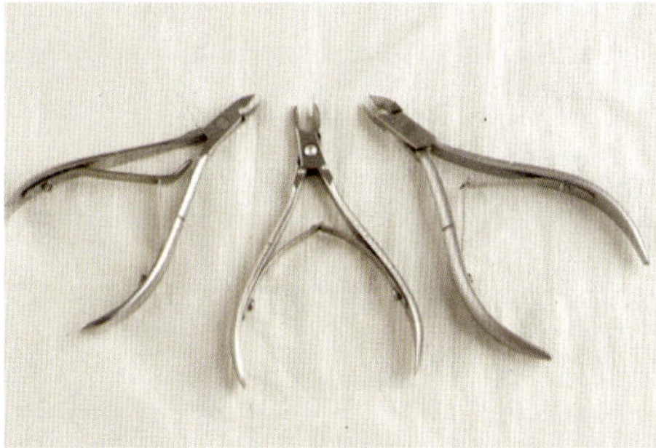

(1) 큐티클 니퍼(Cuticle Nipper)

① 큐티클, 손톱 주변의 거스러미, 굳은살 등을 제거하기 위해 사용한다.

② 1/2, 1/4(Jaw) 두 가지 종류가 있으며, 1/2 조는 앞머리가 길고 날씬하며, 1/4 조(Jaw) 앞머리가 짧고 굵다.

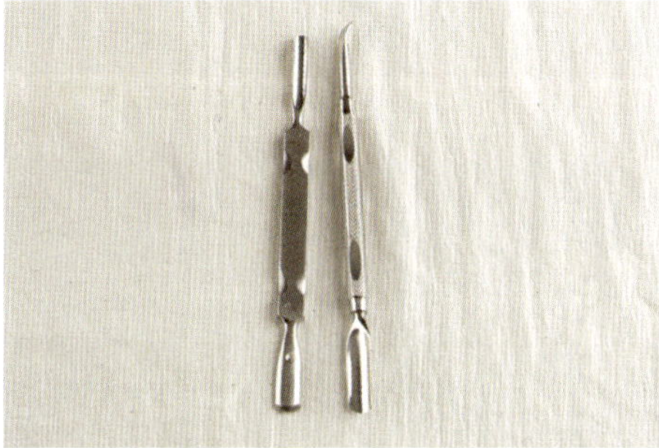

(2) 푸셔(Pusher)

① 큐티클을 제거하기 용이하도록 플레이트(Plate)에서 큐티클을 들뜨게 하기 위해 사용한다.

② 메탈 푸셔나 스톤 푸셔 등이 있으며 큐티클이 손상되지 않도록 45° 각도로 주의하여 사용한다.

③ 큐티클을 밀어 줄 때 플레이트가 긁혀 손상되지 않도록 주의한다.

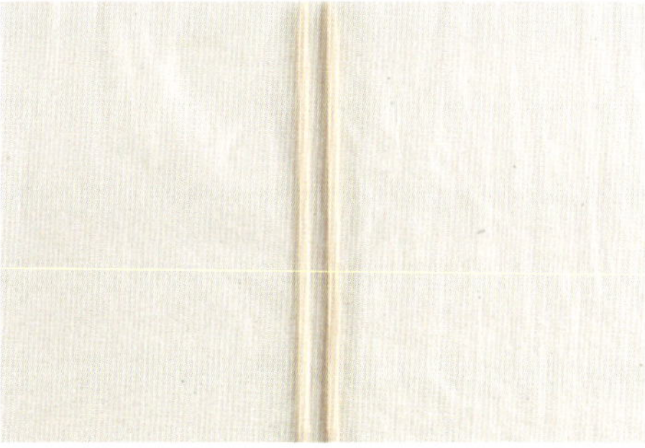

(3) 오렌지 우드스틱(Orange Woodstick)

• 오렌지 나무로 만들어졌으며, 큐티클을 밀어 줄 때, 컬러링 후 제거나 수정할 때, 아트를 할 때 등 다양하게 사용된다.

(4) 파일(File)

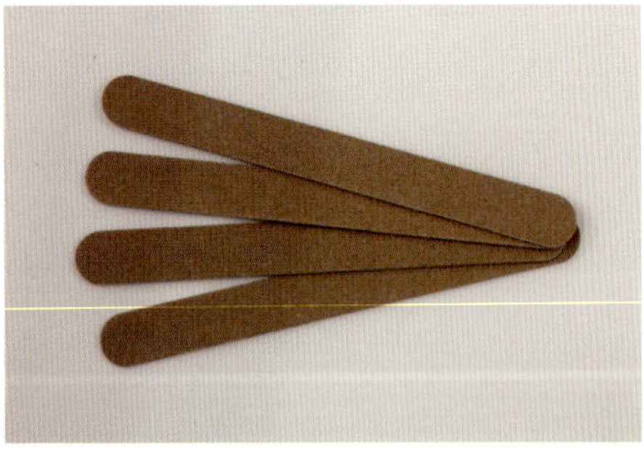

- 그릿(Grit)의 숫자가 클수록 부드러우며, 에머리 보드라고도 한다.

① **우드 파일**(Wood File)

- 100, 150, 180 그릿으로 다양하며, 원 네일을 파일링을 할 때 사용한다.
- 일반적으로 150 그릿을 가장 많이 사용한다.
- 얇아서 큐티클 라인의 루즈 스킨을 제거할 때도 사용한다.

  *인조 네일에 사용하면 안 된다.

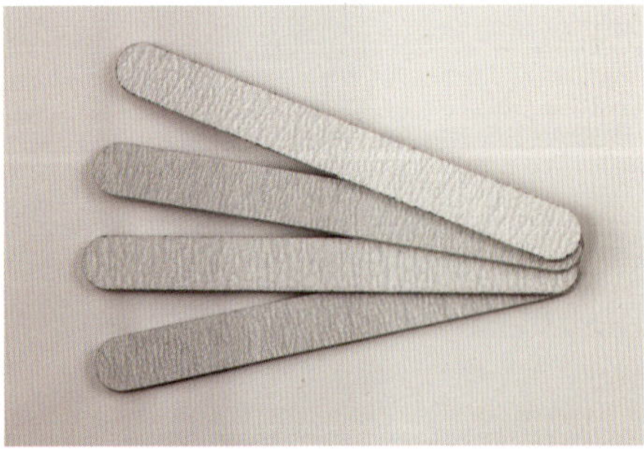

② **지브라 파일**(Zebra File)

- 얼룩말 무늬의 파일이며, 100, 150, 180 그릿으로 다양하다.
- 젤 네일 시술 후 너무 강한 파일을 사용하면 오프되거나 손상될 수 있으므로, 일반적으로 부드러운 180 그릿을 가장 많이 사용한다.

③ **블랙 파일**(Black File)

- 검정색 파일이며, 80, 100 그릿이 가장 일반적이다.
- 팁이나, 아크릴, 실크 등 인조 네일 시술 시 사용한다.

④ **광택 파일**(Polish File)

- 2 Way, 3 Way, 4 Way 등 만들어진 디자인의 형태에 따라 명칭이 달라진다.
- 300~3000그릿으로 다양하며 그릿의 숫자가 클수록 부드럽고 광택이 많이 난다.
- 재질은 합성수지이며, 손톱 표면에 광택을 낼 때 사용한다.

⑤ **디자인 파일**(Design File)과 점보 파일(Jumbo File)

- 디자인 파일은 파일에 디자인이 들어가 있으며, 점보 파일은 일반적으로 사용되는 파일보다 크기가 많이 크다.

⑥ **샌딩 파일**(Sanding File), 샌딩 블럭(Sanding Block)

- 표면을 정리할 때 사용한다.
- 표면의 고르지 못한 부분을 정리하고, 유분기를 제거한다.
- 인조 네일의 시술시 접착력을 높이기 위한 에칭(Etching)을 줄 때 사용한다.

⑦ **디스크 패드**(Disc Pad)

- 라운드 패드(Round Pad)라고도 하며, 손톱 밑의 거스러미, 더스트를 제거할 때 사용한다.

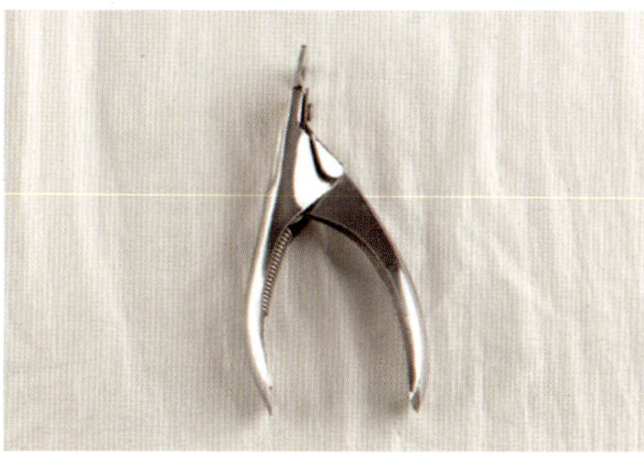

(5) 팁 커터기(Tip Cutter)

① 팁의 길이 조절 시 사용한다.

② 팁을 커팅할 때만 사용하고 실크(silk)나 아크릴(acryl) 커팅 시에는 사용을 금지한다.(손톱의 손상을 유발할 수 있다.)

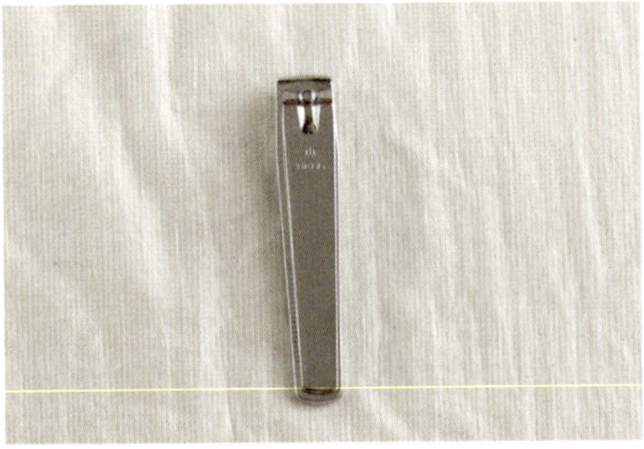

(6) 네일 클리퍼(Nail Clipper)

아크릴이나 실크의 길이를 커팅할 때 사용하며, 자연 손, 발톱의 길기 조절, 팁 커팅, 속 오프(Soak Off) 시에도 사용한다.

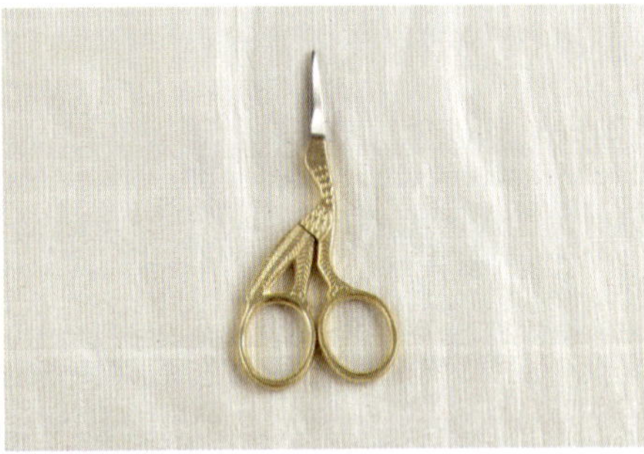

(7) 실크 가위(Silk Scissors)

실크를 재단할 때 사용한다.

(8) 네일 더스트 브러시(Nail Dust Brush)

① 파일링(Filing)이나 버핑(Butfing) 등의 작업 후 발생하는 더스트를 털어내기 위해 사용한다.

② 솔, 더스트 브러시, 핸드 브러시, 네일 브러시 등 다양한 명칭으로 사용된다.

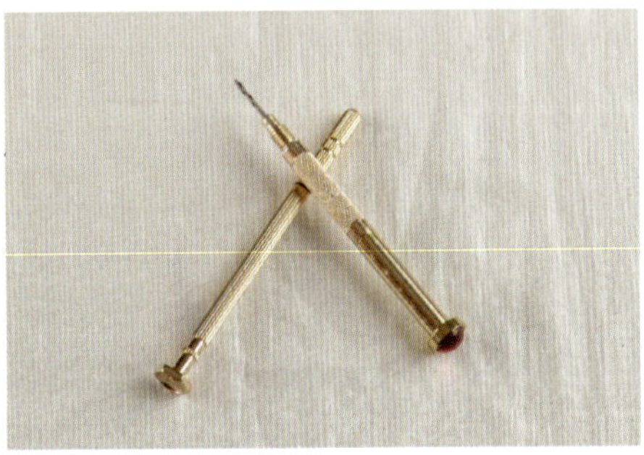

(9) 핸드 드릴(Hand Drill), 댕글 드릴(Dangle Drill)

① 네일에 구멍을 뚫어 장식(댕글)을 달아 줄 때 사용한다.

② 원 네일에 구멍을 뚫게 되면 손상될 수 있으므로 인조 네일 연장 후 시술하도록 한다.

(10) 네일 브러시(Nail Brush)

① **아크릴릭 브러시**(Acrylic Brush)

- 리퀴드와 아크릴릭 파우더를 믹싱하여 볼을 올릴 때 사용한다.
- 손톱을 만들거나 익스텐션할 때 8~10호 사이즈의 브러시를 사용하며, 꽃이나 디자인을 만들 때 디자인용으로 4호 브러시를 많이 사용한다.

② **네일 포크아트 브러시**(Nail Fork Art Brush) 및 핸드 페인팅 브러시(Hand Painting Brush)

- 물감을 그라데이션하여 포크아트를 표현하거나 핸드페인팅으로 디자인을 연출할 때 다양한 브러시를 사용한다.

③ **겔 네일용 브러시**(Gel Nail Brush)

젤을 이용하여 손톱을 만들고 연장하거나 아트 연출 또는 디자인을 연출할 때 다양한 브러시를 사용한다.

(11) 핑거볼(Finger bowl)

① 습식 매니큐어 시 큐티클(Cuticle)을 불릴 때 사용한다.

② 손톱 주변의 굳은살을 연화시키거나 큐티클 제거를 용이하게 하기 위해 미온수를 이용한다.

③ 여러 고객이 사용하므로 사용 후 소독을 철저히 한다.

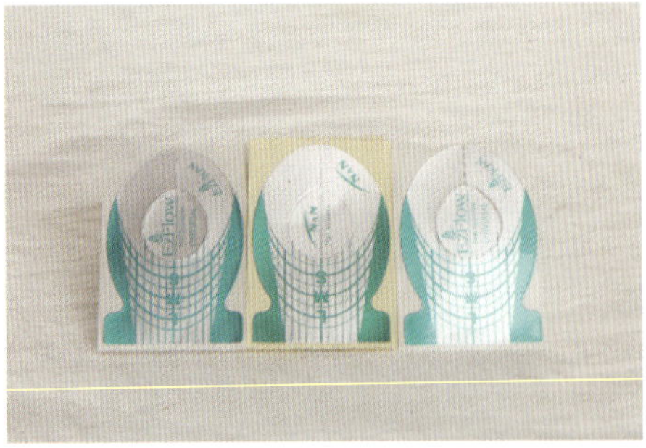

(12) 폼지(Form)

① **아크릴릭 폼지**(Acrylic Form)

아크릴을 이용하여 손톱을 익스텐션(extension)할 때 사용한다.

② **젤 네일용 폼지**(Gel Nail Form)

젤을 이용하여 손톱을 익스텐션할 때 사용한다.

*하이포니키움에 끼워서 사용하며 손톱의 형태에 따라 재단해서 사용하기도 한다.

(13) 디스펜서(Dispenser)

- 클렌저나 에나멜 리무버를 담아 사용하며 펌프형이라 사용이 편리하다.
- 재질은 도자기나 플라스틱 등 다양하다.

(14) 디펜 디시(Dappen Dish)

- 리퀴드를 부어서 사용한다.
- 리퀴드 볼(Liquid bowl)이라고도 하며, 뚜껑이 있는 제품도 있고, 없는 제품도 있다.

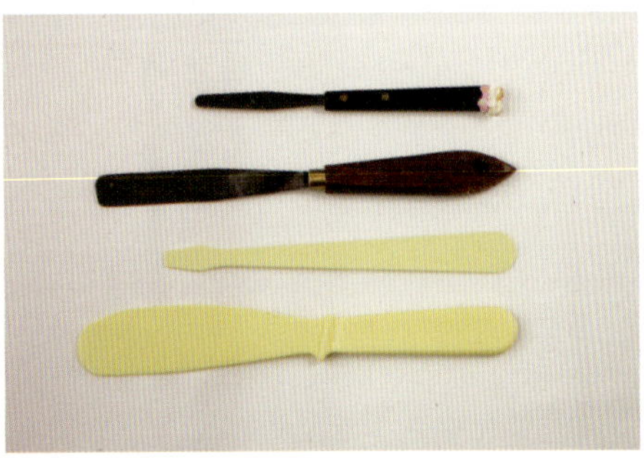

(15) 스패츌라(Spatula)

제품의 변질을 막기 위해 제품을 덜어서 사용할 때 쓰이는 도구이다. 제품에 직접적으로 손이 닿게 되면 체열로 변질될 수 있다.

(16) 페디용 도구

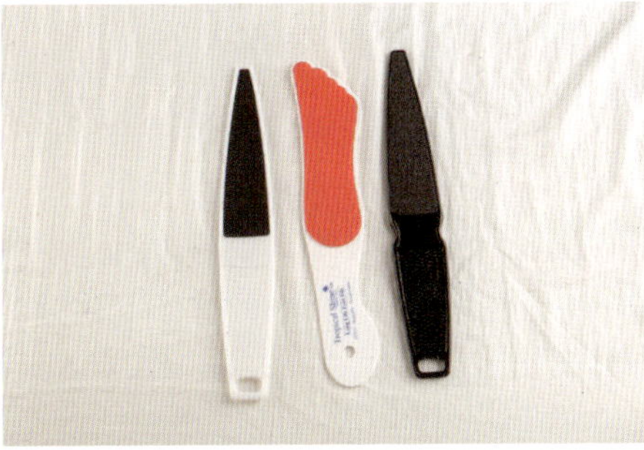

① **페디 파일**(Pedi File)

- 발바닥의 굳은살을 제거하기 위해 파일처럼 비벼서 사용한다.
- 굳은살이 많을 경우에는 콘커터를 사용한 뒤에 거칠어진 발바닥을 한번 더 버핑한다.

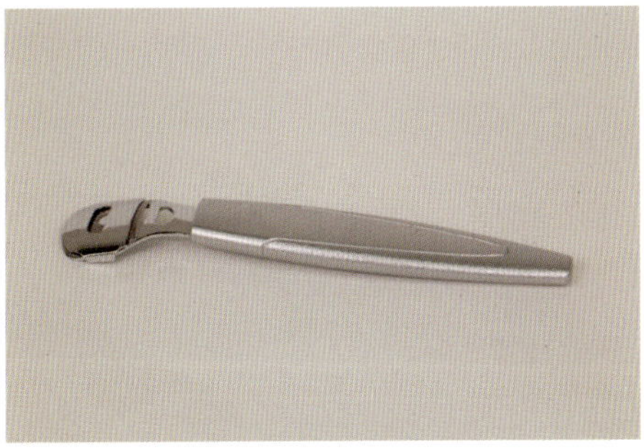

② **콘커터**(Corn Cutter), 크레도(Credo)

- 재질이 칼날로 되어 있으므로 상처가 나지 않도록 주의하여 사용한다.
- 발바닥의 굳은살을 제거하기 위해 사용하며, 메탈 제품이므로 반드시 70%의 알코올에 소독하여 사용한다.

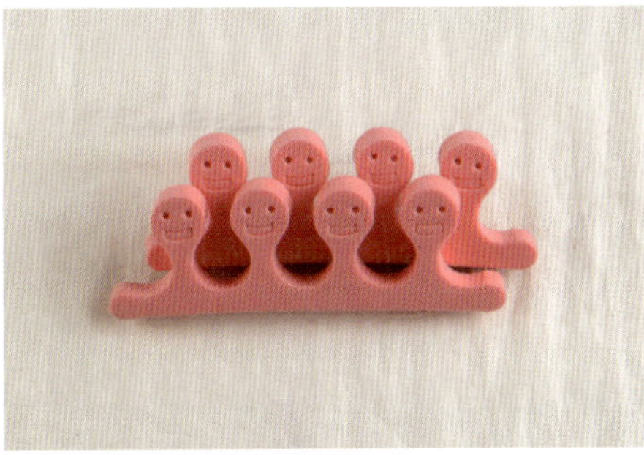

③ **토우 세퍼레이터**(Toe Separator)

- 발톱에 컬러링을 할 때, 컬러링을 용이하게 하기 위해 발가락을 벌려 주는 도구로 사용한다.
- 토우 세퍼레이터를 착용하게 되면 발톱끼리 서로 부딪혀 컬러가 번지는 것을 방지할 수 있다.

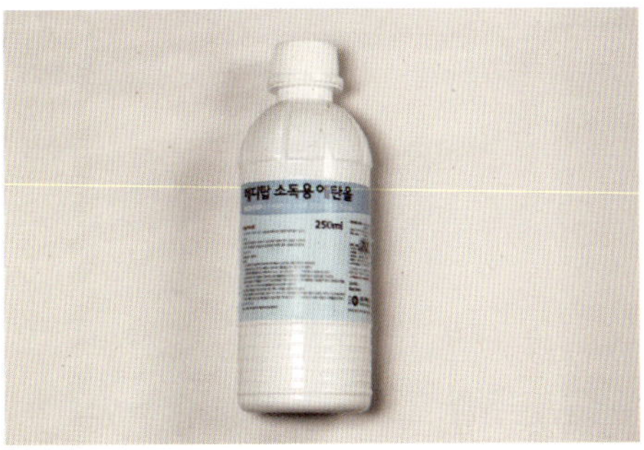

(17) 알코올(Alcohol)

작업 테이블과 기구, 도구, 피부 등을 소독할 때 사용하며, 70%로 희석하여 사용한다.

(18) 손 소독제(안티셉틱 Antiseptic)

- 시술자와 고객의 손과 발 등의 피부를 소독할 때 사용한다.
- 소독력이 약해 도구나 기구를 소독하기에는 적합하지 않다.

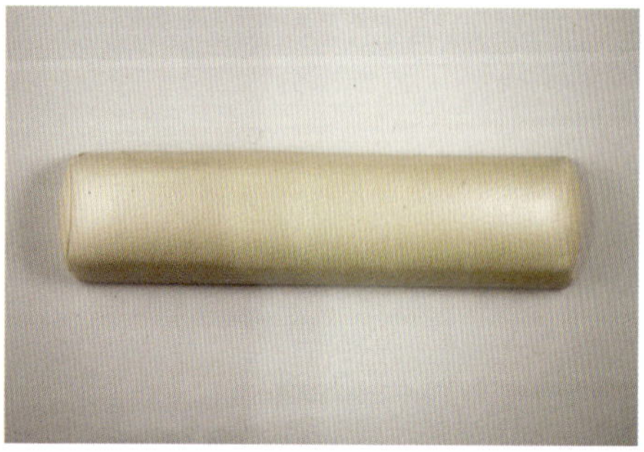

(19) 손목 받침대(Wrist Support)

시술을 용이하게 하기 위해 손목을 받쳐 줄 때 사용한다.

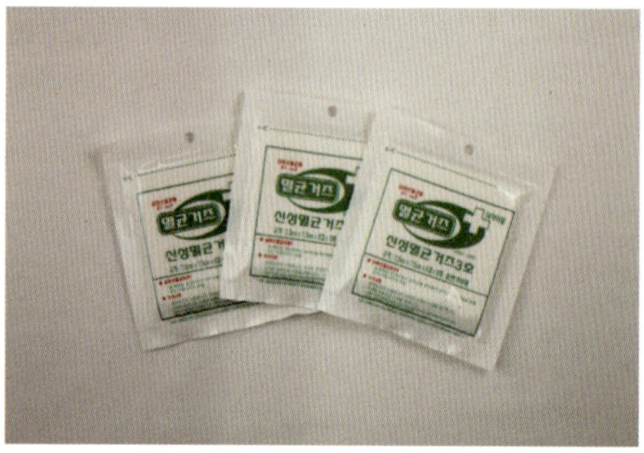

(20) 멸균 거즈(Sterilized Gauze)

물기 제거, 컬러 리무빙, 큐티클 제거 등에 사용한다.

(21) 위생 봉투(더스트 팩, Dust Pack)

- 네일 시술 시 각종 더스트와 폐기물을 버릴 때 사용한다.
- 시술자의 측면에 붙여 놓고 사용하면 편리하다.

(22) 네일 에나멜 리무버(Nail Enamel Remover)

① 에나멜을 제거할 때(Removing)사용한다.
② 시중에 판매되는 제품들은 아세톤 성분이 들어가 있어서 손톱과 손톱 주변의 피부를 상하게 한다.
③ 아세톤 성분이 들어가 있지 않은 네일 전문제품 넌 아세톤을 사용하여 자연 네일의 손상을 예방할 수 있다.

(23) 큐티클 리무버(Nail Cuticle Remover)

① 큐티클 제거를 용이하게 하기 위해 사용한다.
② 큐티클 연화를 위해 큐티클 제거 시 큐티클 라인에 발라 준다.

(24) 큐티클 오일(Cuticle Oil)

① 큐티클 제거 시 큐티클 연화를 위해 발라 준다.
② 인조 네일 완성 시 광택을 위해 광택 파일과 함께 사용한다.
③ 쏙 오프(Soak Off) 시 큐티클의 손상을 막아 주기 위해 큐티클 라인에 발라 준 뒤에 포일을 감싸 준다.

(25) 베이스 코트(Base Coat)

① 에나멜을 바르기 전 손톱의 보호를 위해 발라 준다.
- 컬러가 착색되는 것을 방지한다.
- 에나멜에 손톱의 수분이 빼앗기는 것을 방지한다.(수분증발 방지, 보호막 형성)
- 에나멜의 지속력을 높여 준다.

(26) 탑 코트(Top Coat)

① 실러(sealer)라고도 하며, 에나멜을 발라 준 뒤에 컬러의 보호를 위해 발라 준다.

② 에나멜을 빨리 마르게 하는 래피 탑, 광택이 나지 않는 무광 탑 등 다양한 제품이 있다.

- 컬러의 광택을 주어 더욱 아름답게 보이게 한다.
- 보호막을 형성한다.
- 컬러가 더욱 오래 유지되도록 한다.

(27) 손톱 영양제(Nail nutrition)

강화제(Nail Strengthener), 영양제, 세럼(Serum), 표백제(Nail Whitener) 등 손톱의 문제에 따라 다양하게 사용한다.

(28) 핸드로션(Hand Lotion)

손 마사지를 할 때 사용하거나 손에 보습력을 주기 위해 사용한다.

(29) 지혈제(Styptic Liquid)

니퍼(Nipper) 사용 시 잘못하여 출혈이 생겼을 때, 파일(File)을 잘못 사용하여 큐티클이 손상되어 출혈이 발생할 때, 상처 부위에 한 방울 떨어뜨려 주면 혈액이 바로 응고되어 더 이상 출혈이 일어나지 않는다.

(30) 에나멜(Enamel)

① 폴리시, 컬러, 락카 등 다양한 명칭으로 불리워진다.

② 손톱을 아름답게 꾸며 주기 위해 색을 내기 위한 유색 화장제이며, 니트로셀룰로오즈 성분으로 피막을 형성한다.

(31) 보안경(Security Glasses)

① 인조 네일 시술 시 휘발성 제품 등이 눈에 손상을 주는 것을 방지하기 위하여 착용한다.

② 안경을 착용하는 사람은 굳이 보안경을 착용하지 않아도 된다.

(32) 네일 에나멜 드라이어(Enamel Dryer)

에나멜을 빨리 마르게 하기 위해 뿌려 주는 제품이다. 기체 스프레이, 액체 스프레이, 드롭으로 떨어뜨리는 제품 등 종류가 다양하다.

(33) 라이트 글루(Nail Light Glue)

- 팁과 실크의 접착, 실크를 이용하여 인조 네일을 만들어 줄 때 사용한다.
- 팁 접착 시 사용이 용이하다.

(34) 필러 파우더(Filler Powder)

① 팁을 연장 후 표면이 균일하지 않을 때 보강한다.
② 실크 오버레이 후 표면 보강과 실크의 접착력을 높여 주기 위해 사용한다.
③ 실크를 이용하여 익스텐션 할 때 사용한다.
④ 자연 네일이 찢어졌을 때 실크를 덮어 필러 파우더로 보강한다.

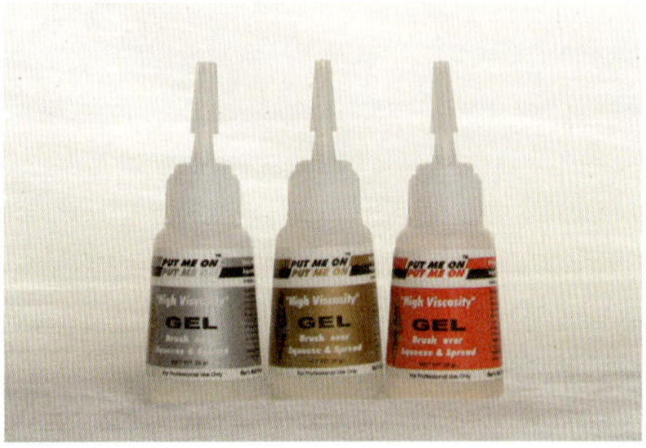

(35) 네일 젤 글루(Nail Gel Glue)

- 초보자들이 팁을 접착할 때 빨리 마르지 않아 사용이 쉽지만 팁 턱에 글루가 엉겨 붙어 턱 제거가 어려울 수 있으니 양을 잘 조절해야 한다.
- 글루 사용 후 표면 보강을 위해 사용한다.

(36) 글루 드라이어(Glue Dryer)

라이트 글루나 젤 글루와 같은 접착제 사용 후 빠른 작업을 위해 글루 드라이어로 말려 준다.

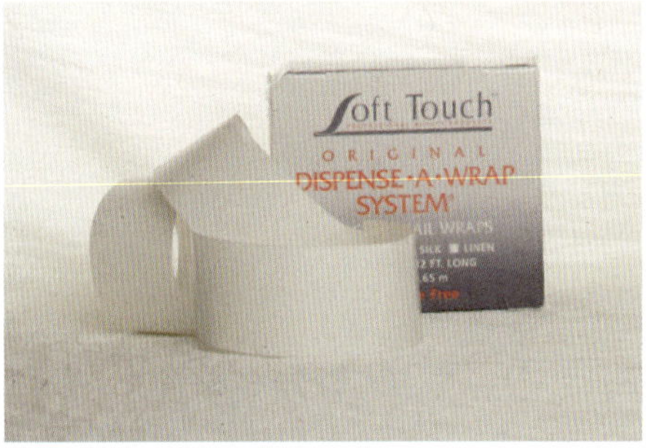

(37) 랩(Nail Wrap)

팁 시술 후나 찢어진 손톱의 보강을 위해 사용하거나 랩을 이용하여 인조 네일을 만들어 연장한다.

① **실크**(Silk) : 실크 재질
② **린넨**(Linen) : 광목천 재질
③ **화이버 글라스**(Fiber Glass) : 유리 재질

3가지의 종류가 있으며, 실크의 사용이 가장 용이하여 현재 실크만 사용한다.

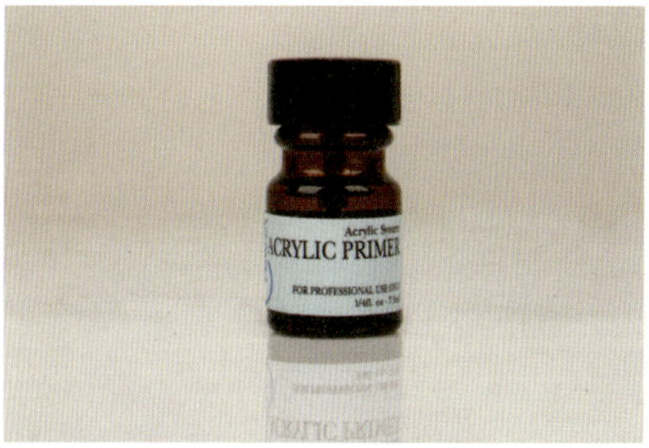

(38) 프라이머(Primer)

① 아크릴릭 네일 시술 전 접착제의 역할을 한다.
② 손톱 표면의 유분기를 제거한다.
③ pH 밸런스를 조절한다.
④ 아크릴 시술 후 손톱과 인조 네일 사이에 물기가 들어가 펑거스(fungus)가 발생되는 것을 방지한다.(방부 역할)

(39) 아크릴릭 파우더(Acrylic Powder)

① 파우더와 리퀴드를 믹싱하여 볼을 만들어 팁을 보강하거나 익스텐션한다.
② 아크리릭 클리어 파우더(Acrylic Clear Powder), 아크릴릭 핑크 파우더(Acrylic Pink Powder), 아크릴릭 화이트 파우더(Acrylic White Powder) 외 다양한 컬러 파우더가 있다.
③ 폴리머(Polymer)라고도 한다.

(40) 아크릴릭 리퀴드(Acrylic Liquid)

① 아크릴릭 파우더를 믹스처(Mixture) 할 때 반죽액으로 사용한다.
② 모노머(Monomer)라고도 한다.

(41) 브러시 클리너(Brush Cleaner)

• 리퀴드를 아크릴과 믹싱할 때 아크릴릭 브러시에 파우더가 엉겨 붙는 경우가 있다.
• 이때 아크릴릭 파우더를 녹여 내기 위해 사용한다.

(42) 티너(Nail Thinner)

① 솔벤트라고도 하며, 에나멜이 응고됐을 때 유화하기 위해 사용한다.

② 에나멜이 굳었을 때 아세톤을 넣게 되면 순간 유화되는 것처럼 보이지만, 아세톤은 휘발성 성분이므로 에나멜의 수분이 더 빨리 날아가게 된다.

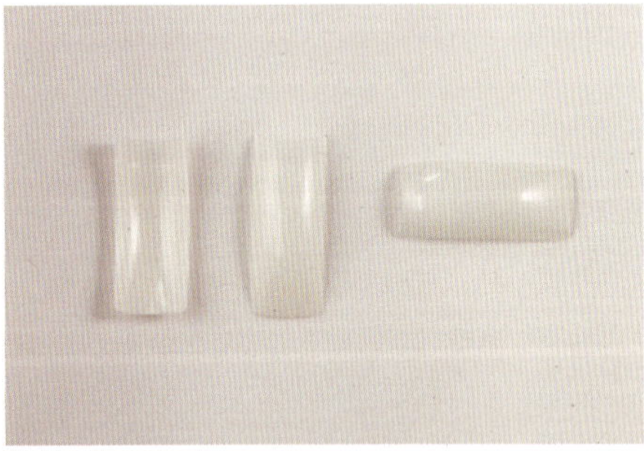

(43) 네일 팁(Nail Tip)

팁의 프리에지 부분에 팁 사이즈 번호가 있으므로 팁 선택 시 확인한다.

① **레귤러 팁**(Regular Tip)

- 팁 연장 시 가장 무난하게 사용한다.
- 원 네일과 인조 네일 연결 시 턱이 있어 부착이 용이하며, 턱 제거도 용이하다.
- 스마일 라인이 손상되지 않도록 주의해서 부착한다.

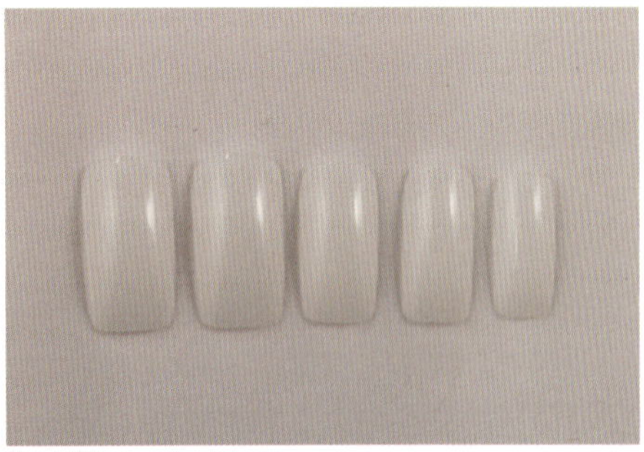

② **풀 팁**(Full Tip)

- 네일 바디 전체에 부착하는 팁이다.
- 전용 라이트 글루나 젤 글루를 이용하기도 하고 양면 테이프를 이용하기도 한다.

③ **컬러 팁**(Color Tip)

다양한 색상의 팁을 말한다.

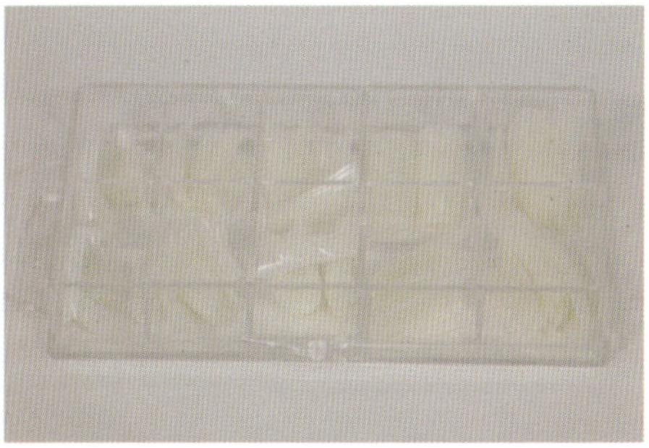

④ **스퀘어 팁**(Square Tip)

- 레귤러 팁처럼 젤이 있어 하이포니키움(Hyponychium) 부분에 팁 턱을 연결하여 연장한다.
- 레귤러 팁보다 두께감이 있어서 팁 제거에 시간이 조금 더 소요된다.

⑤ **프렌치 팁**(French Tip)

- 흰색 팁을 말하며, 스마일 라인이 가장 중요하므로 턱을 제거하지 않는다.
- 아크릴 클리어 파우더나 클리어 젤을 오버레이(overay) 하여 보강한다.

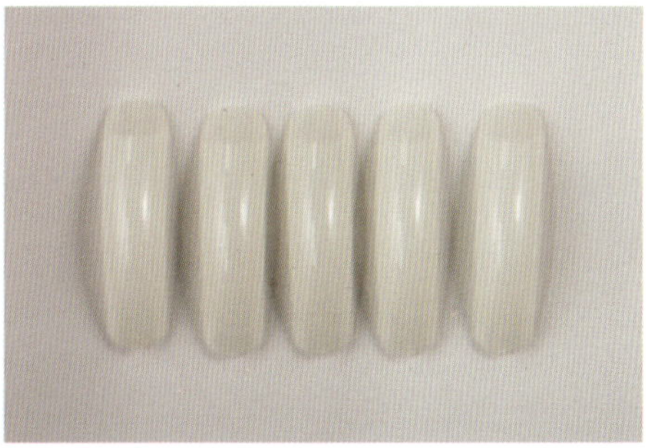

⑥ **롱 팁**(Long Tip)

아트나 작품, 무대의 특성을 살리기 위해 사용하며, 일상생활에서는 불편해서 잘 사용하지 않는다.

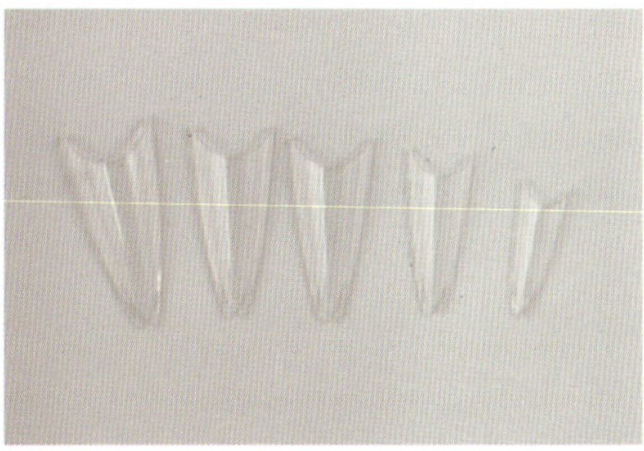

⑦ **스틸레토 팁**(Steleto Tip)

아트나 작품, 무대의 특성을 살리기 위해 사용하며, 일상생활에서는 불편해서 잘 사용하지 않는다.

⑧ **클리어 팁**(Clear Tip)

투명한 팁을 말하며, 팁의 종류는 레귤러 팁, 내추럴 팁, 풀 팁, 롱 팁 등 다양하다.

(44) 솜(Cotton)과 솜 보관통(Cotton Storage Box)

컬러를 지우거나 손 소독 등 다양한 용도로 솜을 사용하며, 깔끔한 정리를 위해 솜 전용 보관통(뚜껑이 있어야 함)을 사용한다.

(45) 재료 받침대(Tray)

① 작업대의 깔끔한 정리를 위해 쟁반이나 바구니 등을 사용한다.
② 네일은 작은 제품들이 많아서 정리가 어려우므로 반드시 정리 받침대가 필요하다.

(46) 종이 타월(페이퍼 타월, Paper Towel)

① 관리 시 발생하는 더스트와 이물질 제거를 용이하게 하기 위해 받침대나 테이블 및 수건 위에 깔고 사용한다.
② 물기 제거 등 다양하게 사용된다.

(47) 푸어 아세톤(Pure Acetone)

100% 아세톤 원액으로 인조 네일을 제거할 때 사용한다.

2. 네일의 기초

1. 손톱의 형태

손톱의 길이와 형태는 고객의 선호도가 가장 중요하다.

고객의 생활양식과 손톱의 길이와 모양, 손의 형태와 손가락의 모양에 따라 디자인한다.

(1) 손톱의 기본형태 5가지

① **스퀘어형**(Square Shape)

파일의 각도 : 90°

다른 형태의 네일보다 튼튼해서 잘 부러지지 않으므로 손끝을 많이 사용하거나 컴퓨터 작업을 많이 하는 사무직 종사자들에게 어울리는 손톱 디자인이다. 도시적이고 샤프한 느낌을 주며 개성적인 이미지를 나타낸다.

국가자격시험이나 대회 출전 시 지정되는 모양이며, 손톱 끝 모서리 각진 부분이 날카로워서 긁히거나 다칠 수 있으므로 주의한다.

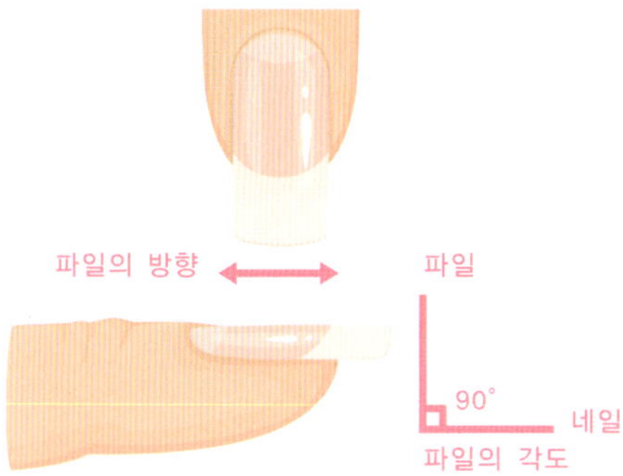

② **오버 스퀘어형**(Over Square Shape), 스퀘어 오프형(Square off Shape)

파일의 각도 : 중앙은 90°, 사이드는 30°~45°

스퀘어형에서 단점을 보완하여 모서리 부분을 없애 프리에지 양쪽 끝을 둥글게 오프시킨 모양이다.

손톱이 약한 사람들에게도 좋으며, 네일 베드(nail bed)가 긴 사람에게 특히 잘 어울리는 쉐입(shape)이다.

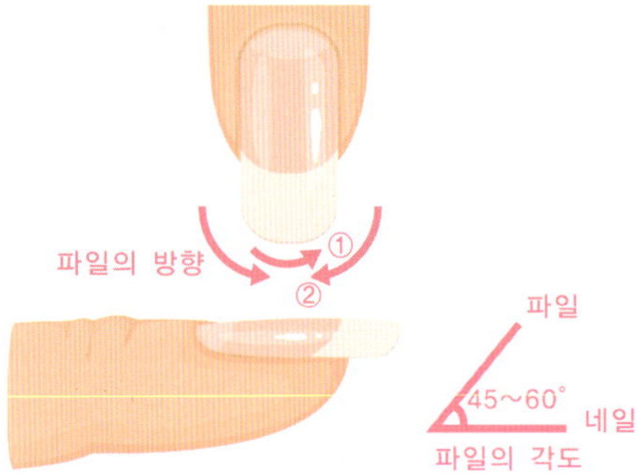

③ 라운드형(Round Shape)

파일의 각도 : 45~60°

둥근 형태이며, 가장 흔하고 평범하며 무난한 손톱의 형태이다. 굵거나 짧은 손가락, 남녀노소 누구나 자연스럽게 어울리며, 남자들도 선호하는 형태이다.

너무 짧고 깊게 파일링을 하게 되면 파고드는 손톱과 발톱의 원인이 되므로 주의하도록 한다.

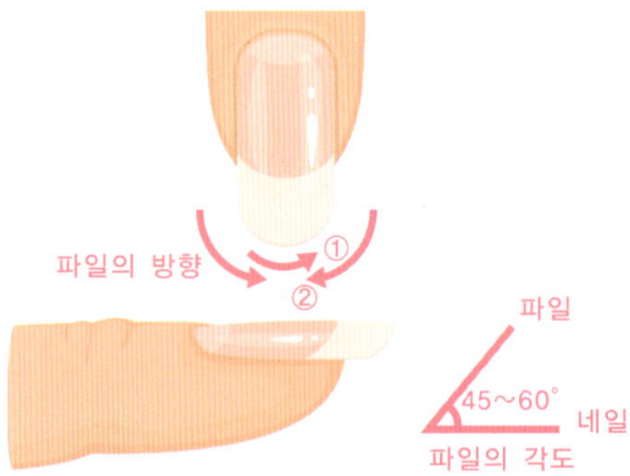

④ 오발형(Oval Shape)

파일의 각도 : 15°

총알 형태의 네일로 라운드형보다 달걀 모양의 형태이다.

여성스러운 느낌이 들고 손가락이 가늘고 길게 보이도록 한다.

네일 바디가 좁은 사람에게 어울리는 형태이다.

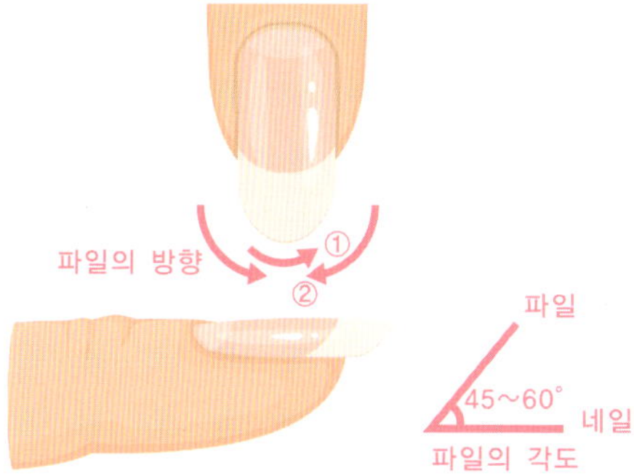

⑤ **포인티드형**(Pointed Shape)

파일의 각도 : 10°

뾰족한 모양으로 아몬드(almond) 형태라고도 한다. 섹시한 느낌이 들지만, 가늘고 길어서 잘 깨어지고 부러지는 단점이 있다. 손가락이 가늘고 네일 바디가 좁은 사람에게 어울리는 형태이다.

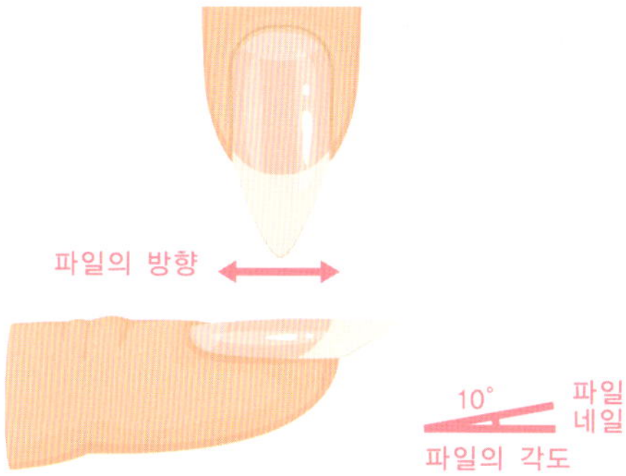

⑥ **스틸레토형**(Stiletto Shape)

파일의 각도 : 10°

일본에서 선호하는 형태로 손을 길어 보이게 하는 효과가 있다.

스틸레토는 좁고 높은 굽의 하이힐(high hell)의 형태를 의미하며, 포인티드(pointed)처럼 끝을 뾰족하게 파일링 한다.

(2) 파일링 방법

[주의사항]

① 컬러를 바르게 되면 손톱의 형태가 확연히 드러나므로 좌우의 셰이프를 잘 조절하여 파일링한다.

② 파일링을 할 때에는 고객의 손톱에 손상이 오거나 파일로 인한 진동이 오지 않도록 손목의 힘을 완전히 뺀 상태에서 파일링 실시한다.

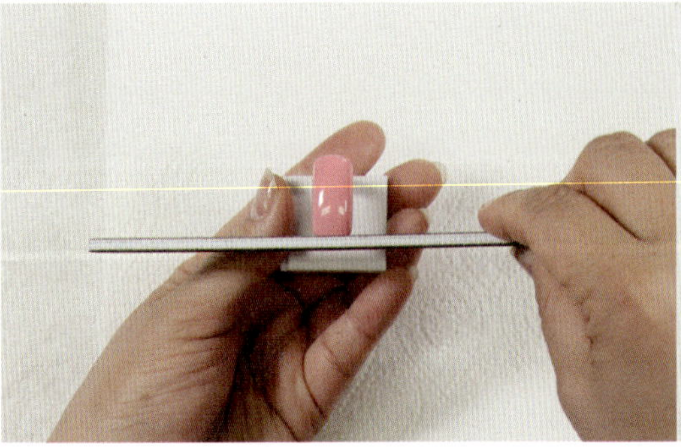

① 손톱의 길이 조절

- 손톱의 길이와 좌우의 셰이프를 조절할 때 사용한다. 파일 끝의 1/3 지점을 가볍게 잡고 파일링한다.
- 원 네일은 한 방향으로, 인조 네일을 비벼서 파일링한다.

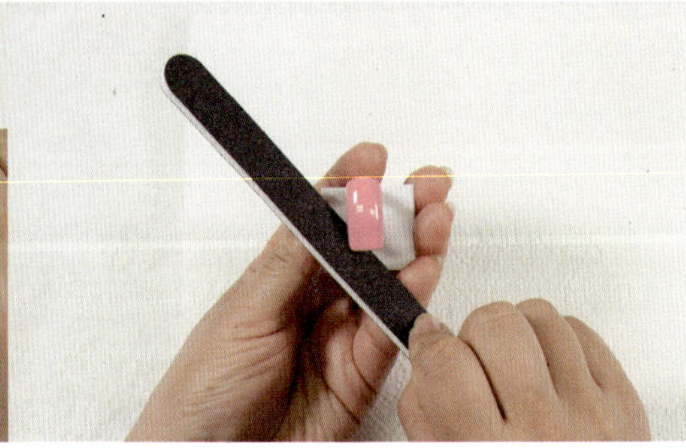

② 손톱의 측면 조절

1, 2지로 파일의 1/3 지점을 잡고, 팁의 사이드 라인 제거나 인조 네일 시술 후 표면과 측면 정리나 사이드 라인을 11자로 만들어 줄 때 사용되는 파일링 기법이다.

③ 손톱의 표면 정리

- 2지로 파일을 받쳐 주고 파일의 1/3 지점을 잡고 대각선으로 파일링한다.
- 팁 턱선을 제거하거나 표면을 파일링할 때 사용되는 파일링 기법이다.

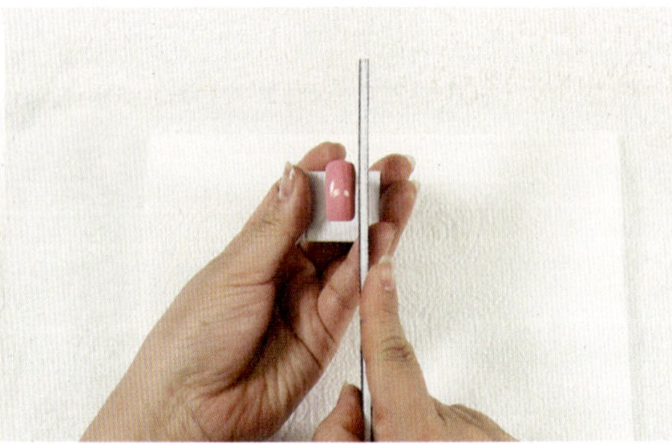

④ 손톱의 모양 조절

파일 끝의 1/3 지점을 가볍게 잡고 원하는 손톱 모양에 따라 파일의 각도를 조절하여 셰이프를 잡아 준다.

2. 매니큐어 컬러링

(1) 컬러링 시술 방법

① 사용 후 병의 입구를 항상 깨끗이 닦아서 보관한다.(공기가 들어가서 빨리 응고되는 것을 방지한다.)

② 사용 전 병을 좌우로 비벼서 사용한다.(위와 아래로 흔들 경우에 붓대 위쪽에 에나멜이 덩어리가 질 수 있다.)

③ 붓이 부채꼴로 잘 펼쳐지는지를 확인한다.

④ 1Coat는 프리에지 포함 ①②③④까지 발라 주고, 2Coat는 프리에지를 빼고 컬러링한다.

⑤ 손톱 주변의 피부에 묻지 않도록 주의하여 컬러링한다.

[컬러링 시술순서]

① **손톱의 중앙**

손톱 표면 중앙에 브러시를 두고 큐티클 쪽으로 최대한 가까이 밀어 준 다음 프리에지 방향으로 컬러링한다.

② **손톱의 왼쪽**(왼손잡이는 오른쪽)

큐티클 중앙에서 왼쪽으로 붓을 돌리면서 컬러링한다. 큐티클 라인에 최대한 가까이 동그랗게 컬러링한다.

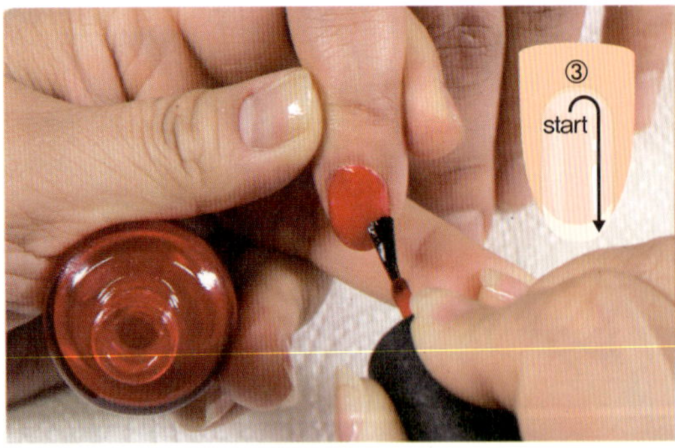

③ **손톱의 오른쪽**(왼손잡이는 왼쪽)

큐티클 중앙에서 오른쪽으로 붓을 돌리면서 컬러링 한다. 큐티클 라인에 맞춰 최대한 가까이 동그랗게 컬러링 한다.

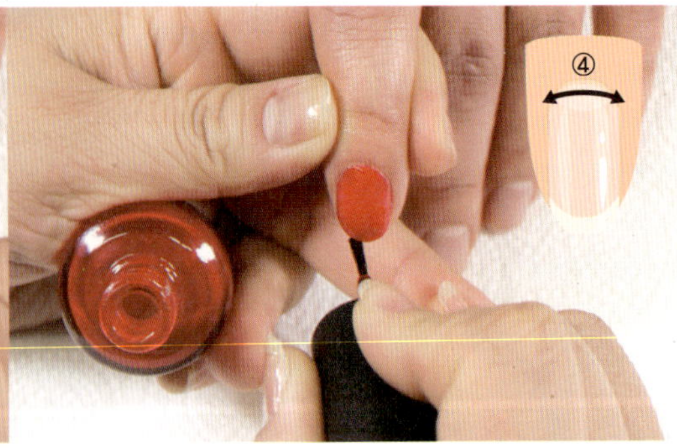

④ **프리에지**

붓을 세워 손톱의 프리에지 부분만 컬러링 한다. 손톱 안으로 컬러가 들어가지 않도록 주의한다.

(2) 리무빙(Removing) 시술 방법(컬러 지우는 방법)

[주의 사항]

① 짙은 에나멜을 지울 때에는 문질러서 지울 경우 큐티클 라인에 번질 수 있으므로 가볍게 눌러 닦아 낸 다음에 솜을 접어서 깨끗한 면으로 다시 닦아 낸다.

② 손톱의 자극을 최소화하기 위해 에나멜 리무버를 솜에 충분히 적셔 준 다음에 표면에 5~6초 정도 눌러주고 나서 리무빙을 실시한다.

③ 솜을 반으로 접어 리무버를 적셔 준다.

④ 솜의 접힌 부분이 큐티클 라인 쪽으로 향하도록 한다.

⑤ 오른쪽 → 왼쪽 → 앞으로 또는 솜을 동글리듯이 리무빙 한다.

① 1,2지가 위로 오도록 잡아준다.

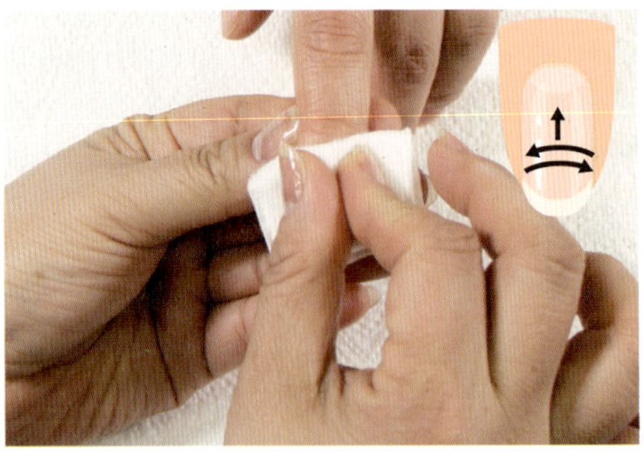

② 2, 3지가 위로 오도록 잡아준다.

(3) 컬러링의 명칭

① **전체 바르기**(Full Coat)
손톱 전체를 채워서 컬러링한다.

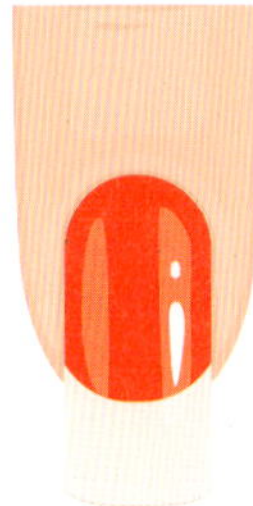

② **프리에지 코트**(Free Edge Coat)
프리에지 부분만 비우고 컬러링한다

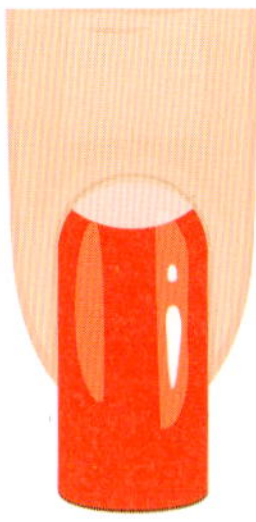

③ **루눌라 코트**(Lunula Coat)
루눌라 부분만 비워 두고 컬러링한다

④ **프리 월 코트**(Free Walls Coat)
양 사이드의 1/6을 비워두고 컬러링한다.

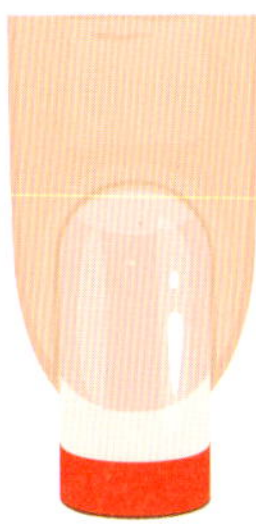

⑤ **프렌치 코트**(French Coat)
프리에지 라인만 컬러링한다.

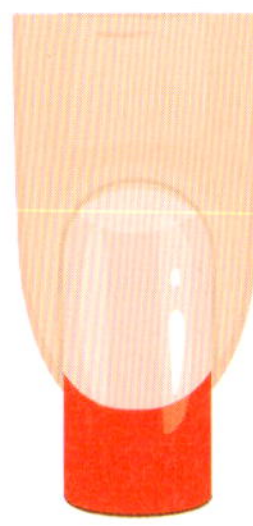

⑥ **딥 프렌치 코트**(Deep French Coat)
플레이트의 2/3 지점까지 컬러링한다.

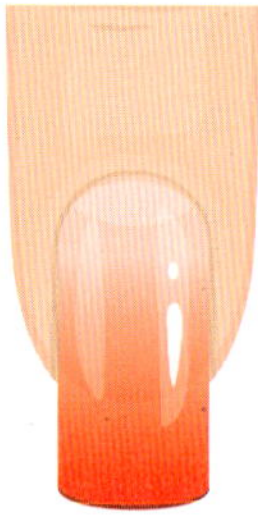

⑦ **그라데이션**(Gradation)
색을 여러번 겹쳐 3/2지점까지 자연스럽게 그라데이션한다.

⑧ **헤어라인 팁**(Hairline Tip)
손톱 전체에 컬러링 후 벗겨지기 쉬운 프리에지 부분을 1mm 정도 지우는 컬러링 방법이다.

(4) 도구 사용법

[니퍼와 푸셔 사용 방법]

- 니퍼 : 뜯어내지 말고 연결하여 제거한다.
  45°를 유지하여 플레이트에 손상을 주지 않도록 주의한다.
  큐티클에 출혈이 일어나지 않도록 주의하여 제거한다.
- 푸셔 : 45°를 유지하여 플레이트에 손상을 주지 않도록 주의한다.

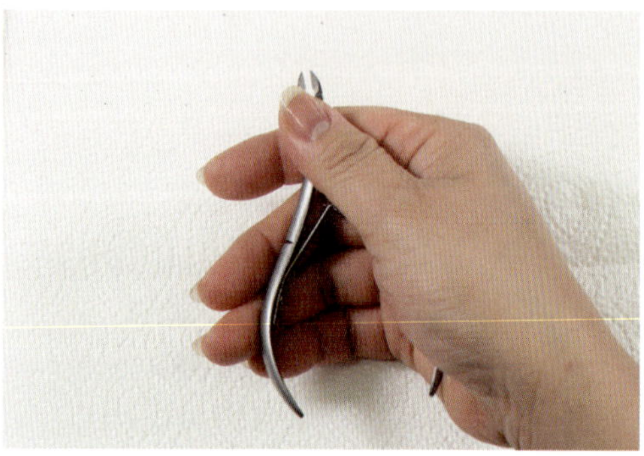

① **니퍼 잡는 방법** (1)
엄지 손가락이 니퍼 헤드 부분에 오도록 잡아 준다.

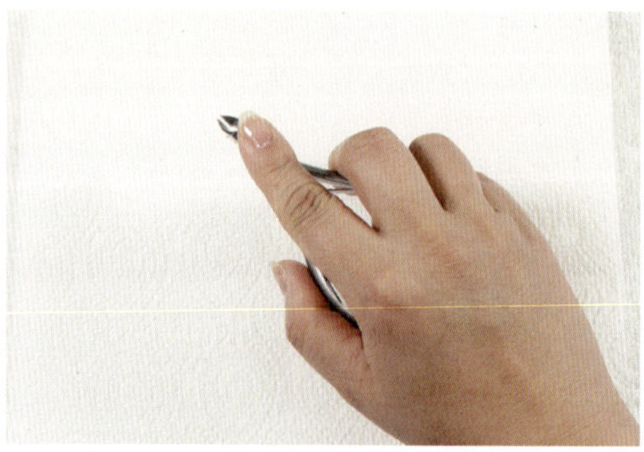

② **니퍼 잡는 방법** (2)
검지 손가락이 니퍼 헤드 부분에 오도록 잡아 준다.

③ 니퍼 잡는 방법 (3)

엄지 손가락이 니퍼 헤드 측면에 오도록 잡아준다.

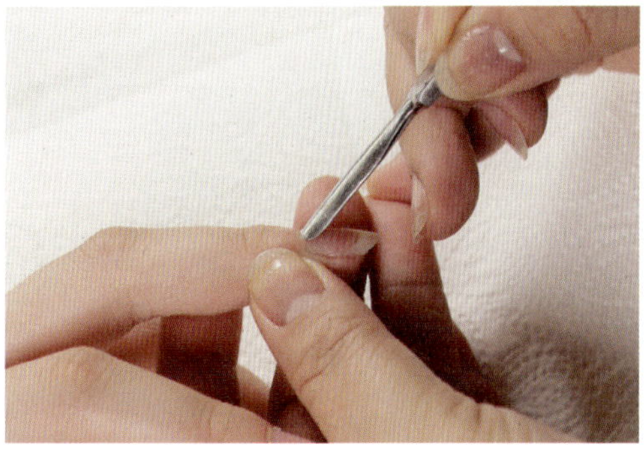

④ 푸셔

시술자의 5지를 3지에 지지하여 받쳐 준다.

Chapter 2

PART Ⅱ 네일 실습

네일 시술 방법

1. 습식 매니큐어(Manicure)

Check point

- 아름다운 손을 만들어 주기 위한 가장 기본적인 관리이다.
- 5가지 기본 형태의 셰이프(Shape)를 잡아 준 다음 핑거볼이나 연화제를 이용하여 큐티클을 부드럽게 해준다. 청결하게 큐티클을 제거하고 컬러나 영양제 등을 이용하여 마무리한다.

1. 필요한 재료

마스크, 위생복, 더스트 팩, 재료 받침대, 손 소독제, 솜, 습식 소독제, 손목 받침대, 페이퍼 타월, 멸균 거즈, 타월, 니퍼, 푸셔, 우드스틱, 베이스 코트, 탑 코트, 큐티클 리무버, 에나멜 리무버, 파일류, 샌딩, 라운드 패드, 더스트 브러시, 핑거볼, 큐티클 오일, 에나멜 드라이어

2. 사전 준비

① 테이블을 세팅(시술전 테이블 소독)하고 더스트 팩을 준비한다.

② 습식 소독제에 메탈 도구와 우드스틱을 담가 둔다.(자외선 소독기에 보관 뒤 꺼내서 70% 알코올에 20분 담가 둔다.)

③ 재료 받침대에 관리에 필요한 제품을 세팅한다.

④ 깔끔하고 단정한 복장에 위생복과 마스크를 착용한다.

3. 시술 방법 : 매니큐어(Manicure)

많이 사용하는 손일수록 굳은살이 많으므로, 오른손잡이는 왼손부터 왼손잡이는 오른손의 큐티클을 먼저 제거한다.

(1) 손 소독하기

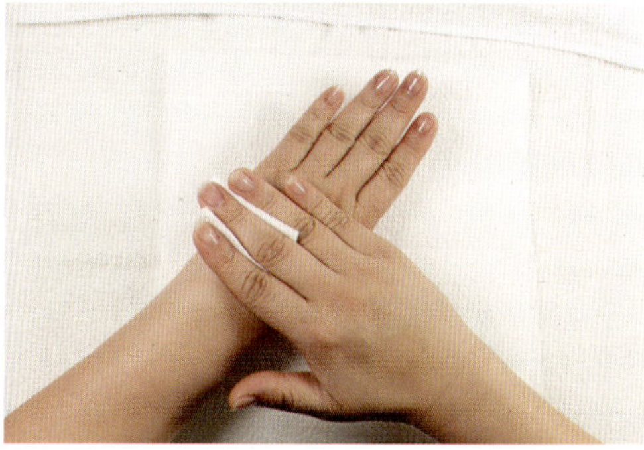

① **손소독제**(안티셉틱)를 솜에 뿌려 준다.
② **솜**을 시술자의 3지에 끼워 준다.
③ **시술자의 손바닥** → 손등, 5지 → 1지 순으로 닦아 준다.
④ **고객의 손바닥** → 손등, 5지 → 1지 순으로 닦아 준다.
⑤ 왼손 시술 후, 오른손을 시술한다.

(2) 에나멜 지우기

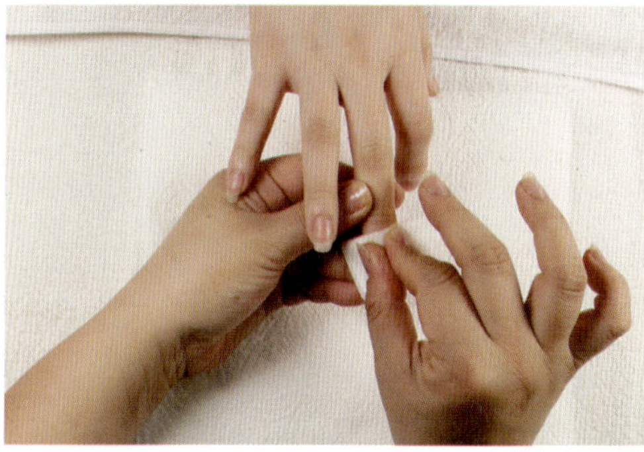

① 솜을 반으로 접어 준다.
② 에나멜 리무버를 펌핑한다.
③ 시술자의 2,3지 또는 1,2지를 이용하여 시술한다.
④ 왼손 시술 후, 오른손을 시술한다.
*짙은 색의 에나멜을 지울 때는 3초 동안 꾸욱 눌렀다가 닦아낸 다음, 한번 더 비벼서 지워 줘야 컬러가 번지지 않는다.

(3) 손톱 모양잡기

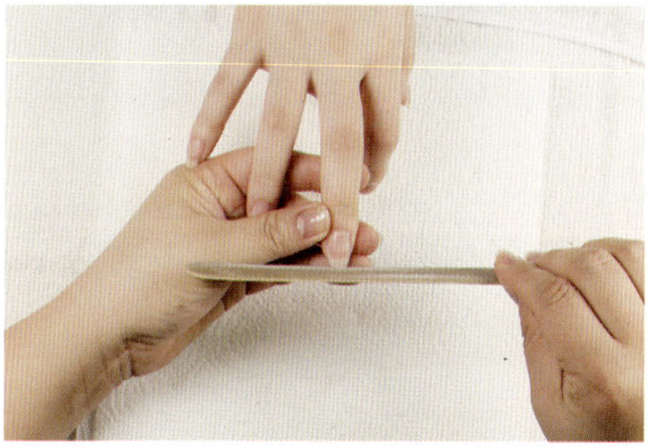

왼손부터 시술한다. 왼손잡이일 경우 오른손부터 시술한다.

1) 파일링

① 고객의 손, 5지 → 1지 순으로 시술한다.
② 손톱의 중앙 → 좌 → 우 방향으로 세이프를 잡아 준다.
③ 원 네일 파일링 시는 반드시 우드 파일만을 사용한다.
④ 손톱의 형태나 길이는 고객의 취향에 따라 시술하도록 한다.

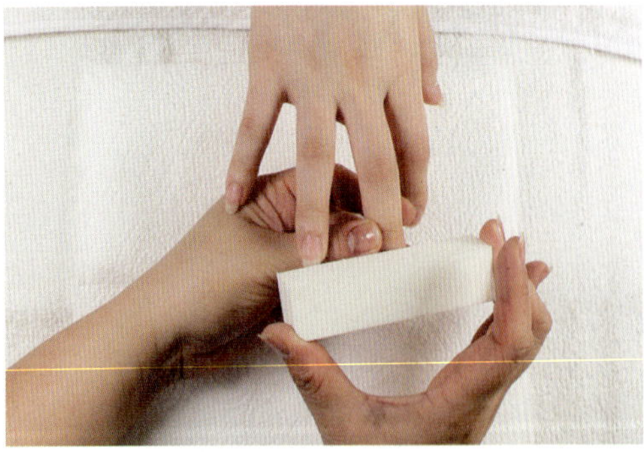

2) 샌딩

① 시술자의 1지와 3,4지를 이용하여 샌딩을 잡아 준다.
② 고객의 손, 5지 → 1지 순으로 시술한다.
③ 손톱의 표면을 고르게 버핑한다.
④ 표면의 유분기를 없애주고, 표면을 균일하게 하기 위해 실시한다.

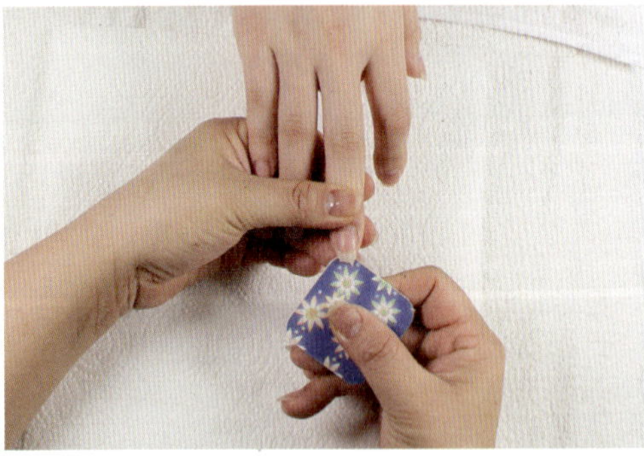

3) 디스크 패드

① 시술자의 엄지손가락이 위로 오도록 잡아준다.
② 고객의 손, 5지 → 1지 순으로 시술한다.
③ 손톱 밑의 더스트를 제거한다.
④ 에그셸 네일이나 건조하고 얇은 손톱은 손상이 오거나 부러질 수 있으므로 주의한다.

4) 솔(더스트 브러시)

① 알코올에서 솔을 꺼내 거즈로 물기를 제거한 다음에 사용한다.(사용 후 더스트를 제거하고 알코올에 다시 담가 둔다.)
② 고객의 손, 5지 → 1지 순으로 시술한다.
③ 더스트와 찌꺼기를 깨끗하게 털어낸다.

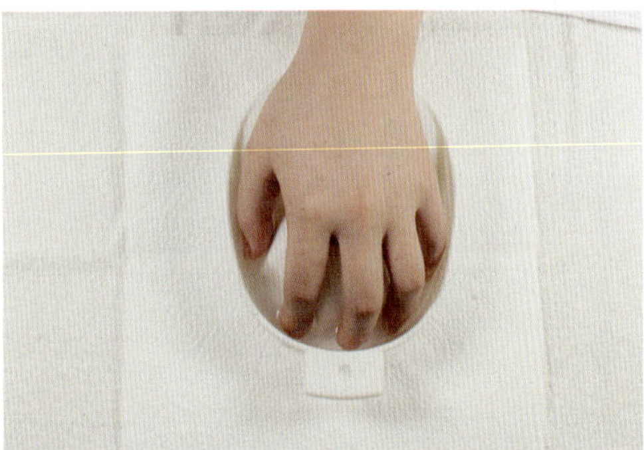

(4) 손 불리기(왼손)

핑거볼에 미온수를 부어 큐티클을 불려 준다.
전용 용해제를 첨가하면 더욱 효과적이다.
*자격시험 시에는 보온병에 물을 담아 가서 사용 직전 핑거볼에 따뜻한 물을 부어서 사용한다.

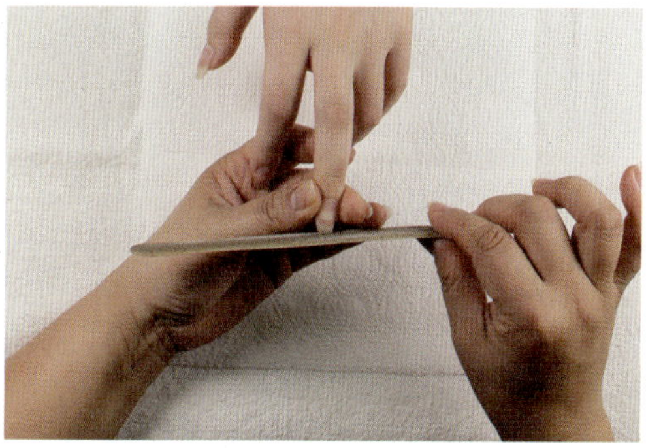

(5) 손톱 모양잡기(오른손)

왼손의 큐티클을 불려 주는 동안 반대손의 손톱 모양 잡기(파일링 → 샌딩 → 디스크 패드 → 솔)를 실시한다.

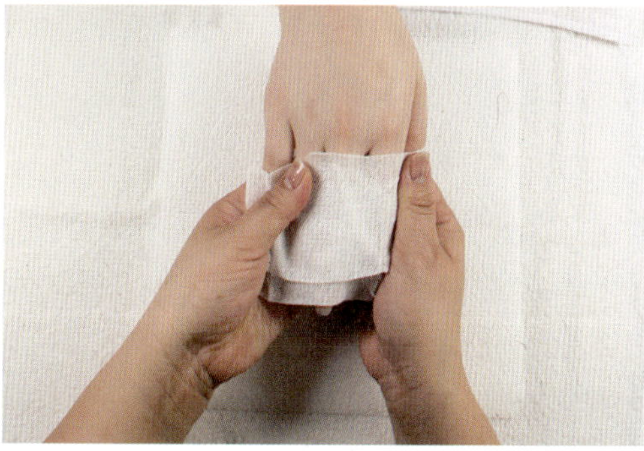

(6) 물기 제거(왼손)

멸균 거즈를 이용하여 물기를 제거한다.

오른손을 불리는 동안 왼손의 큐티클을 제거한다.

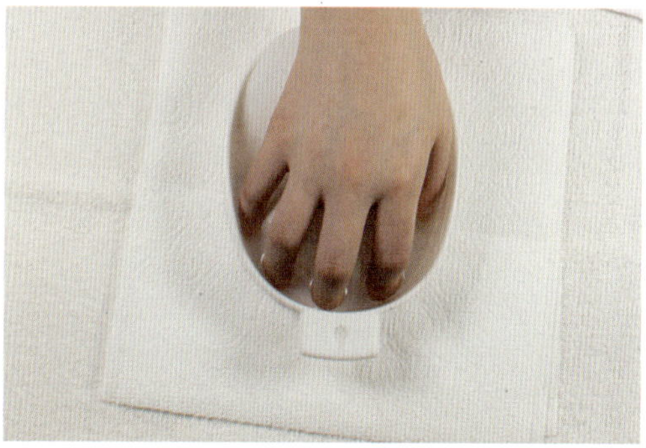

(7) 손 불리기(오른손)

핑거볼에서 왼손을 꺼낸 다음에 오른손을 넣어 큐티클을 불려 준다.

(8) 물기 제거(오른손)

멸균 거즈를 이용하여 물기를 제거한다.

(9) 큐티클 제거하기(왼손 → 오른손 시술)

시술자가 왼손잡이일 경우는 왼손으로 시술

1) 큐티클 연화제

큐티클 오일이나 큐티클 리무버를 큐티클 라인에 발라 준다.

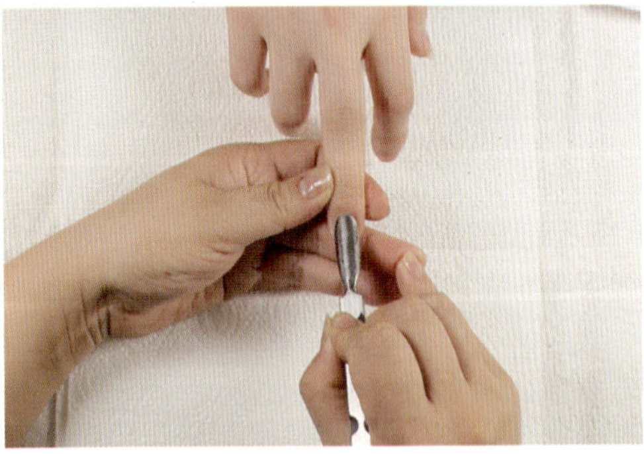

2) 푸셔

① 기구 소독제에 담가 둔 푸셔나 우드스틱을 꺼내서 물기를 제거한다.
② 45° 각도를 유지하며 큐티클과 플레이트가 손상되지 않도록 주의해서 큐티클을 밀어 준다.
③ 고객의 손, 5지 → 1지 순으로 시술한다.
④ 고객의 손을 잡은 손 3지에 5지를 받쳐서 시술한다.(지지대 역할)

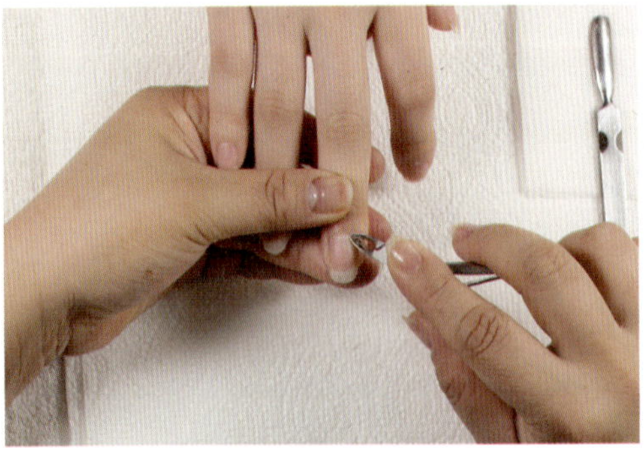

3) 니퍼

① 플레이트에 손상이 생기지 않도록 45° 각도로 니퍼를 시술한다.
② 아래의 3가지 방법 중 한 가지를 이용하여 니퍼를 잡아준다.
③ 니퍼의 헤드를 닫은 상태에서 조금씩 열어 주며 미세하게 작업한다.
④ 출혈이 일어나지 않도록 주의한다.

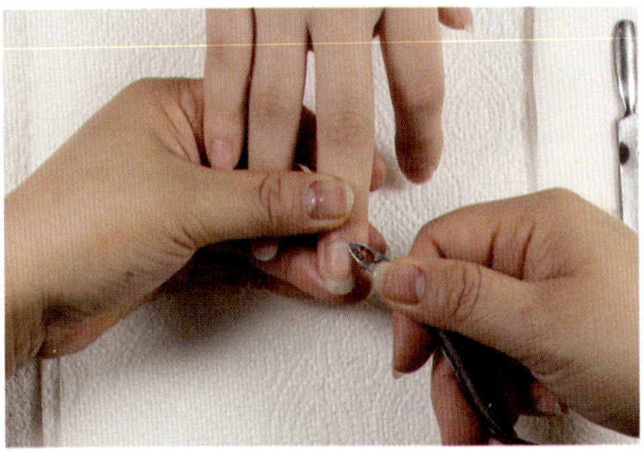

(10) 큐티클 소독하기

메탈 도구를 이용하여 큐티클 제거 후 예민해진 큐티클의 감염예방을 위해 손 소독제를 큐티클 라인에 분사한다.

*숍에서는 핸드마사지를 실시한다.

(11) 유분기 제거

우드스틱에 솜을 말아 에나멜 리무버를 적셔 준 뒤에 플레이트의 유분기를 제거한다.

큐티클 라인에 닿지 않도록 주의한다.

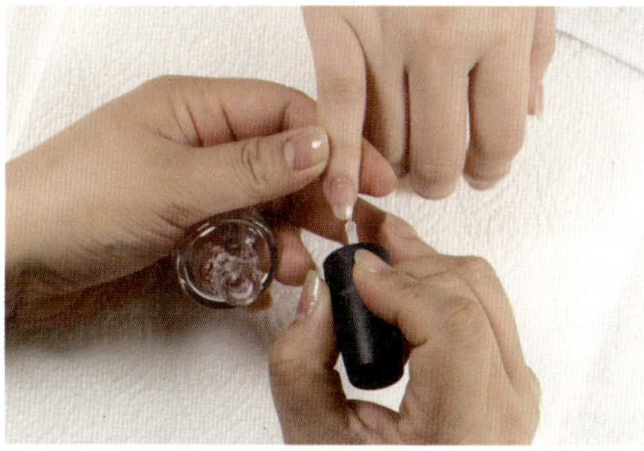

(12) 컬러링하기

1) 베이스 코트를 바른다.

중앙 → 좌 → 우 → 프리에지 순으로 컬러링한다. 손톱 표면의 보호막 형성을 한다.

① 컬러가 착색되는 것을 방지한다.

② 에나멜에 손톱의 수분이 빼앗기는 것을 방지한다.(수분증발방지, 보호막 형성)

③ 에나멜의 지속력을 높여 준다.

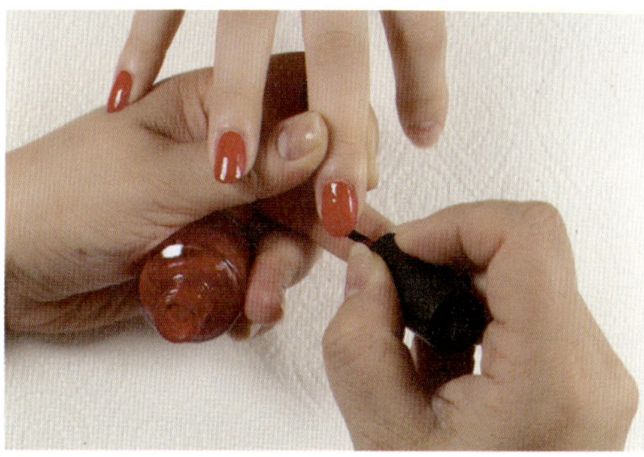

2) 컬러링

① 2번 컬러링하여 색을 선명하게 발색되도록 한다.

1Coat : 중앙 → 좌 → 우 → 프리에지

2Coat : 중앙 → 좌 → 우(프리에지 생략)

② 주변에 묻은 에나멜은 거즈나 오렌지 우드스틱에 솜을 말아 에나멜 리무버를 적셔서 지워 준다.

*에나멜의 양 조절이 가장 중요하다.

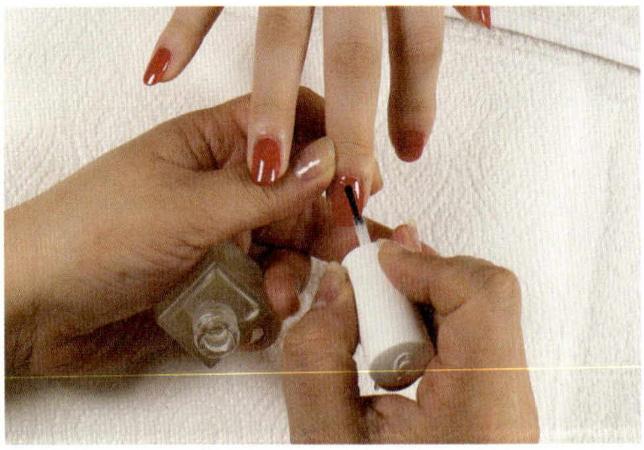

3) 탑 코트

중앙 → 좌 → 우 → 프리에지 순으로 컬러링한다.

① 코팅막을 형성한다.
② 컬러의 광택을 주어 더욱 아름답게 보이도록 한다.
③ 보호막을 형성한다.
④ 컬러가 더욱 오래 유지되도록 한다.

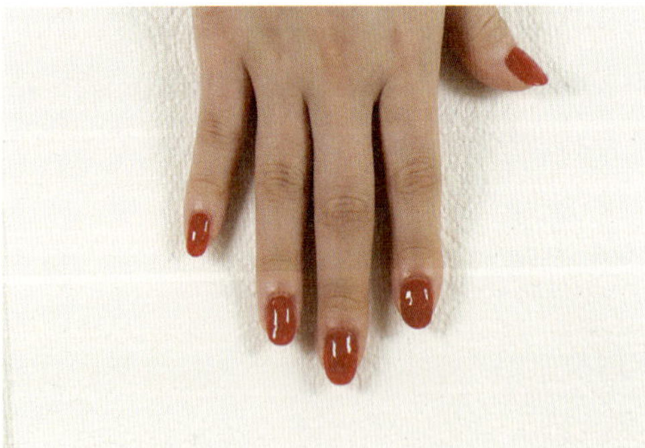

(13) 완성

전체 바르기 풀 코트(Full Coat)

4. 시술 방법 : 프렌치 코트(French Coat)

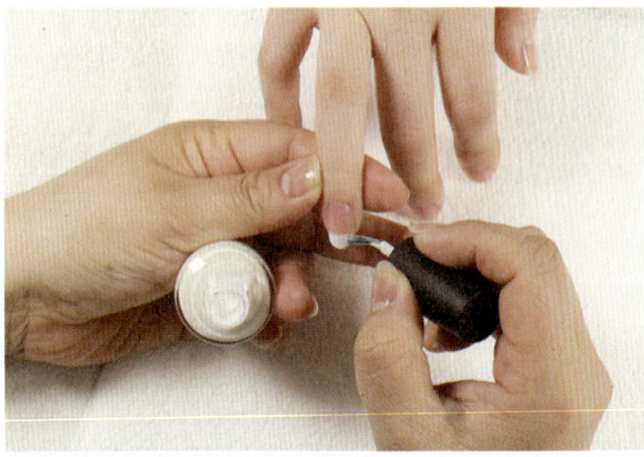

(1) 베이스 코트 바르기

(2) 프렌치 라인 컬러링

흰색 에나멜을 2번 컬러링하여 색을 선명하게 발색되도록 한다.

① 1Coat : 1/3 또는 1/4 지점까지 한 방향으로 컬러링한 다음 프리에지를 컬러링한다.

*스마일 라인을 살려 준다.

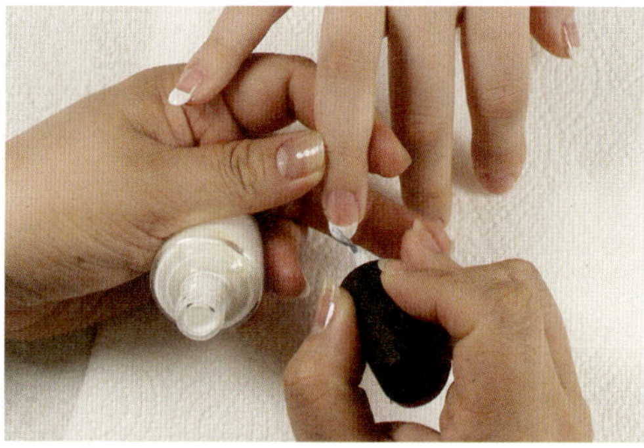

② 2Coat : 1/3 또는 1/4 지점을 한번 더 컬러링한다.

• 주변에 묻은 에나멜은 거즈나 우드스틱에 솜을 말아 에나멜 리무버를 적셔서 지워 준다.

*에나멜의 양 조절이 가장 중요하다.
흰색이라 얼룩이 생길 수 있으므로 주의한다.

(3) 탑 코트 바르기

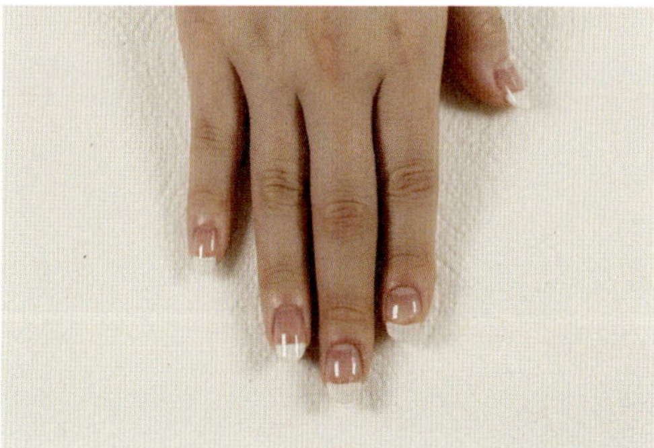

(4) 완성

프렌치 코트(French Coat) 바르기

5. 시술 방법 : 딥 프렌치 코트(Deep French Coat)

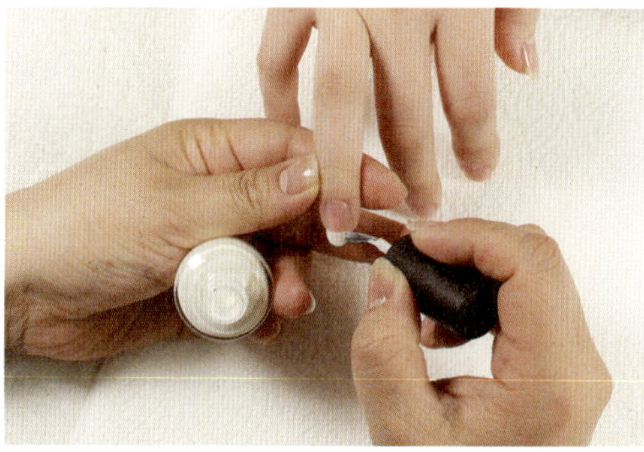

(1) 베이스 코트 바르기

(2) 딥 프렌치 라인 컬러링

흰색 에나멜을 2번 컬러링하여 색을 선명하게 발색되도록 한다.

① 1Coat : 3/4 또는 3/5 지점까지 한 방향으로 컬러링한 다음 프리에지를 컬러링한다.

*스마일 라인을 살려 준다.

② 2Coat : 3/4 또는 3/5 지점을 한번 더 컬러링한다.

주변에 묻은 에나멜은 거즈나 우드스틱에 솜을 말아 에나멜 리무버를 적셔서 지워준다.

*에나멜의 양 조절이 가장 중요하다.

• 흰색이라 얼룩이 생길 수 있으므로 주의한다.

(3) 탑 코트 바르기

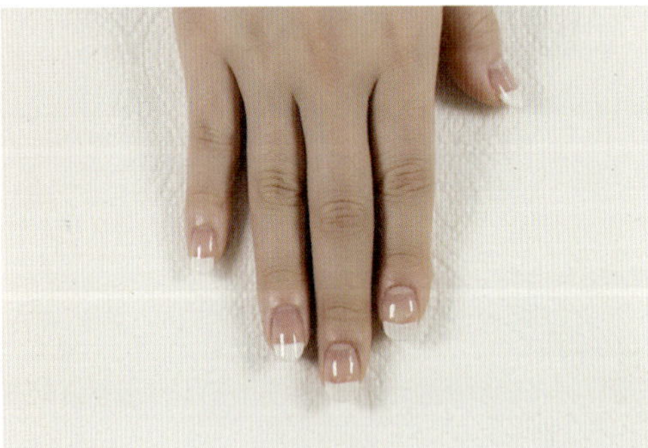

(4) 완성

딥 프렌치 코트(Deep French Coat) 바르기

6. 그라데이션(Gradation)

(1) 베이스 코트 바르기

(2) 스펀지

① 스펀지를 손톱의 크기와 동일하게 잘라준다.

② 스펀지 1/3지점 프리에지 부분에 흰색 에나멜을 발라준다.

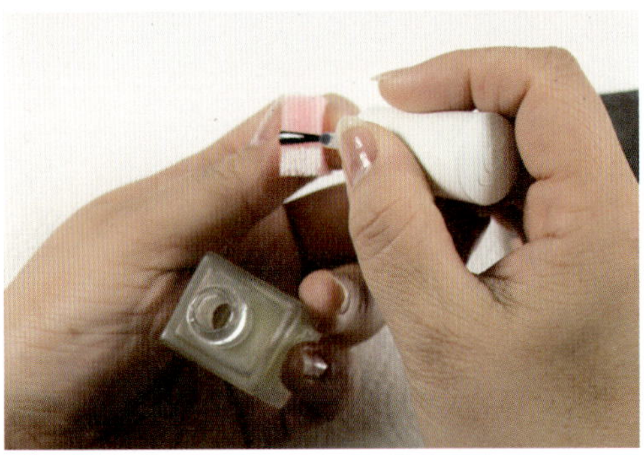

③ 스펀지의 중간 부분에 자연스러운 그라데이션을 위해 탑 코트를 발라준다.

④ 컬러를 자연스럽게 믹싱하기 위해 포일에 양을 조절한다.

(3) 그라데이션

흰색 에나멜을 2번 그라데이션하여 색을 선명하게 발색되도록 한다.

① 1Coat : 1/2 또는 2/3 지점까지 스펀지를 한 번에 찍어 준다.

② 2Coat : 1/2 또는 2/3 지점까지 한번 더 스펀지를 찍어 준다.

주변에 묻은 에나멜은 거즈나 우드스틱에 솜을 말아 에나멜 리무버를 적셔서 지워 준다.

*에나멜의 양 조절이 가장 중요하다.

흰색이라 얼룩이 생길 수 있으므로 주의한다.

(4) 탑 코트 바르기

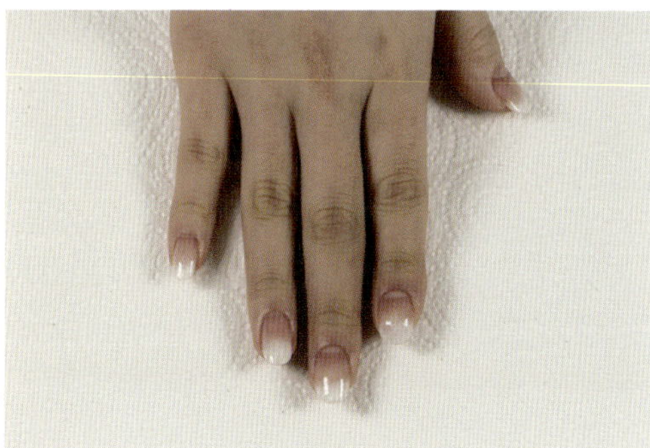

(5) 완성

그라데이션(Gradation)

2. 페디큐어(Pedicure)

1. 페디큐어(Pedicure)의 이해

Check point

- 발은 노출되어 있기보다 신발 속에 감추어져 있는 부분이므로 특히 관리에 소홀한 경우가 많다.
- 청결과 아름다움을 위해 페디큐어는 반드시 실시되어야 한다.
- 발톱의 모양을 잡아 준 뒤에 큐티클을 제거한다.
- 발바닥의 굳은살을 제거하고 파고드는 발톱, 펑거스(fungus), 진균도 함께 관리하여 건강한 발과 발톱을 기대한다.

1) 필요한 재료

마스크, 위생복, 더스트 팩, 재료 받침대, 손 소독제, 솜, 습식 소독제, 손목 받침대, 페이퍼 타월, 멸균 거즈, 타월, 니퍼, 푸셔, 우드스틱, 베이스 코트, 탑 코트, 큐티클 리무버, 에나멜 리무버, 파일류, 샌딩, 라운드 패드, 더스트 브러시, 핑거볼, 큐티클 오일, 에나멜 드라이어, 토우 세퍼레이터

2) 사전 준비

① 테이블을 세팅(시술전 테이블 소독)하고 더스트 팩을 준비한다.

② 습식 소독제에 메탈 도구와 우드스틱을 담가둔다.(자외선 소독기에 보관 뒤에 꺼내서 70% 알코올에 20분 담가 둔다.)

③ 재료 받침대에 관리에 필요한 제품을 세팅한다.

④ 깔끔하고 단정한 복장에 위생복과 마스크를 착용한다.

3) 시술 방법

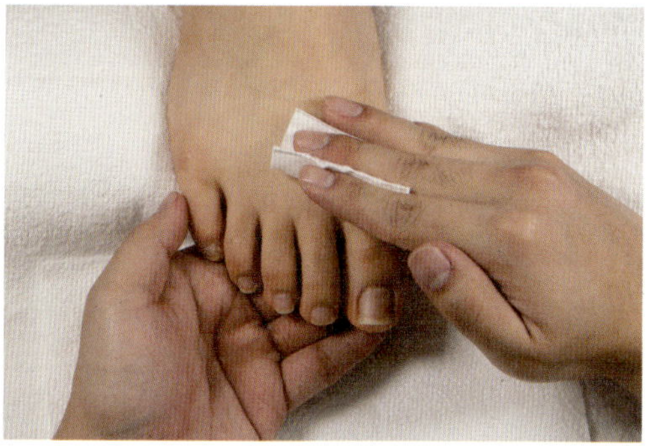

(1) 소독하기

① 손 소독제(안티셉틱)를 솜에 뿌려 준다.

② 솜을 시술자의 3지에 끼워 준다.

③ 시술자의 손바닥 → 손등, 5지 → 1지 순으로 닦아 준다.

④ 고객의 발등 → 발바닥, 5지 → 1지 순으로 닦아 준다.

⑤ 왼발 시술 후, 오른발을 시술한다.

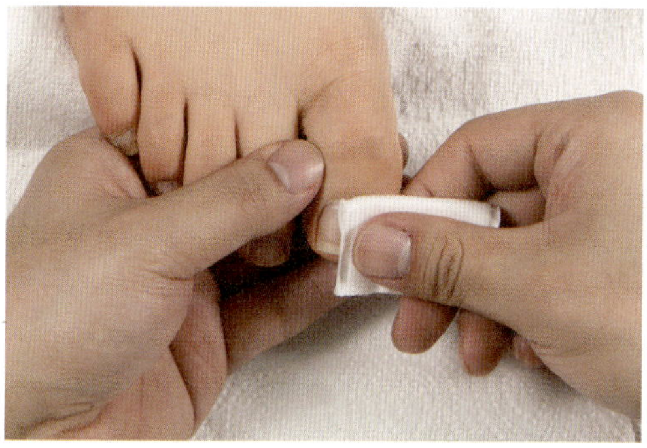

(2) 에나멜 지우기

① 솜을 반으로 접어 준다.

② 에나멜 리무버를 펌핑한다.

③ 시술자의 2,3지 또는 1,2지를 이용하여 시술한다.

④ 왼발 시술 후, 오른발을 시술한다.

*짙은 색의 에나멜을 지울 때는 3초 동안 꾸욱 눌렀다가 닦아낸 다음, 한번 더 비벼서 지워 줘야 컬러가 번지지 않는다.

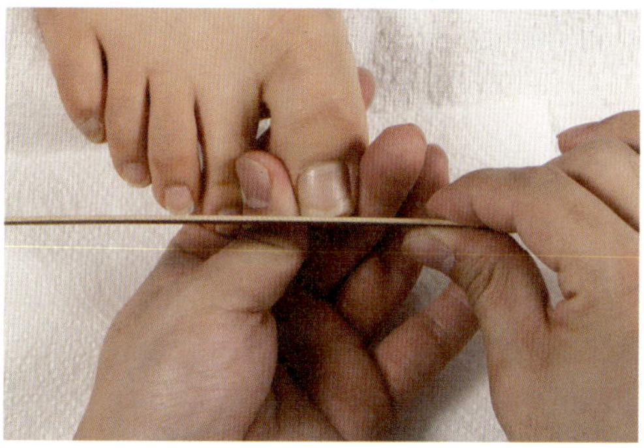

(3) 발톱 모양잡기

왼발 → 오른발의 발톱 모양잡기를 실시한다.

① 파일링

- 고객의 발, 5지 → 1지 순으로 시술한다.
- 발톱의 중앙 → 좌 → 우 방향으로 쉐입를 잡아 준다.
- 우드 파일만을 사용하며, 파고드는 발톱을 예방하기 위하여 스퀘어 또는 오버 스퀘어형으로 잡아준다.
- 한 방향으로 파일링한다.(파일을 비비지 않는다.)

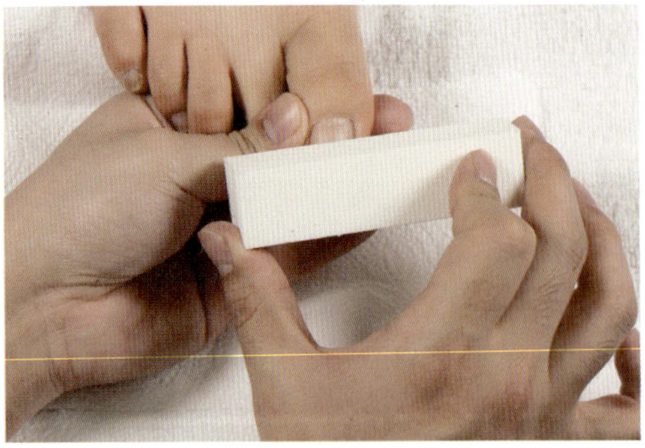

② 샌딩

- 시술자의 1지와 3, 4지를 이용하여 샌딩을 잡아 준다.
- 고객의 발, 5지 → 1지 순으로 시술한다.
- 발톱의 표면을 고르게 버핑한다.
- 표면의 유분기를 없애주고, 표면을 균일하게 하기 위하여 실시한다.

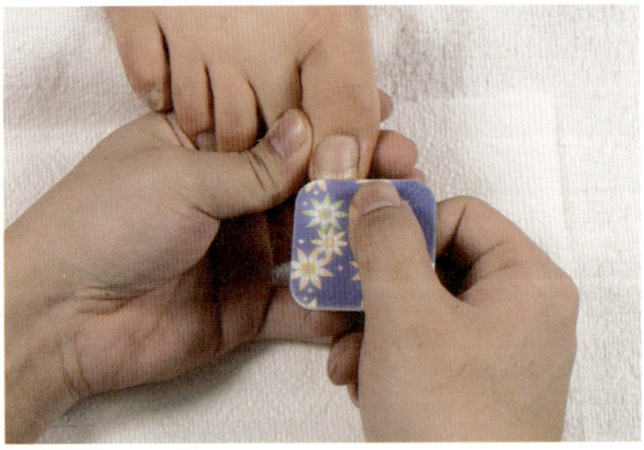

③ 디스크 패드

- 시술자의 엄지손가락이 위로 오도록 잡아준다.
- 고객의 발, 5지 → 1지 순으로 시술한다.
- 발톱 밑의 더스트를 제거한다.
- 발톱이 너무 짧을 경우는 생략해도 된다. 솔을 이용하여 더스트 제거가 가능하다.

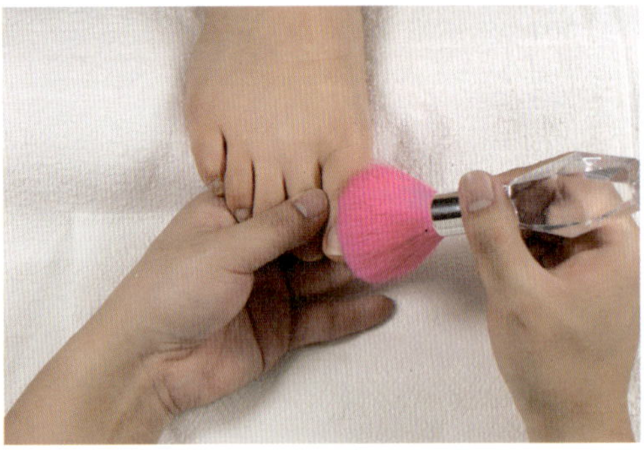

④ 솔(더스트 브러시)

- 알콜에서 솔을 꺼내 거즈로 물기를 제거한 다음에 사용한다.(사용 후 더스트를 제거하고 알코올에 다시 담가 둔다.)
- 고객의 발등과 발톱 아래의 더스트와 찌꺼기를 깨끗하게 털어낸다.

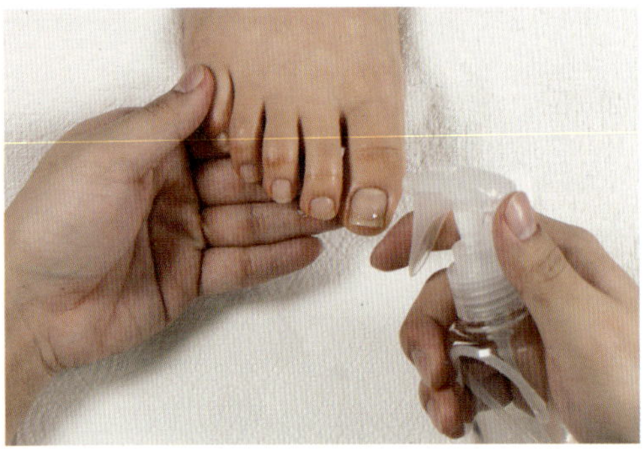

(4) 발 불리기

숍에서는 각탕기나 풋 스파를 이용하여 발을 불려주고, 국가 자격시험 시에는 미리 준비한 보온병의 따뜻한 물을 사용 직전 분무기에 부어서 큐티클에 분사하여 사용한다.

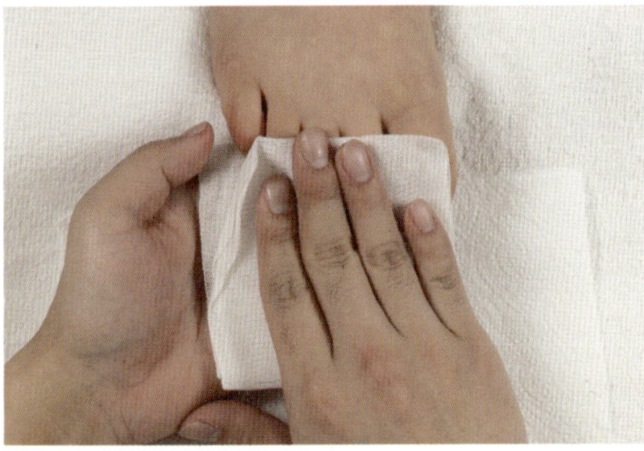

(5) 물기 제거

거즈를 이용하여 물기를 제거한다.

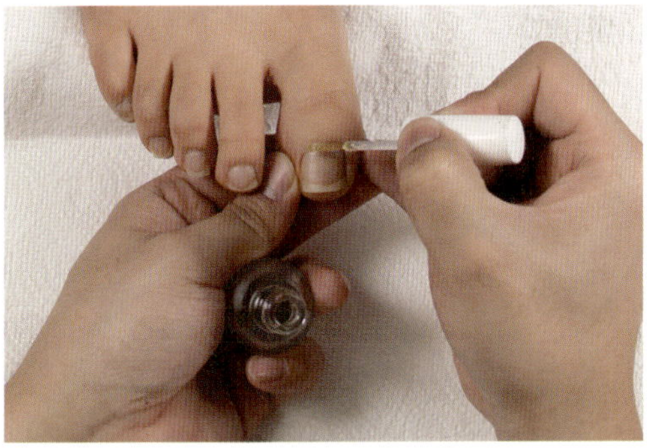

(6) 큐티클 제거하기

① 큐티클 연화제

큐티클 오일이나 큐티클 리무버를 큐티클 라인에 발라 준다.

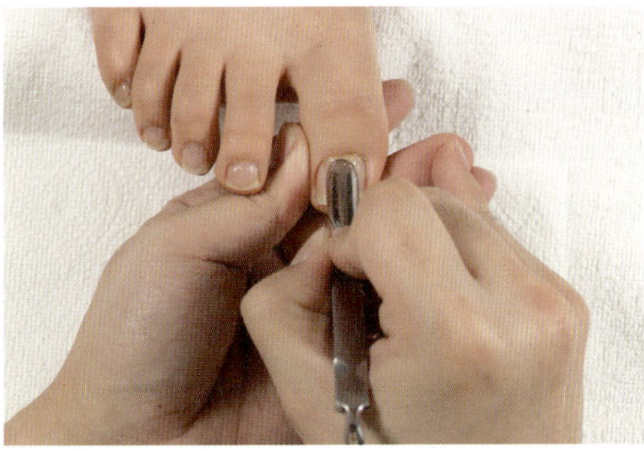

② 푸셔

- 기구 소독제에 담가 둔 푸셔나 우드스틱을 꺼내서 물기를 제거한다.
- 45° 각도를 유지하며 큐티클과 플레이트가 손상되지 않도록 주의해서 큐티클을 밀어 준다.
- 고객의 발, 5지 → 1지 순으로 시술한다.
- 푸셔 시술 손 5지를 고객의 발을 잡은 손 3지에 받쳐서 시술한다.(지지대 역할)

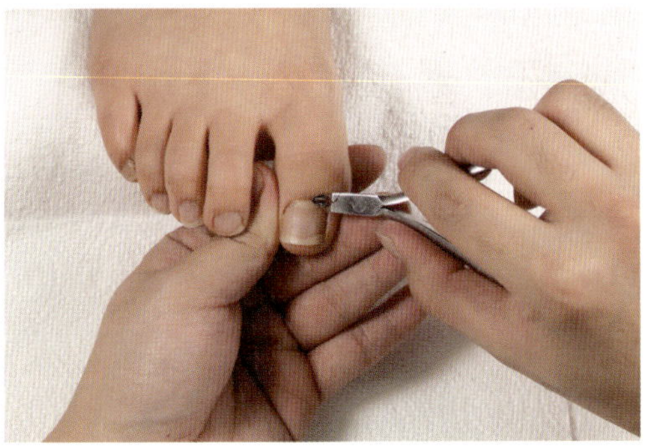

③ 니퍼

- 플레이트에 손상이 생기지 않도록 45° 각도로 니퍼를 시술한다.
- 출혈이 일어나지 않도록 주의한다.

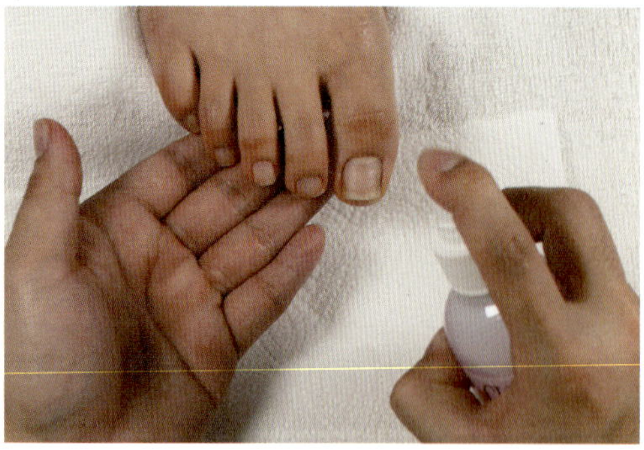

(7) 큐티클 소독하기

큐티클 제거 후 예민해진 큐티클의 감염예방을 위해 안티셉틱을 큐티클 라인에 분사한다.

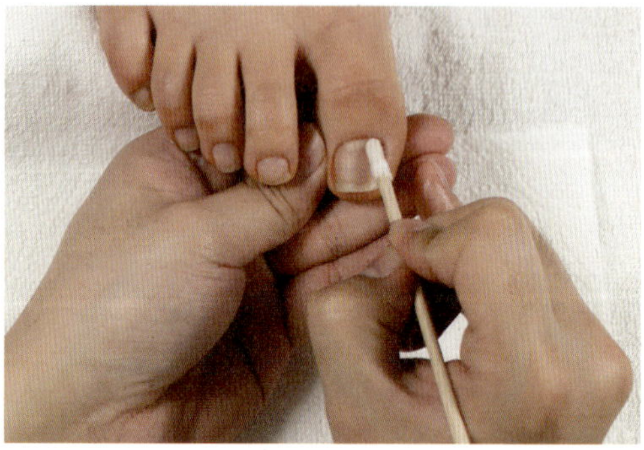

(8) 유분기 제거하기

우드스틱에 솜을 말아 에나멜 리무버를 적셔 준 뒤에 플레이트의 유분기를 제거한다.

큐티클 라인에 닿지 않도록 주의한다.

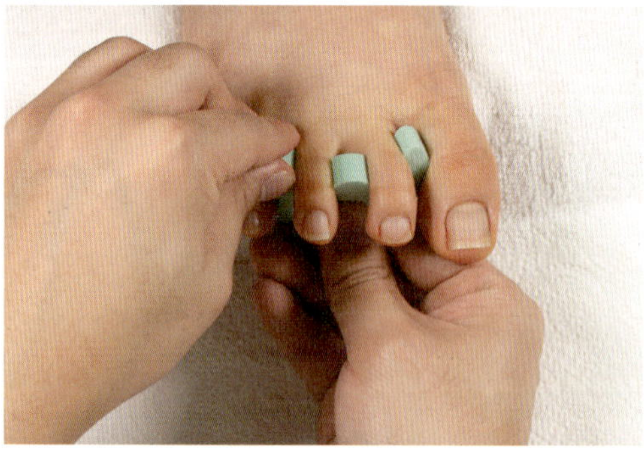

(9) 토우세퍼레이터 끼우기

컬러링의 편리성을 위하여 발가락 사이를 벌려서 토우세퍼레이터를 5지부터 끼워 준다.

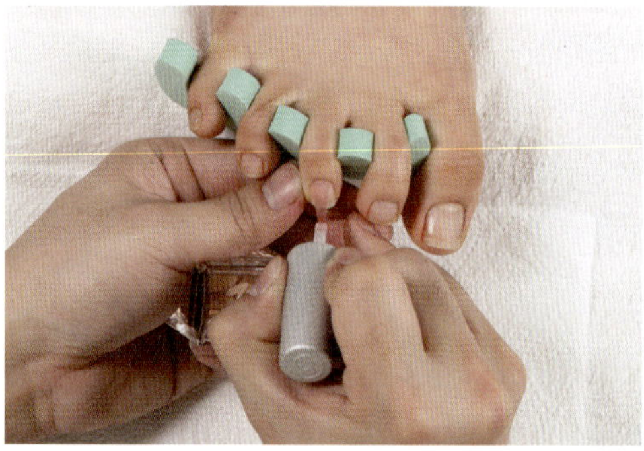

(10) 컬러링

① 베이스 코트

중앙 → 좌 → 우 → 프리에지 순으로 컬러링한다. 엄지발가락은 넓어서 3회에 나눠 바르기 힘들기 때문에 5회에 나눠서 컬러링한다.

- 컬러가 착색되는 것을 방지한다.
- 에나멜에 네일의 수분이 빼앗기는 것을 방지한다.(수분증발 방지, 보호막 형성)
- 에나멜의 지속력을 높여 준다.

② 컬러링

- 2번 컬러링하여 색을 선명하게 발색되도록 한다.

  1Coat : 중앙 → 좌 → 우 → 프리에지

  2Coat : 중앙 → 좌 → 우(프리에지 생략)

- 주변에 묻은 에나멜은 거즈나 우드스틱에 솜을 말아 에나멜 리무버를 적셔서 지워 준다.

*에나멜의 양 조절이 가장 중요하다.

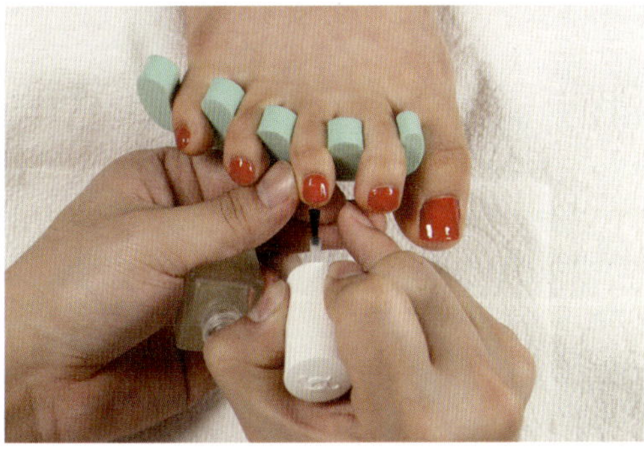

③ 탑 코트

중앙 → 좌 → 우 → 프리에지 순으로 컬러링한다.

- 컬러의 광택을 주어 더욱 아름답게 보이게 한다.
- 코팅막을 형성한다.
- 보호막을 형성하여 컬러가 더욱 오래 유지되도록 한다.

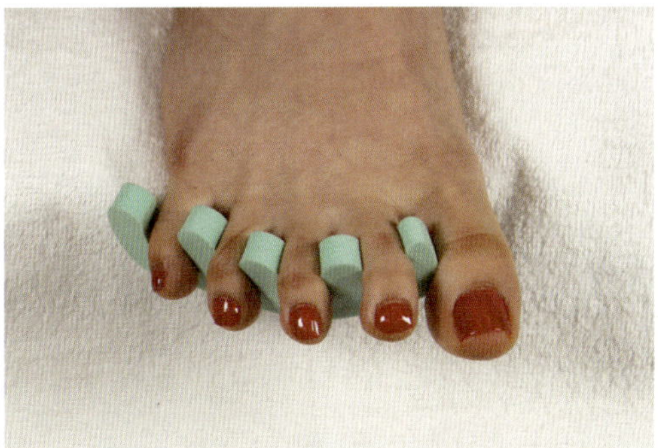

(11) 완성

전체 바르기 풀 코트(Full Coat)

2. 시술 방법 : 딥 프렌치 코트(Deep French Coat)

(1) 베이스 코트 바르기

(2) 딥 프렌치 라인 컬러링

① 흰색 에나멜을 2번 컬러링하여 색을 선명하게 발색되도록 한다.

- 1Coat : 3/4 또는 3/5 지점까지 한 방향으로 컬러링한 다음에 프리에지를 컬러링한다.

*스마일 라인을 살려 준다.

- 2Coat : 3/4 또는 3/5 지점을 한번 더 컬러링한다.

② 주변에 묻은 에나멜은 거즈나 우드스틱에 솜을 말아 에나멜 리무버를 적셔서 지워 준다.

*에나멜의 양 조절이 가장 중요하다.
흰색이라 얼룩이 생길 수 있으므로 주의한다.

(3) 탑 코트 바르기

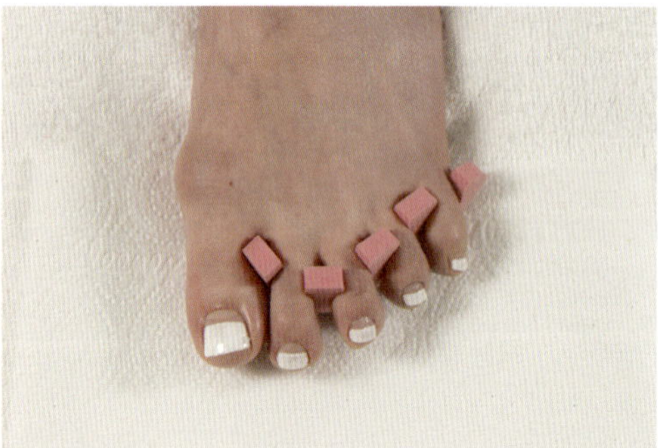

(4) 완성

딥 프렌치 코트(Deep French Coat) 바르기

3. 시술 방법 : 그라데이션(Gradation)

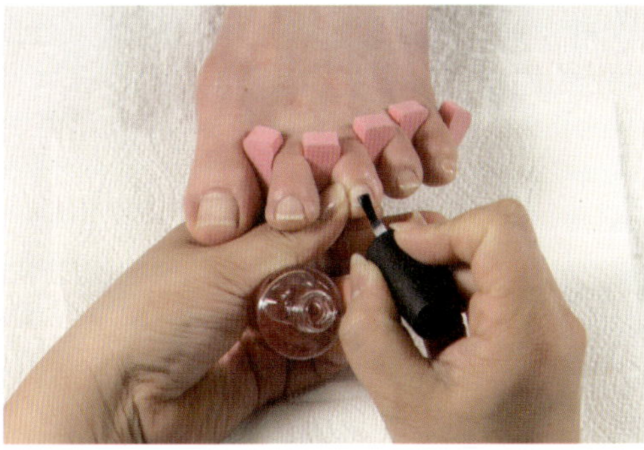

(1) 베이스 코트 바르기

(2) 스펀지

① 스펀지를 손톱의 크기와 동일하게 잘라 준다.

② 스펀지 1/3지점 프리에지 부분에 흰색 에나멜을 발라 준다.

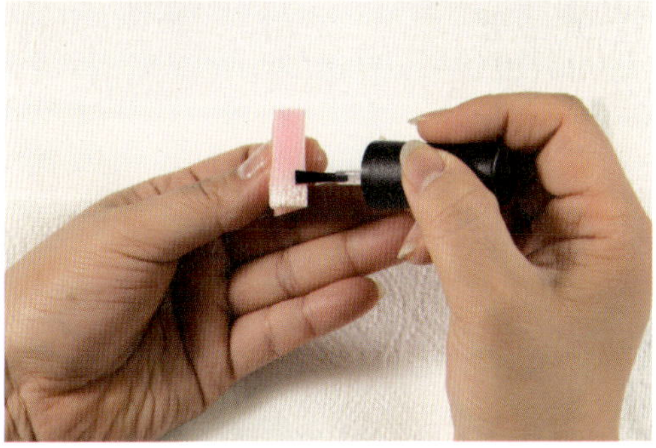

③ 스펀지의 중간 부분에 자연스러운 그라데이션을 위해 탑 코트를 발라 준다.

④ 컬러를 자연스럽게 믹싱하기 위해 포일에 양을 조절한다.

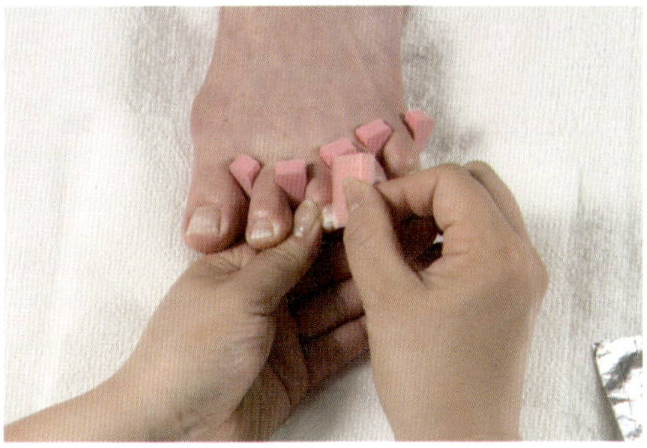

(3) 그라데이션

① 흰색 에나멜을 2번 그라데이션하여 색이 선명하게 발색되도록 한다.

- 1Coat : 1/2 또는 2/3 지점까지 스펀지를 한 번에 찍어 준다.

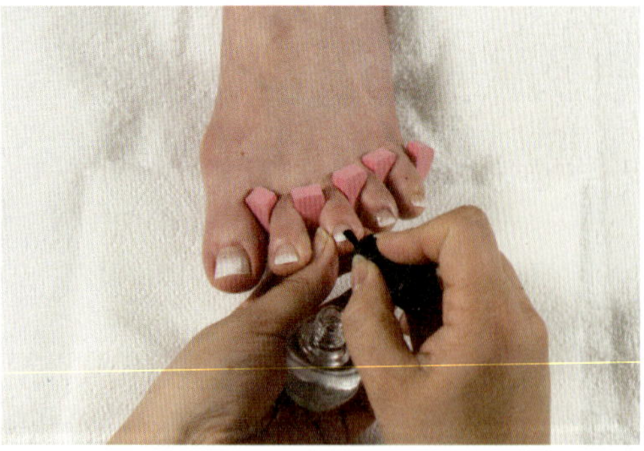

• 2Coat : 1/2 또는 2/3 지점까지 한번 더 스펀지를 찍어 준다.

② 주변에 묻은 에나멜은 거즈나 우드스틱에 솜을 말아 에나멜 리무버를 적셔서 지워 준다.

*에나멜의 양 조절이 가장 중요하다.
흰색이라 얼룩이 생길 수 있으므로 주의한다.

(4) 탑 코트 바르기

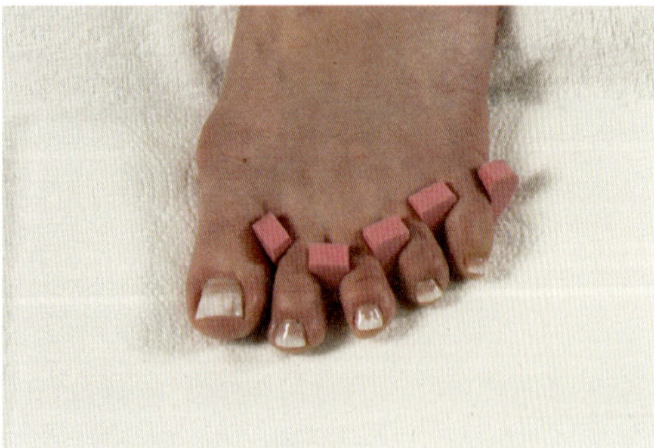

(5) 완성

그라데이션(Gradation)

Chapter 3

PART Ⅱ 네일 실습

인조 네일의 분류

1. 실크를 이용한 인조 네일

1. 팁 위드 랩(Tip with Wrap)

Check point

- 팁을 연장한 뒤에 랩을 오버레이 하여 인조 네일을 보강하는 테크닉이다.
- 원 네일이 찢어지나 손상되었을 경우, 본 테크닉으로 손톱을 보강한다.

1) 필요한 재료

마스크, 위생복, 더스트 팩, 재료 받침대, 손 소독제, 솜, 습식 소독제, 손목 받침대, 페이퍼 타월, 멸균 거즈, 타월, 니퍼, 푸셔, 우드스틱, 큐티클 리무버, 에나멜 리무버, 파일류, 샌딩, 라운드 패드, 더스트 브러시, 큐티클 오일, 팁, 실크(랩), 실크가위, 라이트 글루, 젤 글루, 글루 드라이어, 필러 파우더, 팁 커터기, 보안경

2) 사전 준비

① 테이블을 세팅(시술 전 테이블 소독)하고 더스트 팩을 준비한다.

② 습식 소독제에 메탈 도구와 우드스틱을 담가 둔다.(자외선 소독기에 보관 뒤 꺼내서 70% 알코올에 20분 담가 둔다.)

③ 재료 받침대에 관리에 필요한 제품을 세팅한다.

④ 깔끔하고 단정한 복장에 위생복과 마스크를 착용한다.

3) 시술 방법

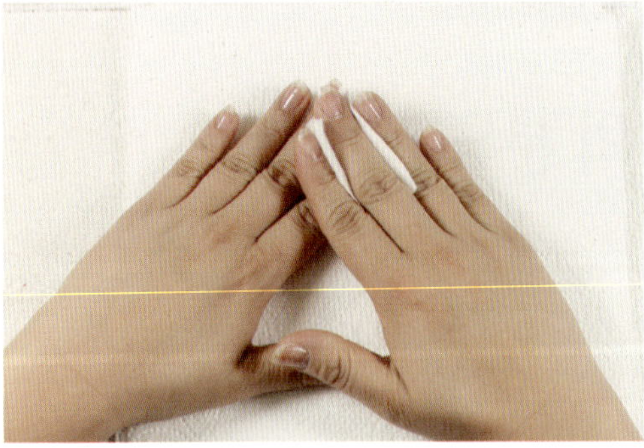

(1) 손 소독하기

① 손 소독제(안티셉틱, Antiseptic)를 솜에 뿌려 준다.

② 솜을 시술자의 3지에 끼워 준다.

③ 시술자의 손바닥 → 손등, 5지 → 1지 순으로 닦아 준다.

④ 고객의 손바닥 → 손등, 5지 → 1지 순으로 닦아 준다.

⑤ 왼손 시술 후, 오른손을 시술한다.

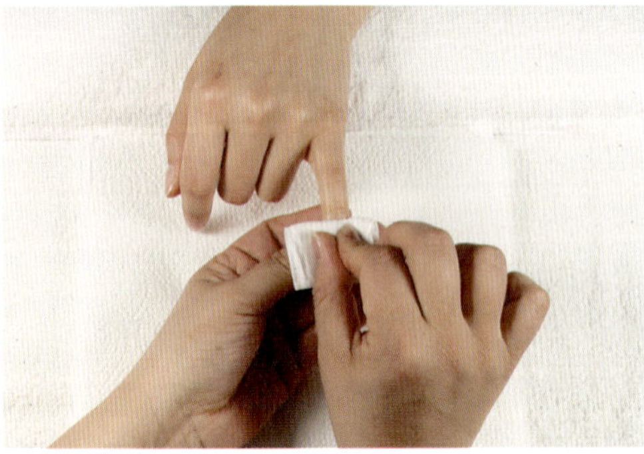

(2) 에나멜 지우기

① 솜을 반으로 접어 준다.

② 에나멜 리무버를 펌핑한다.

③ 시술자의 2, 3지 또는 1, 2지를 이용하여 시술한다.

④ 왼손 시술 후, 오른손을 시술한다.

*짙은 색의 에나멜을 지울 때는 3초 동안 꾸욱 눌렀다가 닦아낸 다음, 한 번 더 비벼서 지워 줘야 컬러가 번지지 않는다.

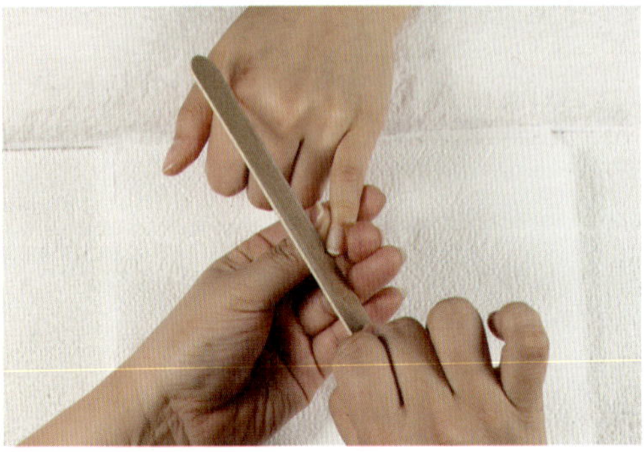

*손톱 모양잡기와 큐티클 밀기는 순서가 바뀌어도 무관하다.

(3) 손톱 모양 잡기

① **파일링**(Fileling)

- 고객의 손, 5지 → 1지 순으로 시술한다.
- 손톱의 중앙 → 좌 → 우 방향으로 셰이프(Shape)를 잡아 준다.
- 원 네일 파일링 시는 반드시 우드 파일만을 사용하고 파일 비벼서 사용하지 않는다.
- 인조 네일 시술 시에는 반드시 원 네일을 라운드 또는 오발로 파일링한다.(길이는 하이포니키움[Hyponychium]에 1mm 정도)

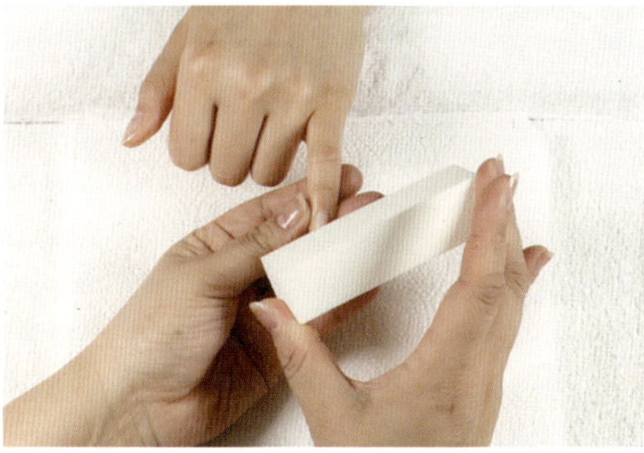

② **샌딩**(Sanding)

- 시술자의 1지와 3, 4지를 이용하여 샌딩을 잡아 준다.
- 고객의 손, 5지 → 1지 순으로 시술한다.
- 손톱의 표면을 고르게 버핑한다.
- 표면의 유분기를 없애 주고, 표면을 균일하게 하기 위하여 실시한다.(에칭)

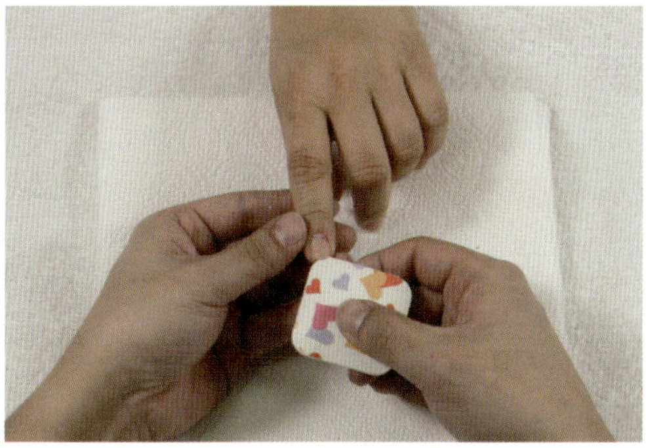

③ **디스크 패드**(Disk Pad)

- 시술자의 엄지손가락이 위로 오도록 잡아준다.
- 고객의 손, 5지 → 1지 순으로 시술한다.
- 손톱 밑의 더스트를 제거한다.
- 에그셸 네일(계란껍질 손톱)이나 건조하고 얇은 손톱은 손상이 오거나 부러질 수 있으므로 주의한다.

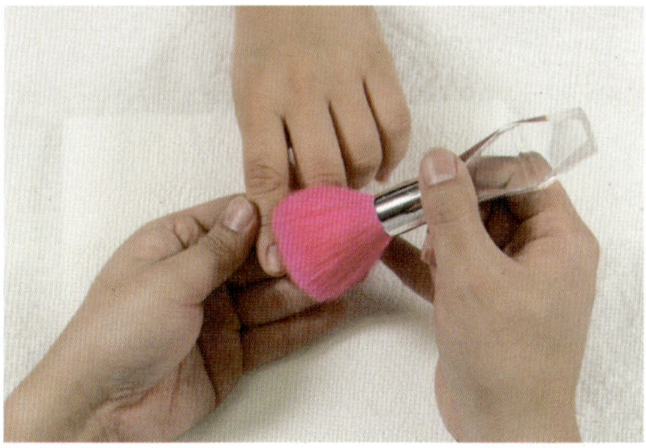

④ **솔**(더스트 브러시, Dust Brushad))

- 알코올에서 솔을 꺼내 거즈로 물기를 제거한 다음에 사용한다.(사용 후 더스트를 제거하고 알코올에 다시 담가 둔다.)
- 고객의 손, 5지 → 1지 순으로 시술한다.
- 더스트와 찌꺼기를 깨끗하게 털어낸다.

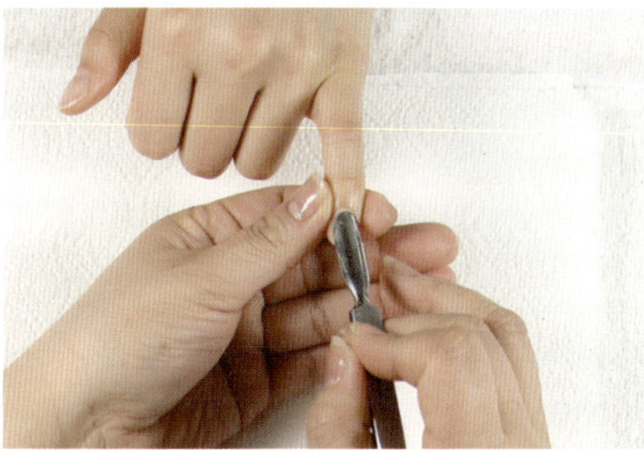

(4) 큐티클 정리

① 기구 소독제에 담가 둔 푸셔나 우드스틱을 꺼내서 물기를 제거한다.

② 45° 각도를 유지하며 큐티클과 플레이트가 손상되지 않도록 주의해서 큐티클을 밀어 준다.

③ 고객의 손, 5지 → 1지 순으로 시술한다.

④ 푸셔 시술 손 5지를 고객의 손을 잡은 손 5지에 받쳐서 시술한다.(지지대 역할)

⑤ 큐티클을 제거할 경우 시술 후 유분기를 제거한다.

⑥ 라인만 맞춰 줄 경우 오일을 생략한다.

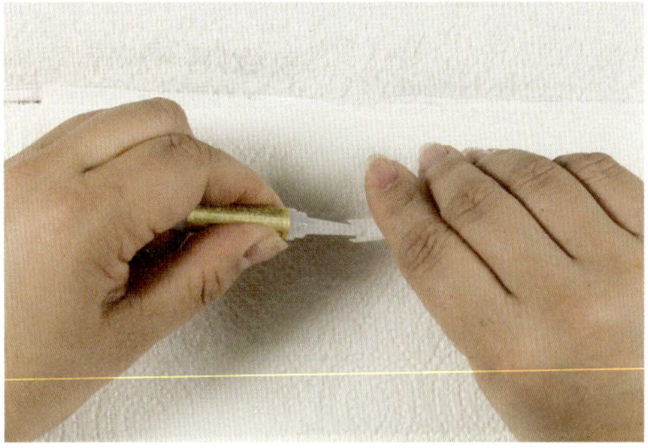

(5) 팁

① 선택하기

- 사이드라인이 11자가 되도록 팁을 선택한다.
- 팁 부착 후에 원 네일과 크기가 동일해야 한다.
- 팁 사이즈를 정확하게 선택해야 접착 시 공기가 들어가거나 들뜨지 않도록 한다.
- 사이즈가 맞는 팁이 없을 경우 사이드를 갈아 최대한 크기를 맞춰서 파일링한다.

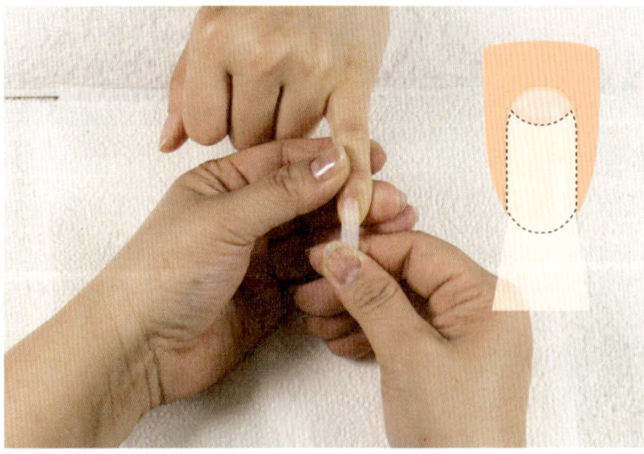

② 붙이기

- 라이트 글루나 젤 글루를 이용하여 부착한다.
- 라이트 글루 : 빠르게 시술할 수 있지만, 빨리 건조되므로 수정이 불가한 단점이 있다.
- 젤 글루 : 건조되는 시간이 여유가 있어 초보자들이 사용하기 용이하다.
- 45° 각도를 유지하여 부착한다.
- 공기가 들어가지 않도록 주의해서 부착한다.

③ 길이 자르기

- 팁을 자를 때는 팁 커터기를 이용한다.
- 90° 각도를 유지하며 팁을 커팅한다.
- 일반적으로 1~1.5cm 정도의 길이로 잘라 준다.

④ 턱 제거하기

- 블랙 파일이나 지브라 파일을 사용한다.
- 팁 턱과 크로스되도록 파일링한다.
- 플레이트가 손상되지 않도록 힘을 완전히 뺀 상태에서 턱선만 제거한다.
- 큐티클이 손상되지 않도록 큐티클 라인을 반대 손으로 보호하며 파일링한다.

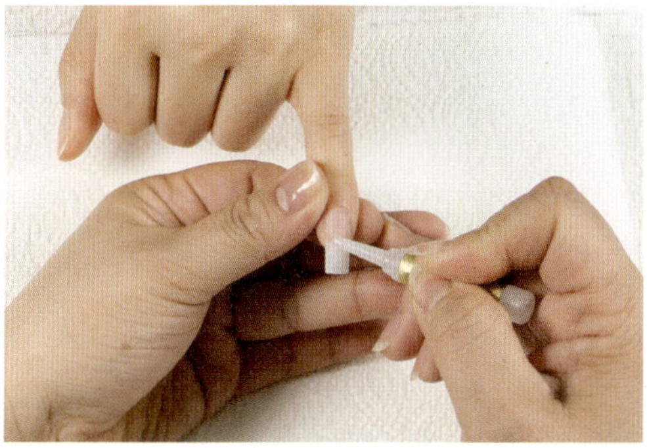

⑤ 팁 턱 보강하기

- 라이트 글루 표면 보강 : 글루 표면 전체 도포 → 글루 드라이어 → 건조 확인 → 버핑
- 젤 글루 표면보강 : 젤 글루 표면 전체 도포 → 글루 드라이어 → 건조 확인 → 버핑
- 표면 확인 후 표면이 고르지 않을 경우 필러 파우더(Filler Powder)를 도포하여 표면을 보강한다.

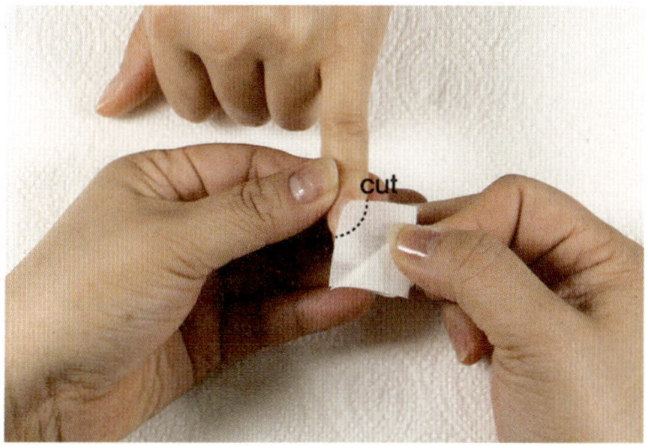

(6) 실크

① 재단하기

- 손톱의 사이즈와 최대한 동일하게 잘라 준다.
- 사이드 라인은 일직선, 큐티클 라인은 둥글게 재단한다.

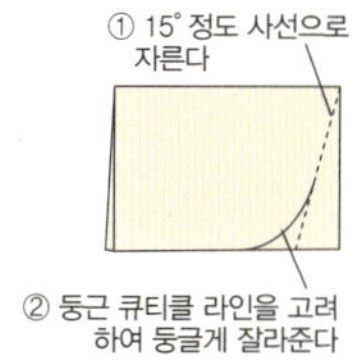

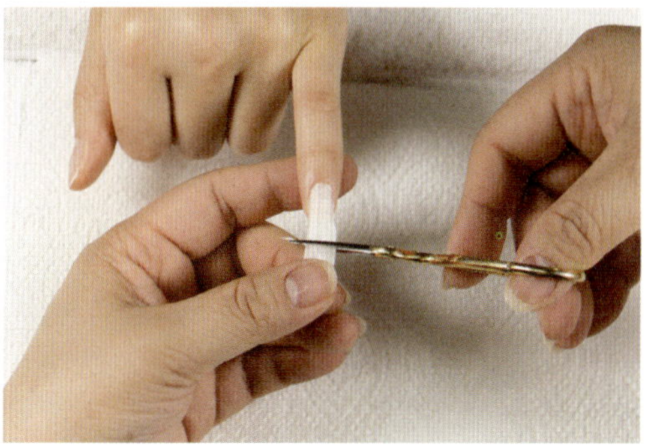

② 붙이기

- 실크 뒷면의 종이를 반만 떼어 준 뒤, 표면에 부착 후 완전히 떼어 낸다.(접착면을 다 뜯어내면 실크가 얇아 서로 엉겨붙는다.)
- 고객의 손톱 왼쪽에 맞춰 붙여 준 다음(오른손잡이 기준, 왼손잡이는 반대로 시술), 반대쪽도 재단한다.
- 플레이트 부착 시 큐티클 라인을 1mm(최대한 큐티클에 가깝게 붙이나 글루 도포 시 피부에 글루가 묻지 않도록 주의해서 밀착한다.) 띄어서 부착한다.

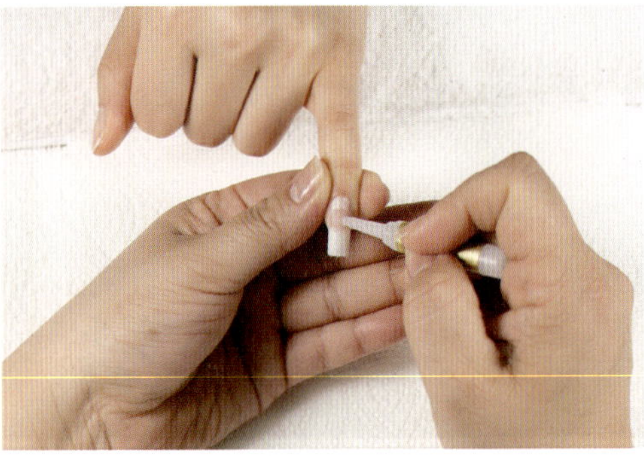

③ 글루 밀착
- 라이트 글루를 표면 전체에 도포하여 완전히 밀착되도록 한다.
- 큐티클 라인의 실크가 들뜨기 쉬우므로 큐티클 라인에 글루를 꼼꼼히 도포한다.
- 큐티클에 글루가 엉겨 붙지 않도록 손을 아래쪽으로 향하게 하고 글루를 도포한다.

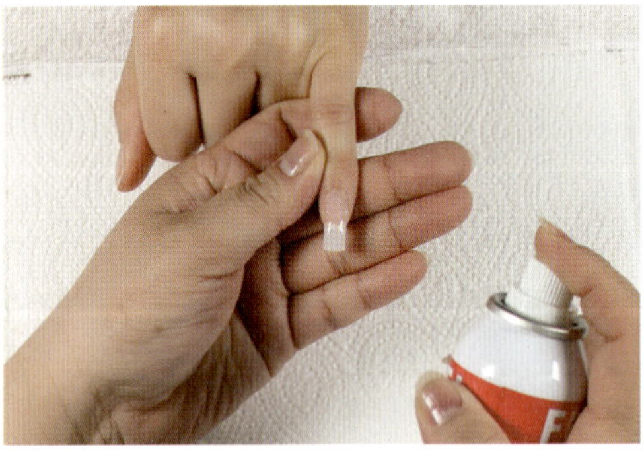

④ **필러 파우더 보강**(생략 가능)
- 실크 부착 후 표면이 고르지 못할 경우에만 보강한다.
- 실크 부착의 지속력을 높여주기 위해 필러 파우더를 도포하여 보강해 준다.
- 필요할 경우만 실시하도록 한다.

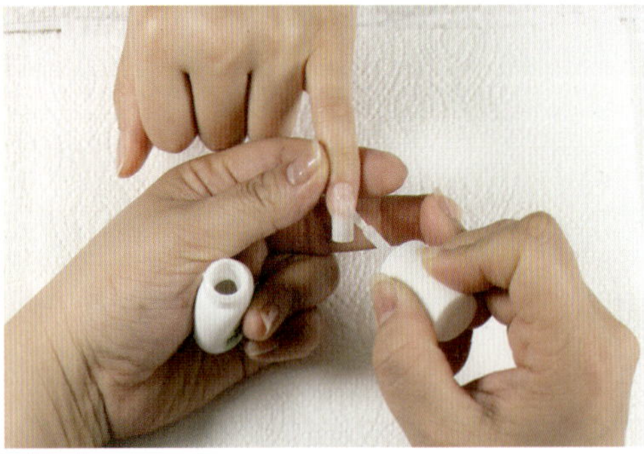

⑤ **표면 보강**
- 라이트 글루 표면 보강
: 글루 표면 전체 도포 → 글루 드라이어 → 건조 확인 → 버핑
- 젤 글루 표면보강
: 젤 글루 표면 전체 도포 → 글루 드라이어 → 건조 확인 → 버핑

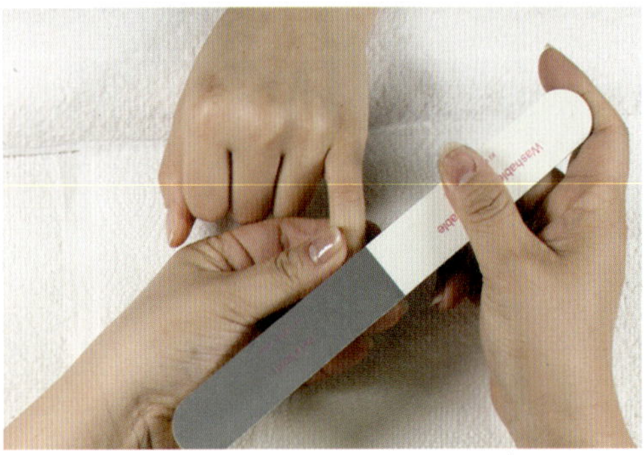

(7) 버핑(Buffing) & 셰이프(Shape)

① 샌딩 블럭을 이용하여 표면을 고르게 버핑 한다.
② 블랙 파일을 이용하여 원하는 디자인의 셰이프(Shape)를 잡아준다.(시험이나 대회는 일반적으로 스퀘어형 또는 오버 스퀘어형으로 마무리)
③ 부드러운 버퍼 파일을 이용하여 표면을 한번 더 버핑한다.(스크레치를 없애주고 광택력을 높여준다.)
④ 디스크 패드을 이용하여 찌꺼기를 제거한다.
⑤ 솔을 이용하여 더스트(Dust)를 제거한다.

(8) 마무리하기

① 광택 파일을 이용하여 광택을 내준다.
② 큐티클 라인에 오일을 도포한다.
③ 손으로 마사지하듯이 문질러 준다.
④ 페이퍼를 이용하여 유분기를 제거한다.

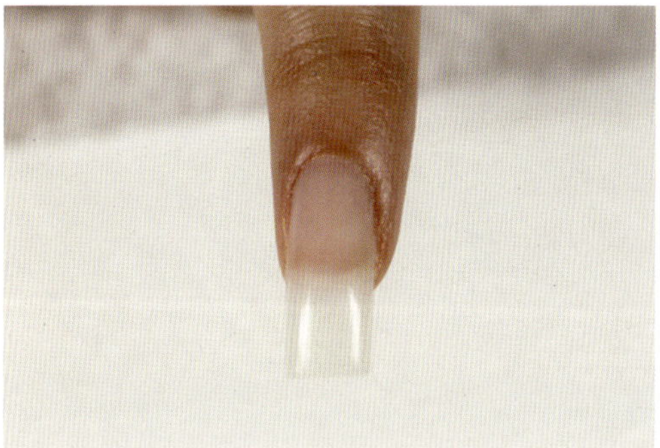

(9) 완성

2. 실크 익스텐션(Silk Extension)

Check point

- 랩(실크)과 필러 파우더를 이용하여 인조 네일을 만들어 준다.
- 실크가 부드러워 연장하기가 쉽지가 않으므로 조정을 잘 하면서 익스텐션해야 한다.
- 필러를 소량 여러 번 도포해야 투명도를 얻을 수 있으므로 한 번 만에 완성하려고 욕심을 내어서는 안 된다.

1) 필요한 재료

마스크, 위생복, 더스트 팩, 재료 받침대, 손 소독제, 솜, 습식 소독제, 손목 받침대, 페이퍼 타월, 멸균 거즈, 타월, 니퍼, 푸셔, 우드스틱, 큐티클 리무버, 에나멜 리무버, 파일류, 샌딩, 라운드 패드, 더스트 브러시, 큐티클 오일, 팁, 실크(랩), 실크 가위, 라이트 글루, 젤 글루, 글루 드라이어, 필러 파우더, 클리퍼, 보안경

2) 사전 준비

① 테이블을 세팅(시술 전 테이블 소독)하고 더스트 팩을 준비한다.

② 습식 소독제에 메탈 도구와 우드스틱을 담가 둔다.(자외선 소독기에 보관 뒤 꺼내서 70% 알코올에 20분 담가 둔다.)

③ 재료 받침대에 관리에 필요한 제품을 세팅한다.

④ 깔끔하고 단정한 복장에 위생복과 마스크를 착용한다.

3) 시술 방법

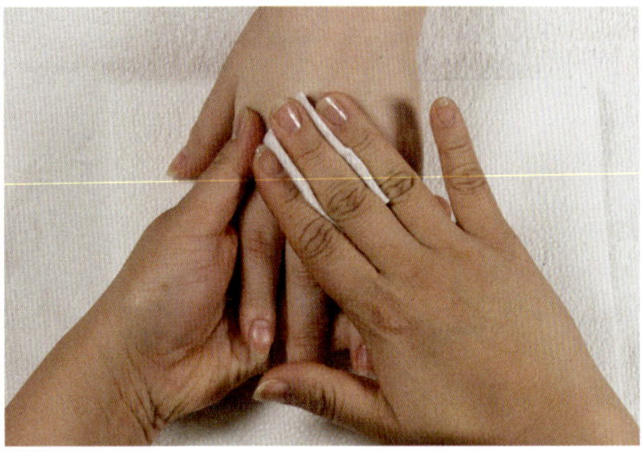

(1) 손 소독하기

① 손 소독제(안티셉틱, Antiseptic)를 솜에 뿌려 준다.

② 솜을 시술자의 3지에 끼워 준다.

③ 시술자의 손바닥 → 손등, 5지 → 1지 순으로 닦아 준다.

④ 고객의 손바닥 → 손등, 5지 → 1지 순으로 닦아 준다.

⑤ 왼손 시술 후, 오른손을 시술한다.

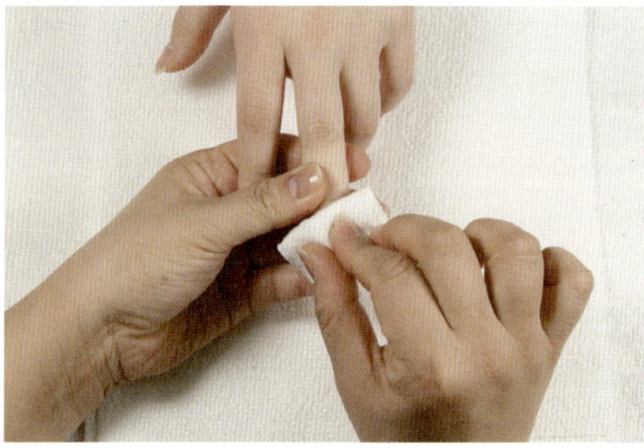

(2) 에나멜 지우기

① 솜을 반으로 접어 준다.

② 에나멜 리무버를 펌핑한다.

③ 시술자의 2, 3지 또는 1, 2지를 이용하여 시술한다.

④ 왼손 시술 후, 오른손을 시술한다.

- 짙은 색의 에나멜을 지울 때는 3초 동안 꾸욱 눌렀다가 닦아낸 다음, 한 번 더 비벼서 지워 줘야 컬러가 번지지 않는다.

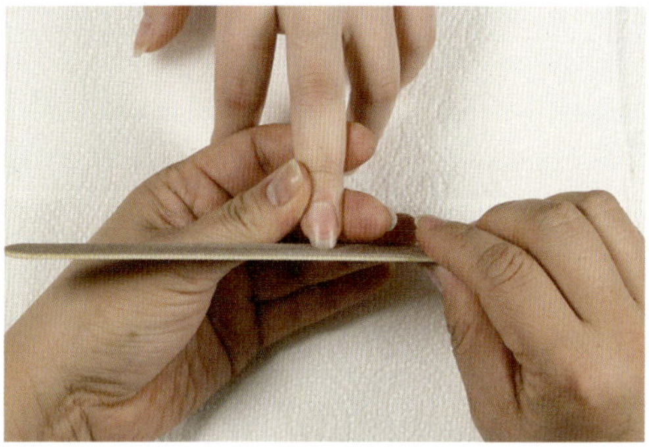

- 손톱 모양잡기와 큐티클 밀기는 순서가 바뀌어도 무관하다.

(3) 손톱 모양 잡기

① **파일링**(Fileling)

- 고객의 손, 5지 → 1지 순으로 시술한다.
- 손톱의 중앙 → 좌 → 우 방향으로 셰이프(Shape)를 잡아 준다.
- 원 네일 파일링 시는 반드시 우드파일만을 사용하고 파일을 비벼서 사용하지 않는다.
- 인조 네일 시술 시에는 반드시 원 네일을 라운드 또는 오발로 파일링한다.(길이는 하이포니키움[Hyponychium]에 1mm 정도)

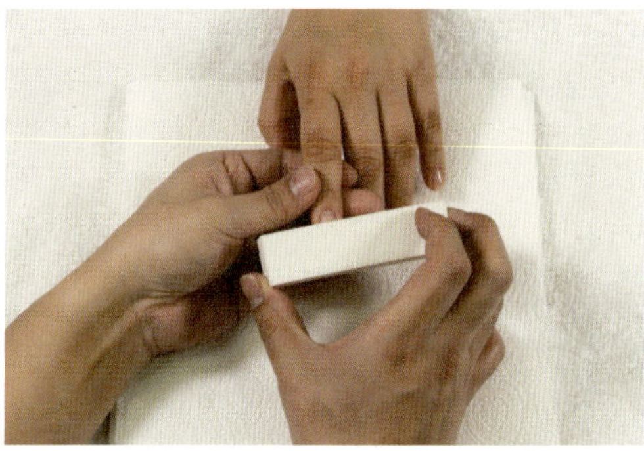

② **샌딩**(Sanding)

- 시술자의 1지와 3, 4지를 이용하여 샌딩을 잡아준다.
- 고객의 손, 5지 → 1지 순으로 시술한다.
- 손톱의 표면을 고르게 버핑한다.
- 표면의 유분기를 없애 주고, 표면을 균일하게 하기 위하여 실시한다.(에칭)

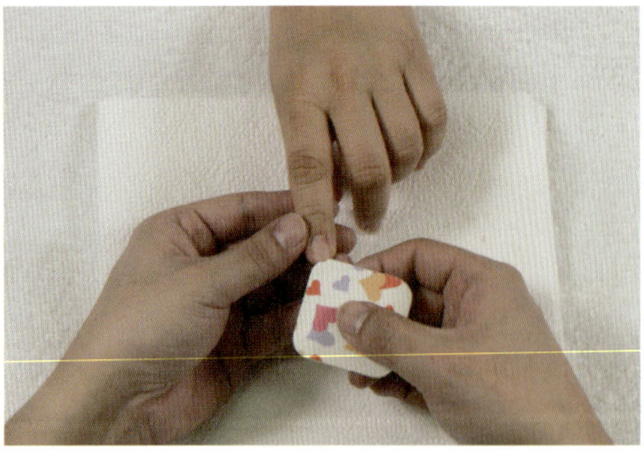

③ **디스크 패드**(Disk Pad)

- 시술자의 엄지손가락이 위로 오도록 잡아준다.
- 고객의 손, 5지 → 1지 순으로 시술한다.
- 손톱 밑의 더스트(이물질, Dust)를 제거한다.
- 에그셸 네일(계란껍질 손톱)이나 건조하고 얇은 손톱은 손상이 오거나 부러질 수 있으므로 주의한다.

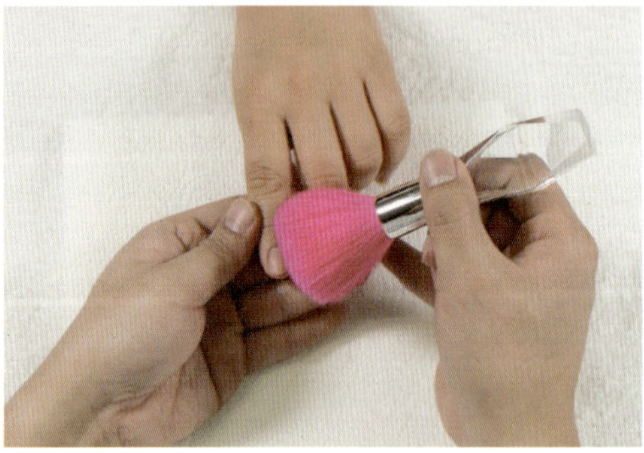

④ 솔(더스트 브러시, Dust Brushad)

- 알코올에서 솔을 꺼내 거즈로 물기를 제거한 다음에 사용한다.(사용 후 더스트를 제거하고 알코올에 다시 담가 둔다.)
- 고객의 손, 5지 → 1지 순으로 시술한다.
- 더스트와 찌꺼기를 깨끗하게 털어낸다.

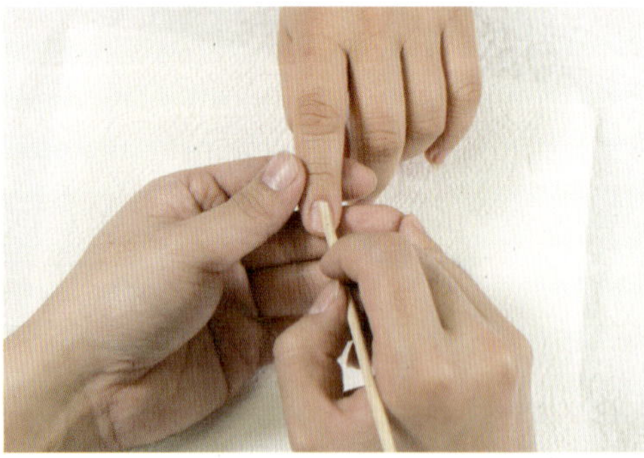

(4) 큐티클 밀기

① 기구 소독제에 담가 둔 푸셔나 우드스틱을 꺼내서 물기를 제거한다.
② 45° 각도를 유지하며 큐티클과 플레이트가 손상되지 않도록 주의해서 큐티클을 밀어 준다.
③ 고객의 손, 5지 → 1지 순으로 시술한다.
④ 푸셔 시술 손 5지를 고객의 손을 잡은 손 5지에 받쳐서 시술한다.(지지대 역할)
⑤ 큐티클을 제거할 경우 시술 후 유분기를 제거한다.
⑥ 라인만 맞춰 줄 경우 오일을 생략한다.

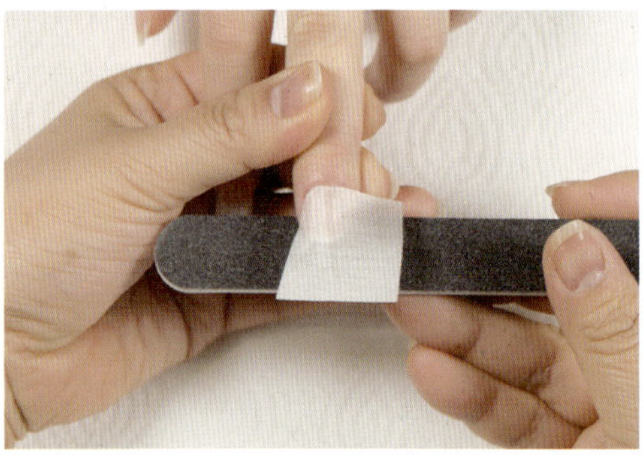

(5) 실크(SILK)

① **재단하기**

- 손톱의 2배 정도로 실크를 커팅한다.
- 사이드 라인은 대각선, 큐티클라인은 둥글게 재단한다.(오른손잡이 기준 오른쪽, 왼손잡이는 반대쪽)
- 사다리꼴 모양이 되도록 재단한다.

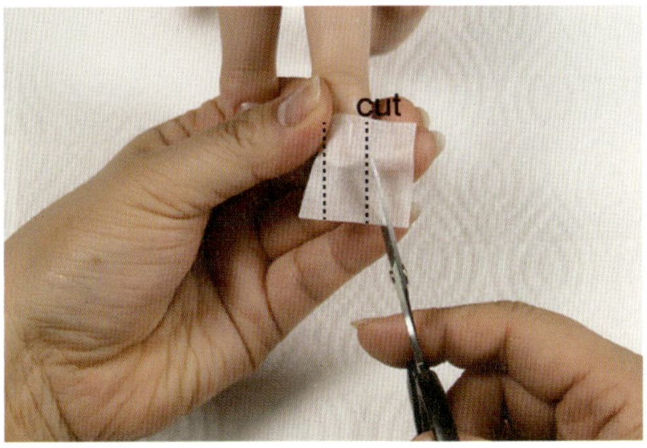

② 붙이기

- 실크 뒷면의 종이를 반만 떼어 준 뒤 표면에 부착 후 완전히 떼어 낸다.(접착면을 다 뜯어내면 실크가 얇아 서로 엉겨 붙는다.)
- 고객의 손톱 왼쪽에 맞춰 붙여 준 다음(오른손잡이 기준, 왼손잡이는 반대로 시술), 반대쪽도 재단(사다리꼴)한다.
- 고객의 손을 잡은 반대 손에 재단하지 않은 반대쪽 실크를 붙여서 실크 가위로 재단하면 편리하다.
- 플레이트 부착 시 큐티클 라인을 1mm(최대한 큐티클에 가깝게 붙이나 글루 도포 시 피부에 글루가 묻지 않도록 주의해서 밀착한다.) 큐티클 라인을 띄어서 부착한다.

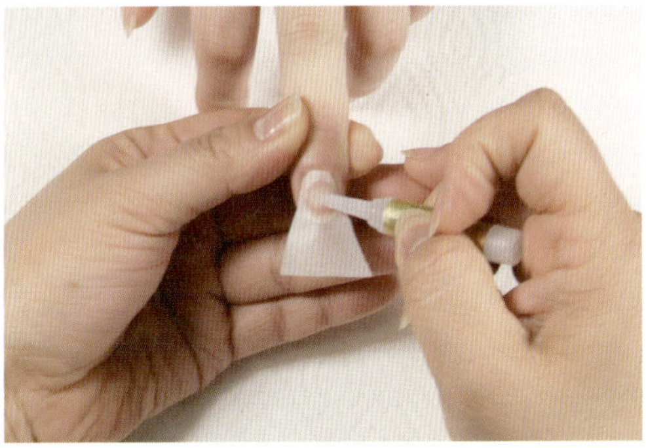

③ 라이트 글루

*플레이트

- 라이트 글루를 플레이트 전체에 도포하여 완전히 밀착되도록 한다.
- 큐티클 라인의 실크가 들뜨기 쉬우므로 큐티클 라인에 글루를 꼼꼼히 도포한다.
- 글루 드라이어를 가볍게 뿌려 준 뒤에 핀칭를 준다.

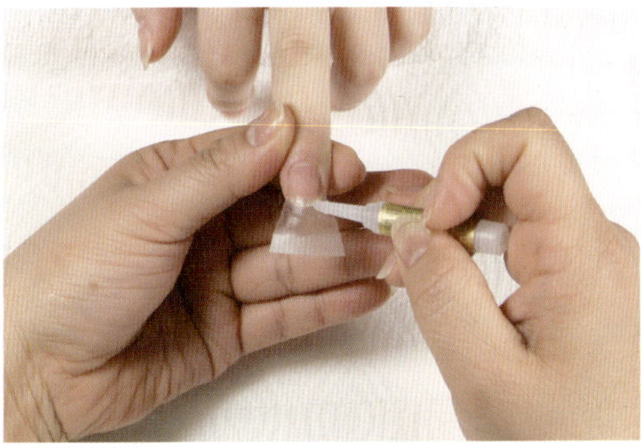

*프리에지

- 프리에지 부분에 연장할 부분까지 글루를 발라 준다.
- 드라이어를 가볍게 뿌려 준 뒤 핀치를 준다.

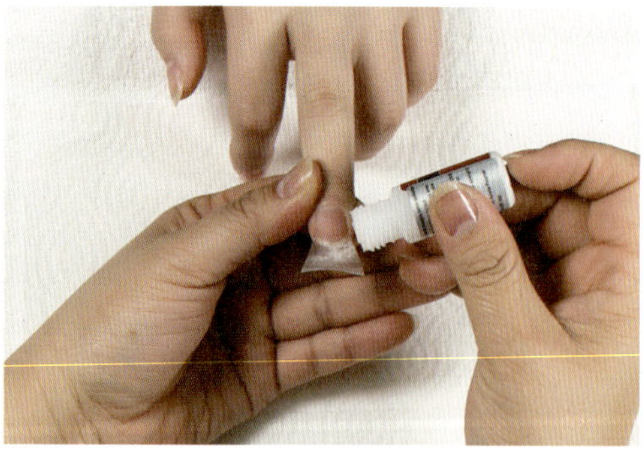

④ 프리에지 만들기

- 프리에지 부분에 필러 파우더+라이트 글루를 도포하여 프리에지를 만들어 준다.
- 두께는 명함 한 장 두께가 넘지 않도록 한다.
- 글루 드라이어 도포 후에 수시로 핀치를 주며, 5~6회 반복하여 도포한다.
- 프리에지를 만들어 준 다음에 필러를 전체적으로 도포(그라데이션)하여 표면을 보강한다.
- 측면에서 스트레이트를 이루고 있는지를 확인한다.
- 필러를 한 번에 많이 도포하면 투명도가 떨어지므로 소량 여러 번 도포하며, 글루를 충분히 흡수시켜 준다.

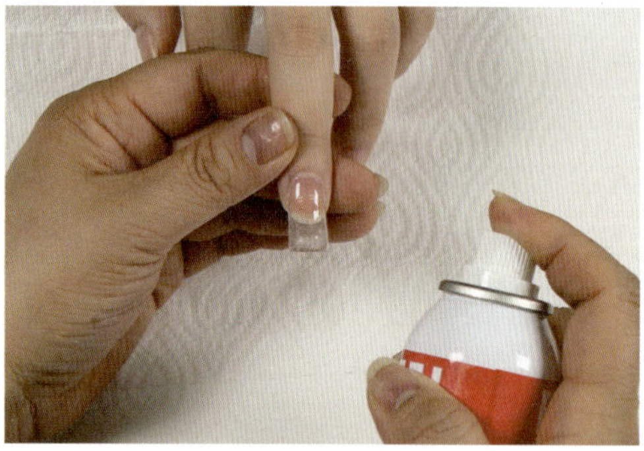

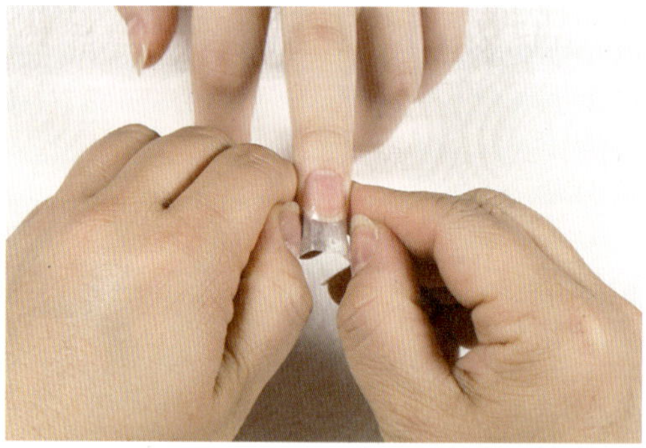

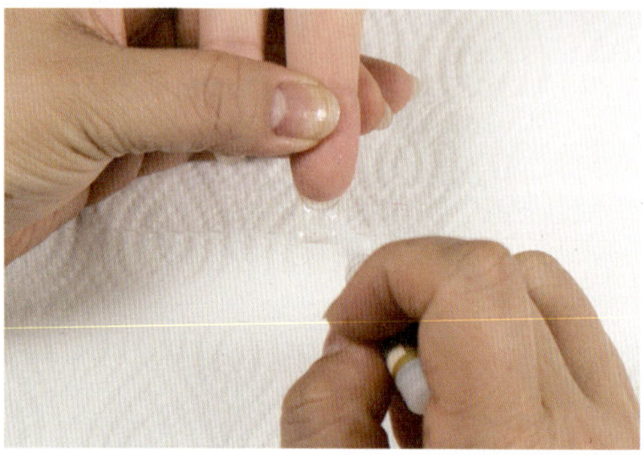

⑤ 표면 보강

- 라이트 글루 표면 보강(앞, 뒤) : 글루 표면 전체 도포 → 글루 드라이어 → **핀치** → 건조 확인 → 버핑

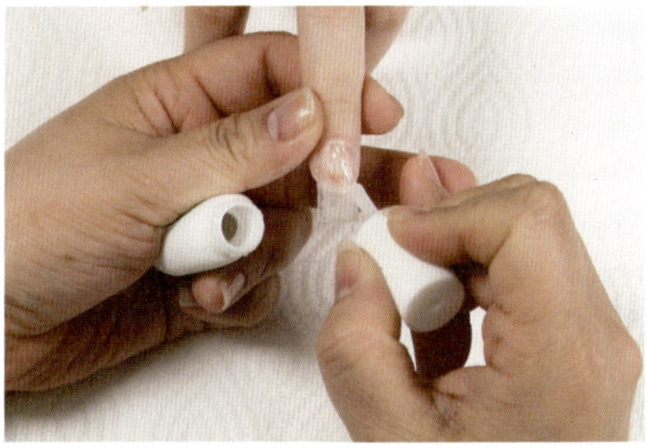

• 젤 글루 표면보강(앞)

: 젤 글루 표면 전체 도포 → 글루 드라이어 → **핀치** → 건조 확인 → 버핑

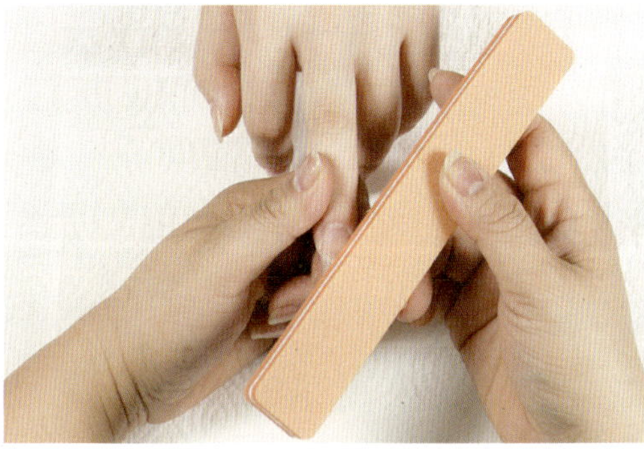

(6) 버핑(Buffing) & 셰이프(Shape)

① 샌딩 블럭을 이용하여 표면을 고르게 버핑한다.

② 블랙 파일을 이용하여 원하는 디자인의 쉐입(Shape)을 잡아 준다.(시험이나 대회는 일반적으로 스퀘어형 또는 오버 스퀘어형으로 마무리)

③ 부드러운 버퍼 파일을 이용하여 표면을 한번 더 버핑한다.(스크레치를 없애주고 광택력을 높여준다.)

④ 디스크 패드을 이용하여 찌꺼기를 제거한다.

⑤ 솔을 이용하여 더스트를 제거한다.

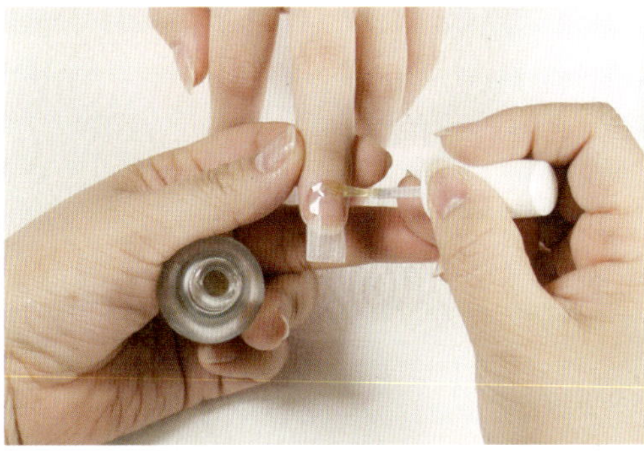

(7) 마무리 하기

① 광택 파일을 이용하여 광택을 내준다.

② 큐티클 라인에 오일을 도포한다.

③ 손으로 마사지하듯이 문질러 준다.

④ 페이퍼를 이용하여 유분기를 제거한다.

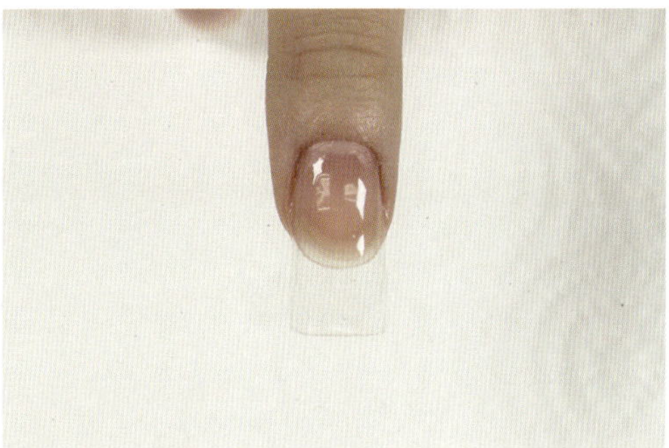

(8) 완성

2. 아크릴릭 오버레이

1. 아크릴릭 오버레이(Acrylic Overlay)

Check point

- 팁을 연장한 뒤에 아크릴릭 클리어 파우더나 아크릴릭 핑크 파우더를 이용하여 오버레이한다.
- 표면을 오버레이하여 인조 네일을 보강하는 테크닉이다.
- 큐티클 라인에 아크릴릭 파우더가 엉겨 붙지 않도록 주의하고, 피부 트러블의 원인이 되는 프라이머와 리퀴드는 피부에 묻지 않도록 주의하여 도포한다.

1) 필요한 재료

마스크, 위생복, 더스트 팩, 재료 받침대, 손 소독제, 솜, 습식 소독제, 손목 받침대, 페이퍼 타월, 멸균 거즈, 타월, 니퍼, 푸셔, 우드스틱, 큐티클 리무버, 에나멜 리무버, 파일류, 샌딩(Sanding), 디스크 패드(Disk Pad), 더스트 브러시, 큐티클 오일, 팁, 라이트 글루, 젤 글루, 글루 드라이어, 필러 파우더, 팁 커터기, 보안경, 프라이머, 리퀴드, 브러시 크리너, 아크릴릭 브러시, 아크릴릭 파우더(클리어, 핑크), 리퀴드 볼

2) 사전 준비

① 테이블을 세팅(시술전 테이블 소독)하고 더스트 팩을 준비한다.

② 습식 소독제에 메탈 도구와 우드스틱을 담가 둔다.(자외선 소독기에 보관 뒤 꺼내서 70% 알코올에 20분 담가 둔다.)

③ 재료 받침대에 관리에 필요한 제품을 세팅한다.

④ 깔끔하고 단정한 복장에 위생복과 마스크를 착용한다.

3) 시술 방법

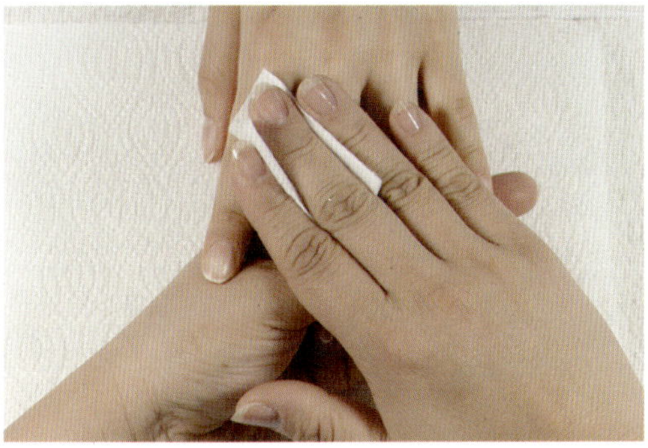

(1) 손 소독하기

① 손 소독제(안티셉틱, antiseptic)를 솜에 뿌려 준다.

② 솜을 시술자의 3지에 끼워 준다.

③ 시술자의 손바닥 → 손등, 5지 → 1지 순으로 닦아 준다.

④ 고객의 손바닥 → 손등, 5지 → 1지 순으로 닦아 준다.

⑤ 왼손 시술 후, 오른손을 시술한다.

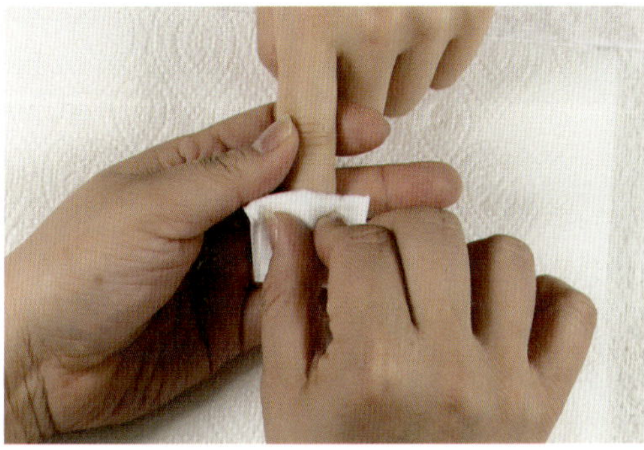

(2) 에나멜 지우기

① 솜을 반으로 접어 준다.

② 에나멜 리무버를 펌핑 한다.

③ 시술자의 2,3지 또는 1,2지를 이용하여 시술한다.

④ 왼손 시술 후, 오른손을 시술한다.

*짙은 색의 에나멜을 지울 때는 3초 동안 꾸욱 눌렀다가 닦아낸 다음, 한 번 더 비벼서 지워 줘야 컬러가 번지지 않는다.

*손톱 모양잡기와 큐티클 밀기는 순서가 바뀌어도 무관하다.

(3) 손톱 모양 잡기

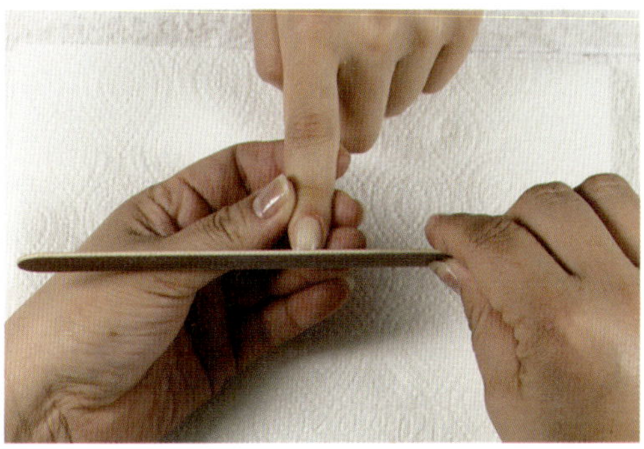

① **파일링**(Fileling)

- 고객의 손, 5지 → 1지 순으로 시술한다.
- 손톱의 중앙 → 좌 → 우 방향으로 Shape을 잡아 준다.
- 원 네일 파일링(Fileling) 시는 반드시 우드파일만을 사용하고 파일을 비벼서 사용하지 않는다.

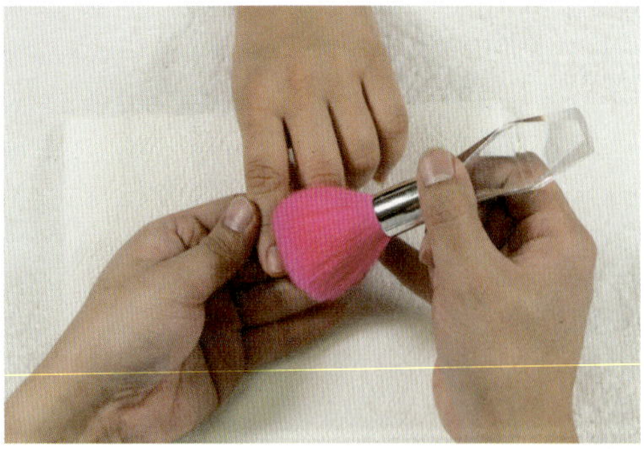

- 인조 네일 시술 시에는 반드시 원 네일을 라운드 또는 오발로 파일링한다.(길이는 하이포니키움[Hyponyshium]에서 1mm 정도)

② **샌딩**(Sanding)

- 시술자의 1지와 3, 4지를 이용하여 샌딩(Sanding)을 잡아 준다.
- 고객의 손, 5지 → 1지 순으로 시술한다.
- 손톱의 표면을 고르게 버핑한다.
- 표면의 유분기를 없애주고, 표면을 균일하게 하기 위하여 실시한다.(에칭)

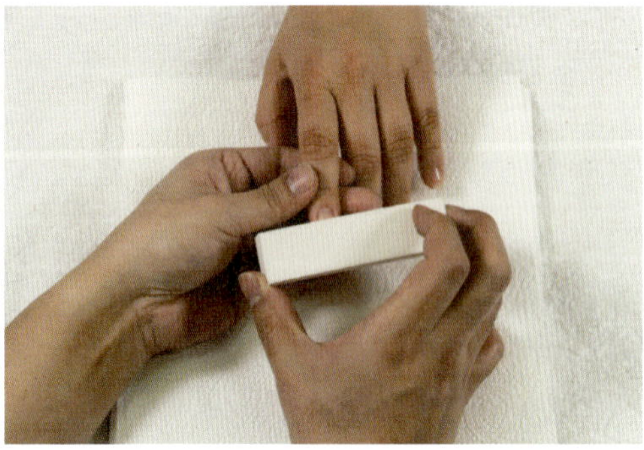

③ **디스크 패드**(Disk Pad)

- 시술자의 엄지손가락이 위로 오도록 잡아 준다.
- 고객의 손, 5지 → 1지 순으로 시술한다.
- 손톱 밑의 더스트를 제거한다.
- 에그셸 네일(계란껍질 손톱)이나 건조하고 얇은 손톱은 손상이 오거나 부러질 수 있으므로 주의한다.

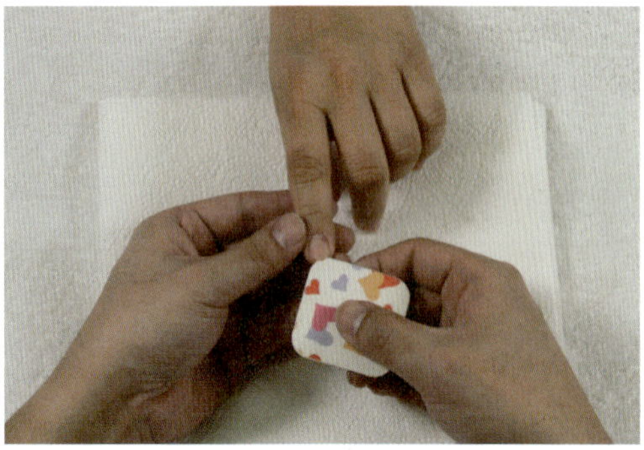

④ **솔**(더스트 브러시, Dust Brush)

- 알코올에서 솔을 꺼내 거즈로 물기를 제거한 다음에 사용한다.(사용 후 더스트를 제거하고 알코올에 다시 담가 둔다.)
- 고객의 손, 5지 → 1지 순으로 시술한다.
- 더스트와 찌꺼기를 깨끗하게 털어낸다.

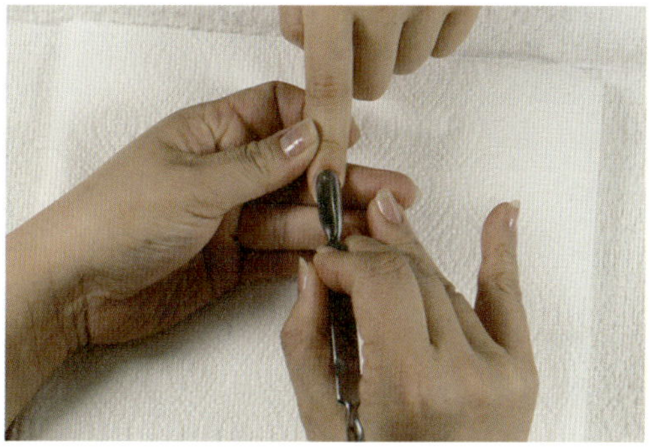

(4) 큐티클 밀기

① 기구소독제에 담가 둔 푸셔나 우드스틱을 꺼내서 물기를 제거한다.

② 45° 각도를 유지하며 큐티클과 플레이트가 손상되지 않도록 주의해서 큐티클을 밀어 준다.

③ 고객의 손, 5지 → 1지 순으로 시술한다.

④ 푸셔 시술 시 1, 2지를 고객의 손을 잡고 3지에 받쳐서 시술한다.(지지대 역할)

⑤ 큐티클을 제거할 경우 시술 후 유분기를 제거한다.

⑥ 라인만 맞춰 줄 경우 오일을 생략한다.

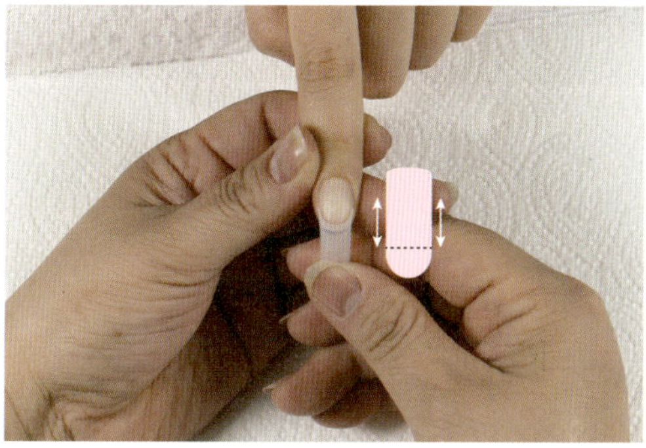

(5) 팁

① 선택하기

- 사이드 라인이 11자가 되도록 팁을 선택한다.
- 팁 부착 후 원 네일과 크기가 동일해야 한다.
- 팁 사이즈를 정확하게 선택해야 접착 시 공기가 들어가거나 들뜨지 않는다.
- 사이즈가 딱 맞는 팁이 없을 경우 큰 사이즈의 팁을 선택하여 사이드를 갈아 최대한 크기를 맞춰 파일링(Fileling) 한다.

*동일하게 파일링하여 크기를 조절한다.

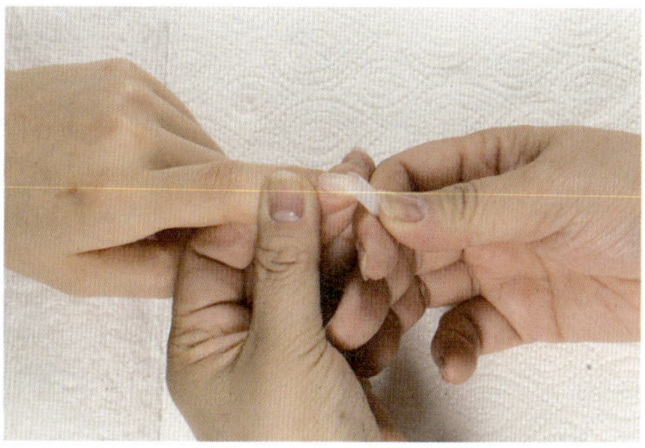

② 붙이기

- 라이트 글루나 젤 글루를 이용하여 부착한다.
- 라이트 글루 : 빠르게 시술할 수 있지만, 빨리 건조되므로 수정이 불가한 단점이 있다.
- 젤 글루 : 건조되는 시간이 여유가 있어 초보자들이 사용하기 용이하다.
- 45° 각도를 유지하여 부착한다.
- 공기가 들어가지 않도록 주의해서 부착한다.

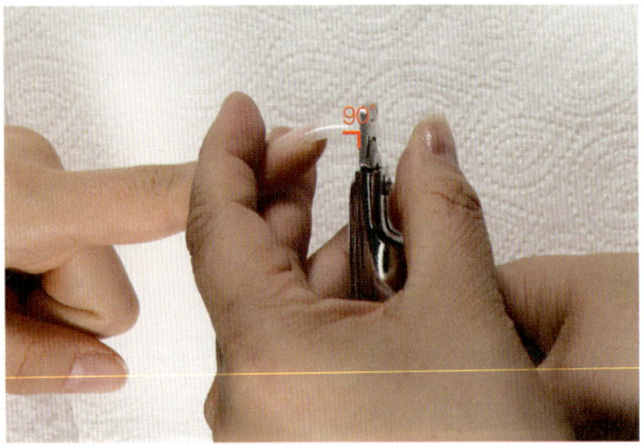

③ 길이 자르기

- 팁을 자를 때는 팁 커터기를 이용한다.
- 90° 각도를 유지하며 팁을 커팅한다.
- 일반적으로 1~1.5cm 정도의 길이로 잘라 준다.

④ 턱 제거하기

- 블랙 파일이나 지브라 파일을 사용한다.
- 팁 턱과 크로스 되도록 파일링(Fileling)한다.
- 플레이트가 손상되지 않도록 힘을 완전히 뺀 상태에서 턱선만 제거한다.
- 큐티클이 손상되지 않도록 큐티클 라인을 반대 손으로 보호하며 파일링한다.

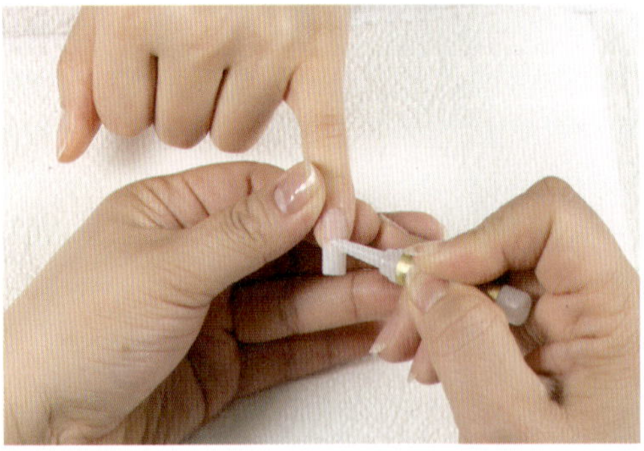

⑤ 팁 턱 보강하기

- 라이트 글루 표면 보강 : 글루 표면 전체 도포 → 글루 드라이어 → 건조 확인 → 버핑
- 젤 글루 표면 보강 : 젤 글루 표면 전체 도포 → 글루 드라이어 → 건조 확인 → 버핑
- 표면 확인 후 표면이 고르지 않을 경우 필러 파우더를 도포하여 표면을 보강한다.

(6) 프라이머 바르기(2회)

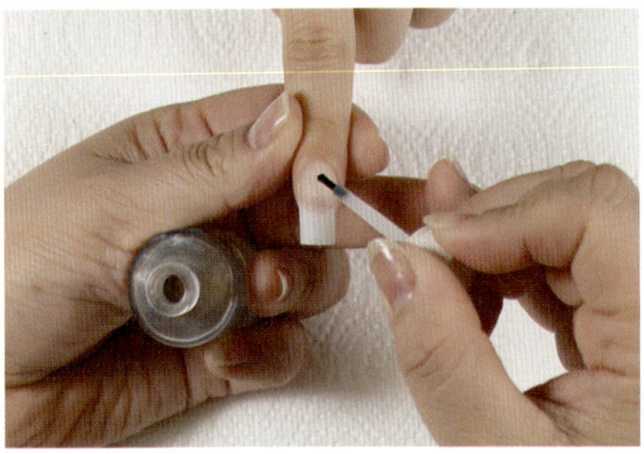

① 프라이머를 2번 도포한다.
: 한 번 도포 후 마르면 한 번 더 도포한다.
② 유분기 제거를 위해 도포한다.
③ pH 밸런스를 맞춰 준다.
④ 방부역할 : 인조 네일 사이에 수분이 들어가서 펑거스(Fungus) 유발을 방지한다.
⑤ 피부에 묻지 않도록 주의한다.(피부 트러블의 원인)

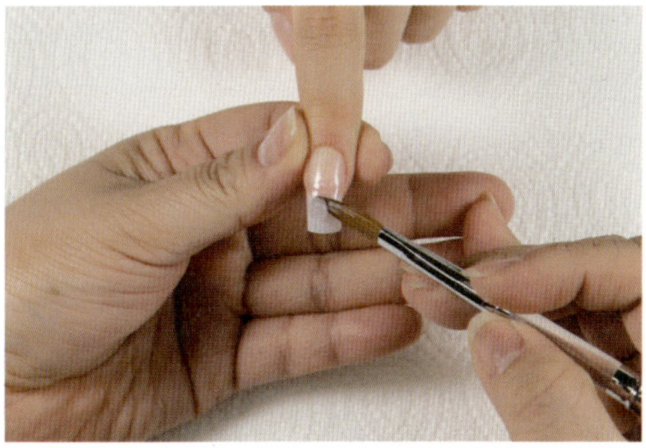

(7) 아크릴 볼 올리기(2~3회)

① 아크릴릭 브러시에 리퀴드를 충분히 적셔 준다.

② 클리어 파우더(폴리머)나 핑크 파우더를 이용하여 볼을 만들어 준다.

③ 아크릴은 뜨거운 열에 빨리 응고되므로 계절과 주변 온도에 영향을 받는다.

④ 프리에지 부분에 볼을 올려 준다.(대)

*볼을 뜨거나 표면에 볼을 올릴 때 붓은 항상 45° 각도로 사용하며, 리퀴드 양 조절이 가장 중요하다.

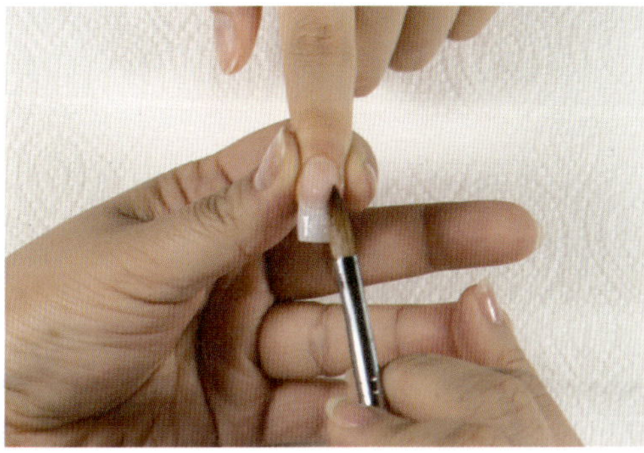

⑤ 플레이트 부분에 볼을 올려 준다.(중)

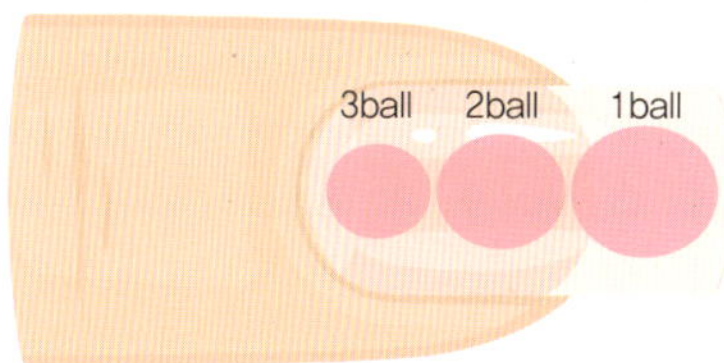

*모너머(Monomer): 리퀴드

*폴리머(Polymer): 아크릴릭 파우더

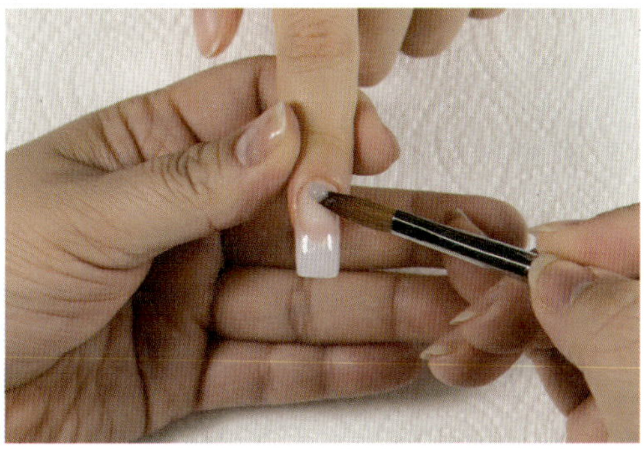

⑥ 큐티클 라인에 볼을 올려 준다.(소)

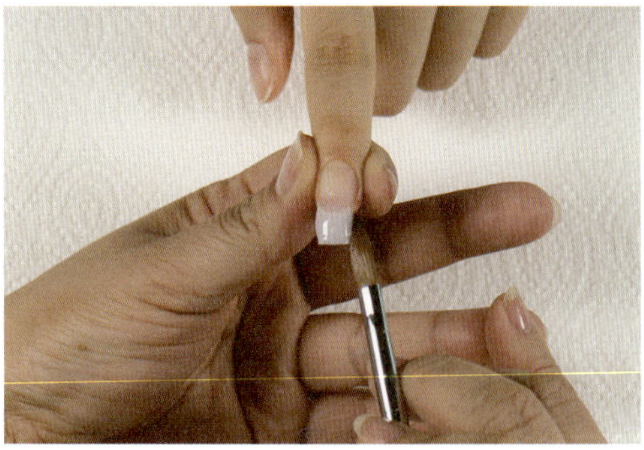

⑦ 볼을 올려 준 다음에 붓을 180°로 눕혀서 볼록한(Belly) 부분으로 눌러 주며 밖으로 흘러내리지 않도록 볼을 조절한다.

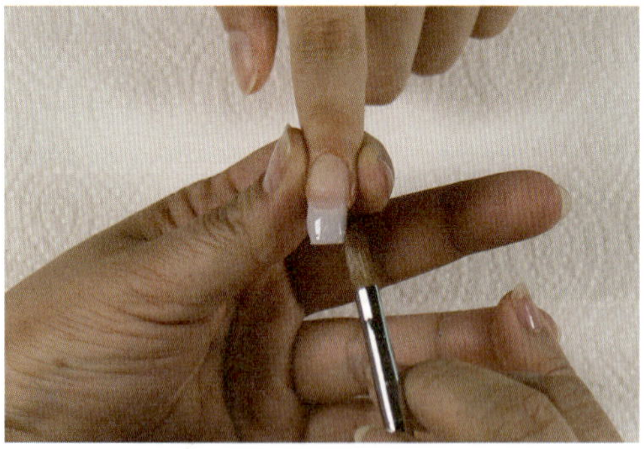

⑧ 전체적으로 바디가 완성되면, 브러시에 리퀴드만 적셔 프리에지 방향으로 전체적으로 쓸어준다.(표면 그라데이션)

*아크릴릭 리퀴드(모노머)

브러시 부위별 명칭(TIP/BELLY/BACK)

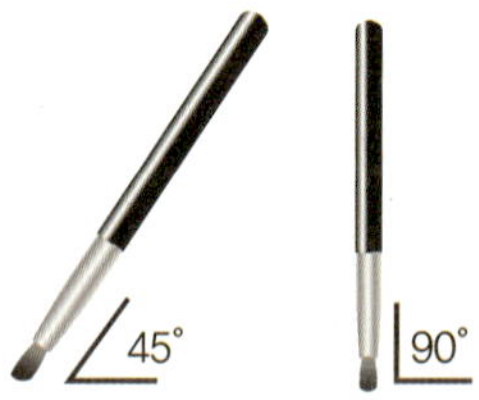

- 볼뜨는 사진(젤리 형태)
- 흐르거나 하얀색 파우더가 남아 있으면 얼룩이 생김
- 기포(붓을 너무 강하게 여러 번) 붓 긁어내기
- 오버레이 붓각도 45
- 꽃볼 90

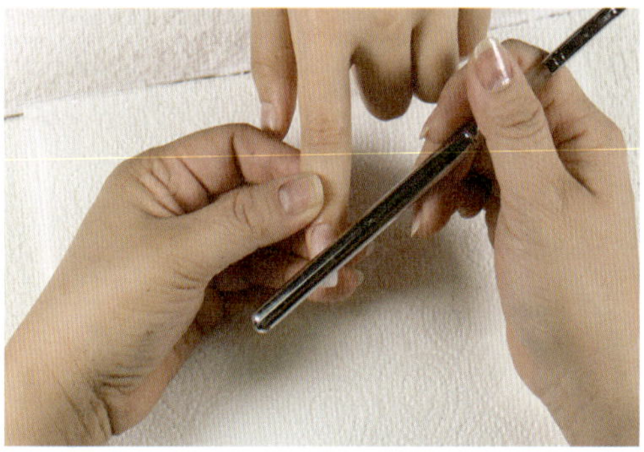

(8) 체크하기

① 건조가 될 때까지 기다린다.

② 붓의 뒷면이나 우드스틱 등을 이용하여 전체적으로 건조가 되었는지를 확인한다.

③ 두드렸을 때 맑은 플라스틱 두드리는 소리가 나면 완전히 건조된 것!!

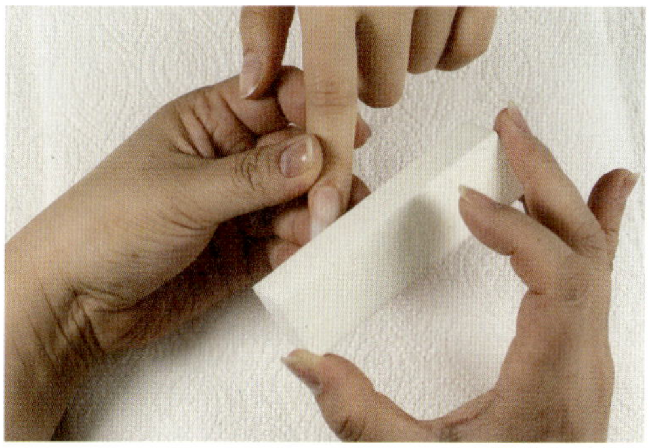

(9) 버핑(Buffing) & 셰이프(Shape)

① 샌딩(Sanding) 블럭을 이용하여 표면을 고르게 버핑한다.

② 블랙 파일을 이용하여 원하는 디자인의 셰이프(Shape)을 잡는다.(시험이나 대회는 일반적으로 스퀘어형 또는 오버 스퀘어형으로 마무리)

③ 부드러운 버퍼 파일을 이용하여 표면을 한번 더 버핑한다.(스크레치를 없애 주고 광택을 높여준다.)

④ 디스크 패드(Disk Pad)를 이용하여 찌꺼기를 제거한다.

⑤ 솔을 이용하여 더스트를 제거한다.

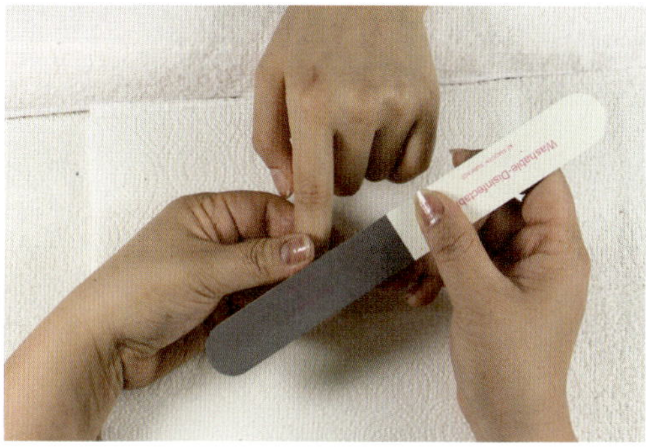

(10) 마무리하기

① 광택 파일을 이용하여 광택을 내준다.

② 큐티클 라인에 오일을 도포한다.

③ 손으로 마사지 하듯이 문질러 준다.

④ 페이퍼를 이용하여 유분기를 제거한다.

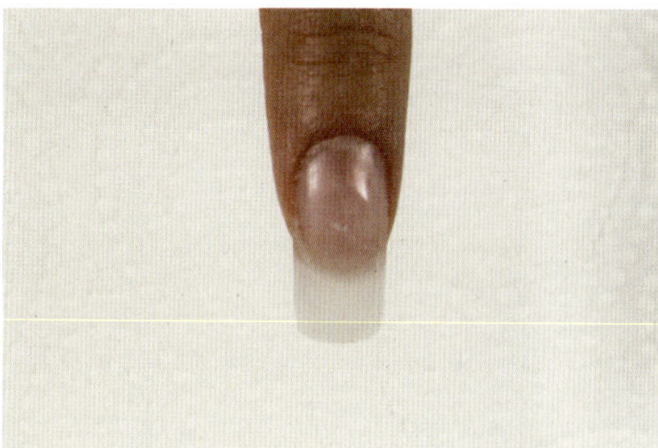

(11) 완성

2. 아크릴릭 원톤 스컬프처(Acrylic One Tone Sculpture)

Check point

- 아크릴릭 클리어 파우더나 아크릴릭 핑크 파우더를 이용하여 인조 네일을 만들어 주는 테크닉이다.
- 아크릴릭 클리어 파우더를 이용하는 것이 투명도가 우수하여 일반적으로 원톤 스컬프처에는 클리어를 이용하는 것을 선호한다.
- 파일링(Fileling) 시 큐티클이 손상되어 출혈을 유발할 수 있으므로, 큐티클 라인에 아크릴릭 파우더가 엉겨 붙지 않도록 주의하고, 피부 트러블의 원인이 되는 프라이머와 리퀴드는 피부에 묻지 않도록 주의하여 도포한다.

1) 필요한 재료

마스크, 위생복, 더스트 팩, 재료 받침대, 손 소독제, 솜, 습식 소독제, 손목 받침대, 페이퍼 타월, 멸균 거즈, 타월, 니퍼, 푸셔, 우드스틱, 큐티클 리무버, 에나멜 리무버, 파일류, 샌딩(Sanding), 디스크 패드(Disk Pad), 더스트 브러시, 큐티클 오일, 클리퍼, 보안경, 프라이머, 리퀴드, 브러시 크리너, 아크릴릭 브러시, 아크릴릭 파우더(클리어, 핑크), 리퀴드 볼, 아크릴릭 폼지

2) 사전 준비

① 테이블을 세팅(시술전 테이블 소독)하고 더스트 팩을 준비한다.

② 습식 소독제에 메탈 도구와 우드스틱을 담가 둔다.(자외선 소독기에 보관 뒤 꺼내서 70% 알코올에 20분 담가 둔다.)

③ 재료 받침대에 관리에 필요한 제품을 세팅한다.

④ 깔끔하고 단정한 복장에 위생복과 마스크를 착용한다.

3) 시술 방법

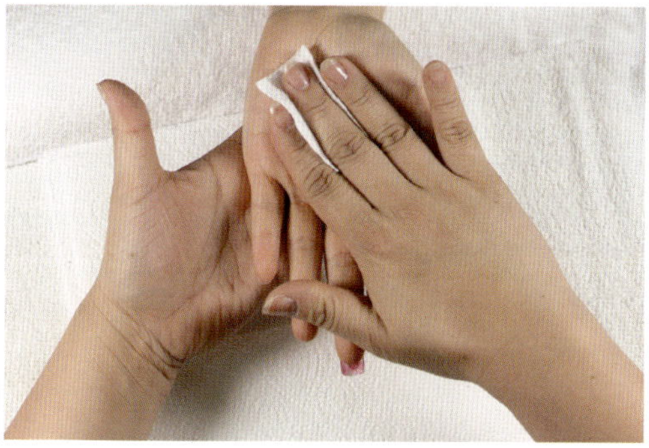

(1) 손 소독하기

① 손 소독제(안티셉틱, Antiseptic))를 솜에 뿌려 준다.

② 솜을 시술자의 3지에 끼워 준다.

③ 시술자의 손바닥 → 손등, 5지 → 1지 순으로 닦아 준다.

④ 고객의 손바닥 → 손등, 5지 → 1지 순으로 닦아 준다.

⑤ 왼손 시술 후, 오른손을 시술한다.

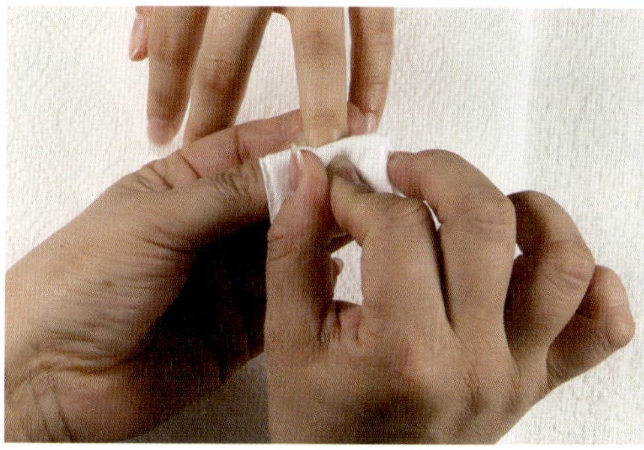

(2) 에나멜 지우기

① 솜을 반으로 접어 준다.

② 에나멜 리무버를 펌핑한다.

③ 시술자의 2,3지 또는 1,2지를 이용하여 시술한다.

④ 왼손 시술 후, 오른손을 시술한다.

*짙은 색의 에나멜을 지울 때는 3초 동안 꾸욱 눌렀다가 닦아낸 다음, 한 번 더 비벼서 지워 줘야 컬러가 번지지 않는다.

*손톱 모양잡기와 큐티클 밀기는 순서가 바뀌어도 무관하다.

(3) 손톱 모양잡기

① **파일링**(Fileling)

- 고객의 손, 5지 → 1지 순으로 시술한다.
- 손톱의 중앙 → 좌 → 우 방향으로 Shape을 잡아준다.
- 원 네일 파일링(Fileling) 시는 반드시 우드파일만을 사용하고 파일 비벼서 사용하지 않는다.
- 인조 네일 시술 시에는 반드시 원 네일을 라운드 또는 오발로 파일링한다.(길이는 하이포니키움[Hyponyshium]에서 1mm 정도)

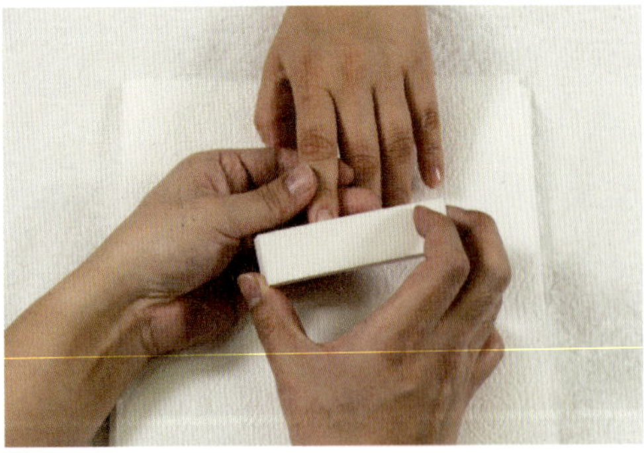

② **샌딩**(Sanding)

- 시술자의 1지와 3, 4지를 이용하여 샌딩(Sanding)을 잡는다.
- 고객의 손, 5지 → 1지 순으로 시술한다.
- 손톱의 표면을 고르게 버핑한다.
- 표면의 유분기를 없애주고, 표면을 균일하게 하기 위하여 실시한다.(에칭)

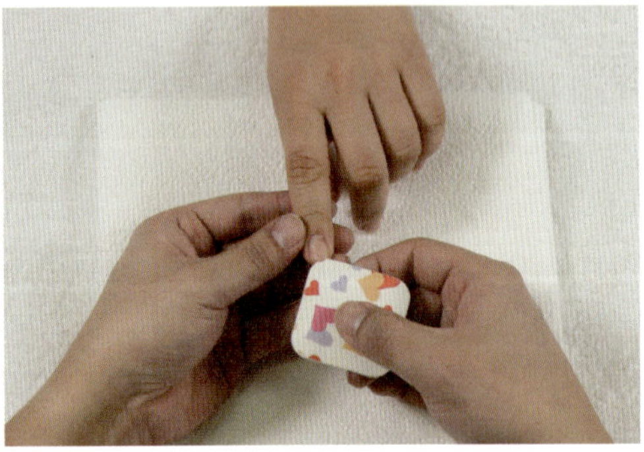

③ **디스크 패드**(Disk Pad)

- 시술자의 엄지손가락이 위로 오도록 잡아서 실시한다.
- 고객의 손, 5지 → 1지 순으로 시술한다.
- 손톱 밑의 더스트를 제거한다.
- 에그셸 네일(계란껍질 손톱)이나 건조하고 얇은 손톱은 손상이 오거나 부러질 수 있으므로 주의한다.

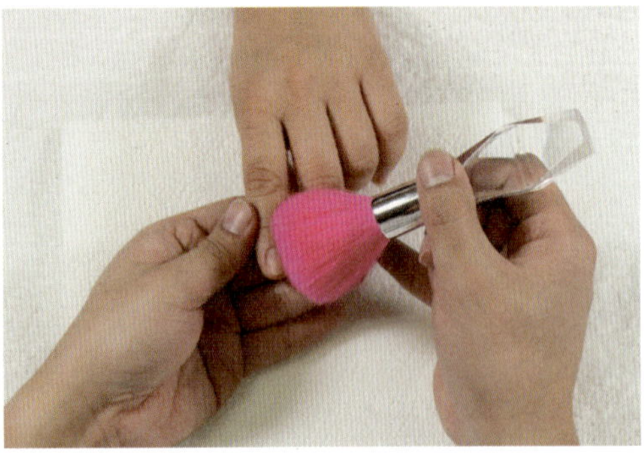

④ **솔**(더스트 브러시, Dust Brush

- 알코올에서 솔을 꺼내 거즈로 물기를 제거한 다음에 사용한다.(사용 후 더스트를 제거하고 알코올에 다시 담가 둔다.)
- 고객의 손, 5지 → 1지 순으로 시술한다.
- 더스트와 찌꺼기를 깨끗하게 털어낸다.

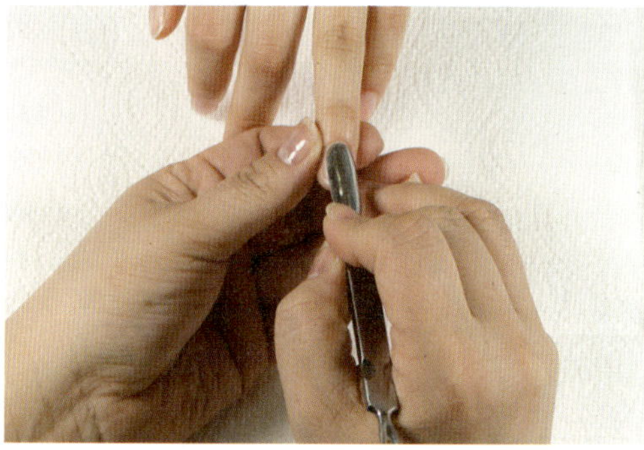

(4) 큐티클 밀기

① 기구소독제에 담가둔 푸셔나 우드스틱을 꺼내서 물기를 제거한다.

② 45° 각도를 유지하며 큐티클과 플레이트가 손상되지 않도록 주의해서 큐티클을 밀어 준다.

③ 고객의 손, 5지 → 1지 순으로 시술한다.

④ 푸셔 시술 시 1,2지를 고객의 손을 잡고 3지에 받쳐서 시술한다.(지지대 역할)

⑤ 큐티클을 제거 할 경우 시술 후 유분기를 제거한다.

⑥ 라인만 맞춰줄 경우 오일을 생략한다.

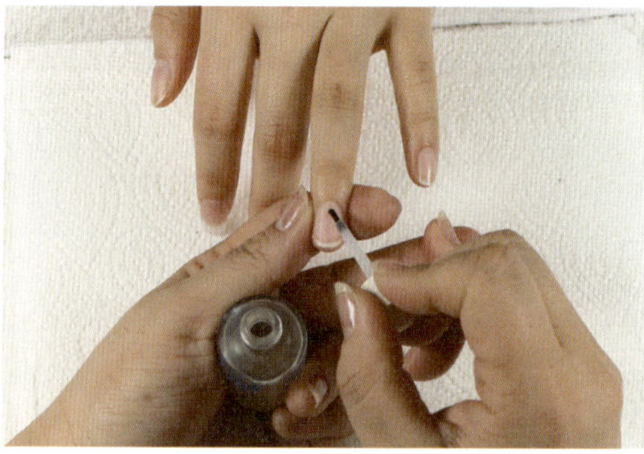

(5) 프라이머 바르기(2회)

① 프라이머를 2번 도포한다.

: 한 번 도포 후 마르면 한 번 더 도포한다.

② 유분기 제거를 위해 도포한다.

③ pH 밸런스를 맞춰 준다.

④ 방부역할 : 인조 네일 사이에 수분이 들어가서 펑거스를 유발하는 것을 방지한다.

⑤ 피부에 묻지 않도록 주의한다.(피부 트러블의 원인)

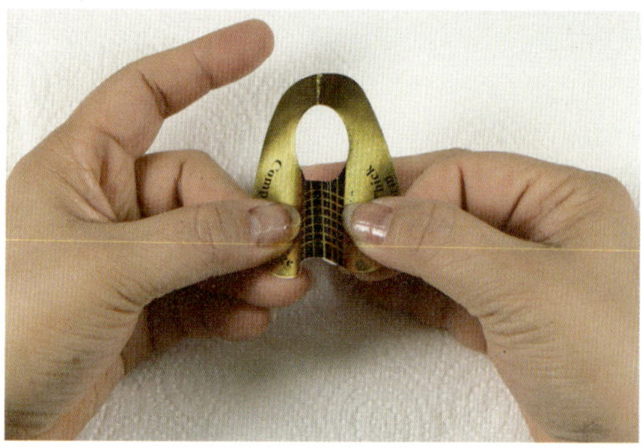

(6) 아크릴릭 폼지 끼우기

① 시술자의 양손 엄지는 11자로 하여 폼을 잡아 준다.

② 고객의 손톱 중앙과 폼의 정중앙이 일직선이 되도록 한다.

③ 사이드에서 체크하여 하이 포인트 부분이 처지지 않도록 일직선을 유지하며 부착한다.

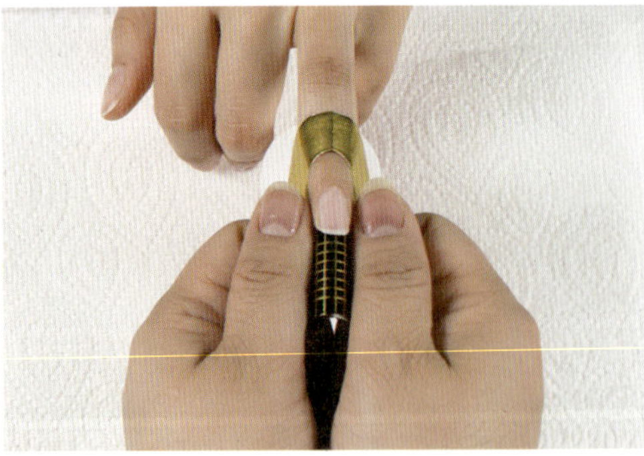

폼 재단사진(*큰엄지 : 스퀘어로 재단 , 처진손톱 삼각형: 폼 재단방법)

(7) 아크릴 볼 올리기

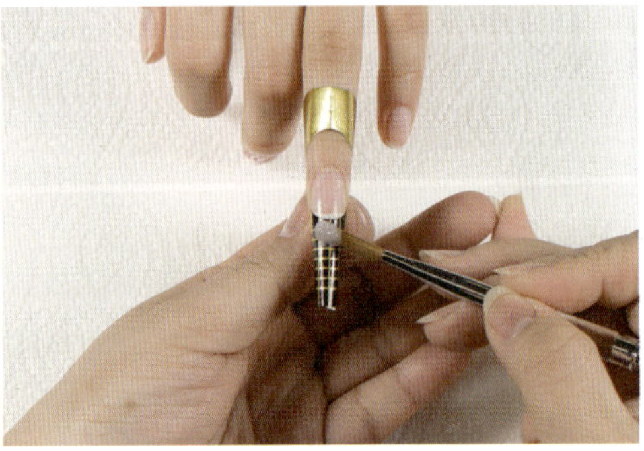

① 아크릴릭 브러시에 리퀴드를 충분히 적셔 준다.

② 클리어 파우더(폴리머)나 핑크 파우더를 이용하여 볼을 만들어 준다.

③ 아크릴은 뜨거운 열에 빨리 응고되므로 계절과 주변 온도에 영향을 받는다.

④ 프리에지 부분에 볼을 올려 준다.(대)

(플레이트와 일직선이 되도록 처지지 않게 올려 준다.)

*볼을 뜨거나 표면에 볼을 올릴 때 붓은 항상 45° 로 각도로 사용하며, 리퀴드 양 조절이 가장 중요하다.

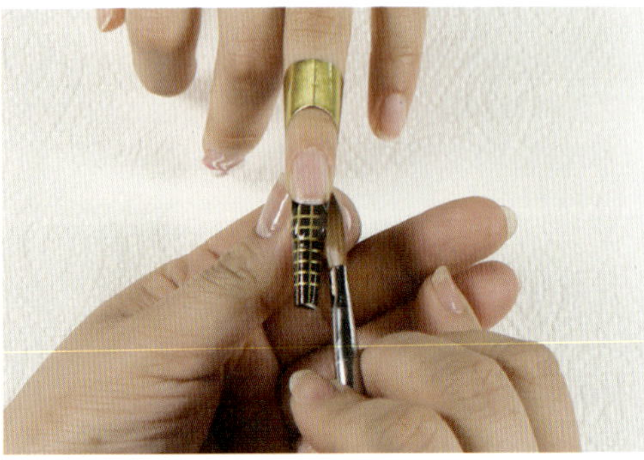

⑤ 플레이트 부분에 볼을 올려 준 다음 프리에지와 연결한다.(중)

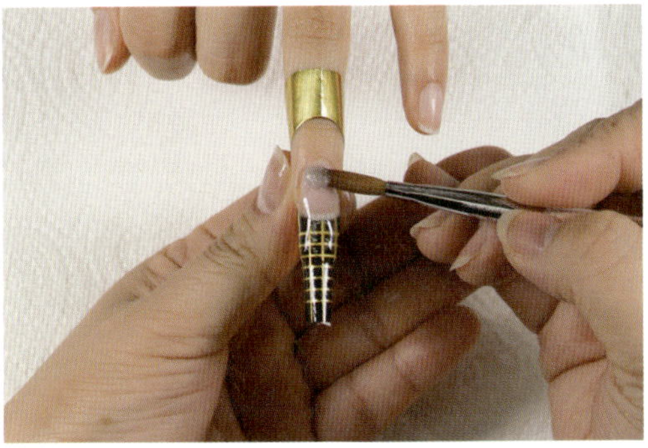

⑥ 큐티클 라인에 볼을 올려 준다.(소)

: 측면에서 꺼진 부분은 없는지 확인하고, 앞 부분에서 C-Curve가 이루어져 있는지를 체크한다.

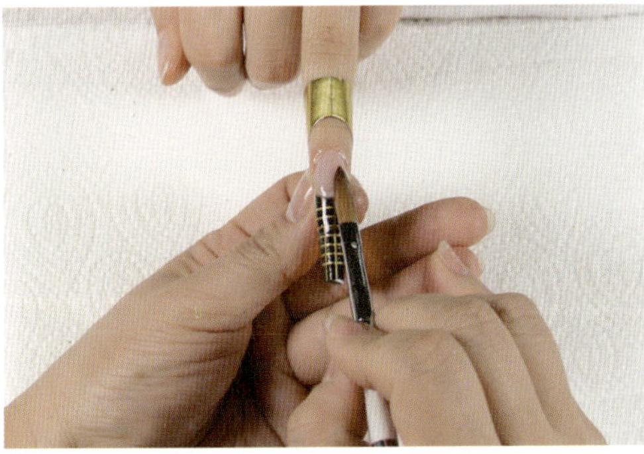

⑦ 볼을 올려 준 다음에 붓을 180°로 눕혀 붓의 벨리(Belly) 부분으로 눌러 주며 밖으로 흘러내리지 않도록 볼을 조절한다.

*아크릴은 클리퍼를 사용할 수 없으므로 볼을 올릴 때 폼지(Form)의 라인을 따라 모양을 완벽히 만들어 익스텐션한다.

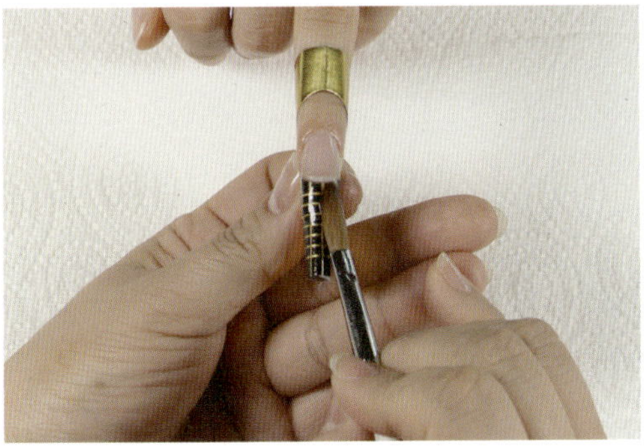

⑧ 전체적으로 바디가 완성되면, 브러시에 리퀴드만 적셔 프리에지 방향으로 전체적으로 쓸어 준다.(표면 그라데이션)

*아크릴릭 리퀴드(모노머)

*브러시 사용방법 아크릴릭 오버레이 참고

(8) 체크하기

① 건조가 될 때까지 기다린다.

② 붓의 뒷면이나 우드스틱 등을 이용하여 전체적으로 건조가 되었는지를 확인한다.

③ 두드렸을 때 맑은 플라스틱 두드리는 소리가 나면 완전히 건조된 것!!

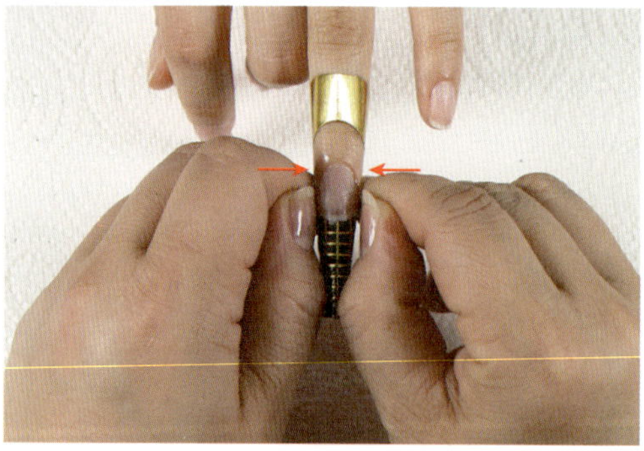

(9) 핀칭(Pinching) 주기

시술자의 양손 엄지가 서로 마주 보게 하여 엄지 손톱의 중앙에 고객의 스트레스 포인트가 오도록 중심을 잡는다.

양쪽에서 균일한 압을 주어 연장된 인조 네일의 커브가 C-Curve를 이룰 수 있도록 한다.

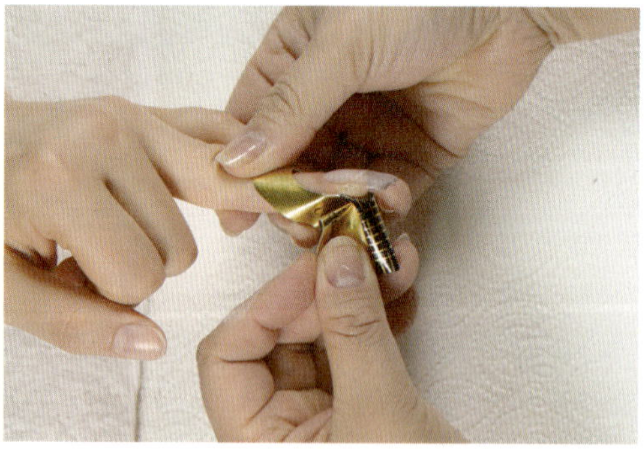

(10) 폼지 제거

① 프리에지 부분의 폼지를 양쪽 측면에서 눌러 준다.

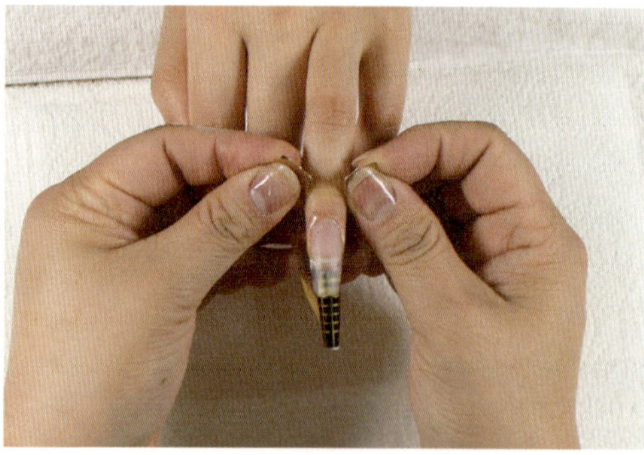

② 큐티클 라인의 폼지를 제거한다.

*아크릴이 완전히 건조되지 않은 상태에서 큐티클의 폼지를 먼저 제거하게 되면 프리에지 부분이 끊어질 수 있으므로 반드시 프리에지 부분을 제거한 다음에 큐티클 라인을 제거한다.

(11) 버핑(Buffing) & 쉐입(Shape)

① 샌딩(Sanding) 블럭을 이용하여 표면을 고르게 버핑한다.

② 블랙 파일을 이용하여 원하는 디자인의 쉐입(Shape)을 잡아준다.(시험이나 대회는 일반적으로 스퀘어형 또는 오버 스퀘어형으로 마무리)

③ 부드러운 버퍼 파일을 이용하여 표면을 한번 더 버핑한다.(스크레치를 없애주고 광택력을 높여준다.)

④ 디스크 패드(Disk Pad)를 이용하여 찌꺼기를 제거한다.

⑤ 솔을 이용하여 더스트를 제거한다.

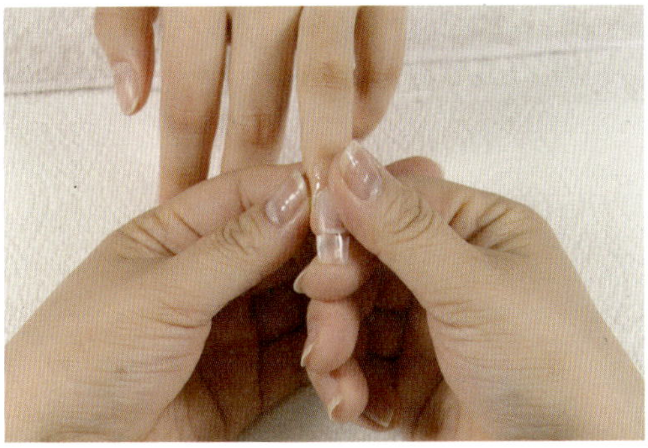

(12) 마무리하기

① 광택 파일을 이용하여 광택을 내준다.
② 큐티클 라인과 프리에지 뒷부분에 오일을 도포한다.
③ 손으로 마사지하듯이 문질러 준다.
④ 페이퍼를 이용하여 유분기를 제거한다.

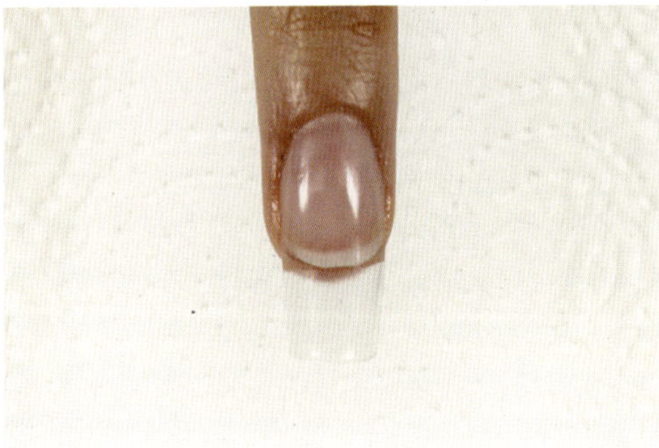

(13) 완성

3. 아크릴릭 프렌치 스컬프처(Acrylic French Sculpture)

Check point

- 아크릴릭 클리어 파우더와 아크릴릭 화이트 파우더의 두 가지 색상을 이용하여 손톱을 연장하며, 투톤 스컬프처(Two Tone Sculpture)라고도 한다.
- 화이트 파우더를 이용하여 프렌치 라인을 만들어 주고 클리어 파우더를 전체적으로 오버레이하여 익스텐션한다.
- 더욱 혈색 있고 아름다운 인조 네일을 만들어 주기 위해 플레이트에 핑크 파우더를 채워 준 뒤에 클리어 파우더로 오버레이하기도 한다.
- 파일링(Fileling) 시 큐티클이 손상되어 출혈을 유발할 수 있으므로, 큐티클 라인에 아크릴릭 파우더가 엉겨 붙지 않도록 주의하고, 피부 트러블의 원인이 되는 프라이머와 리퀴드는 피부에 묻지 않도록 주의하여 도포한다.

1) 필요한 재료

마스크, 위생복, 더스트 팩, 재료 받침대, 손 소독제, 솜, 습식 소독제, 손목 받침대, 페이퍼 타월, 멸균 거즈, 타월, 니퍼, 푸셔, 우드스틱, 큐티클 리무버, 에나멜 리무버, 파일류, 샌딩, 디스크 패드, 더스트 브러시, 큐티클 오일, 클리퍼, 보안경, 프라이머, 리퀴드, 브러시 크리너, 아크릴릭 브러시, 아크릴릭 파우더(클리어, 핑크, 화이트), 리퀴드 볼, 아크릴릭 폼지

2) 사전 준비

① 테이블을 세팅(시술 전 테이블 소독)하고 더스트 팩을 준비한다.
② 습식 소독제에 메탈 도구와 우드스틱을 담가 둔다.(자외선 소독기에 보관 뒤에 꺼내서 70% 알코올에 20분 담가 둔다.)
③ 재료 받침대에 관리에 필요한 제품을 세팅한다.
④ 깔끔하고 단정한 복장에 위생복과 마스크를 착용한다.

3) 시술 방법

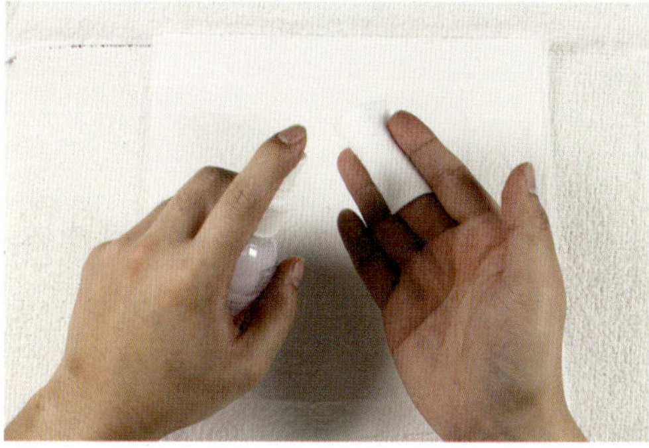

(1) 손 소독하기

⑥ 손 소독제(안티셉틱, Antiseptic))를 솜에 뿌려 준다.

⑦ 솜을 시술자의 3지에 끼워 준다.

⑧ 시술자의 손바닥 → 손등, 5지 → 1지 순으로 닦아 준다.

⑨ 고객의 손바닥 → 손등, 5지 → 1지 순으로 닦아 준다.

⑩ 왼손 시술 후, 오른손을 시술한다.

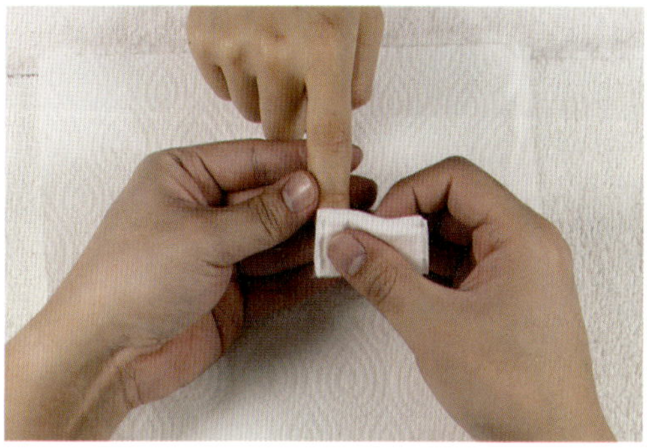

(2) 에나멜 지우기

① 솜을 반으로 접어 준다.

② 에나멜 리무버를 펌핑(Pumping) 한다.

③ 시술자의 2, 3지 또는 1, 2지를 이용하여 시술한다.

④ 왼손 시술 후, 오른손을 시술한다.

*짙은 색의 에나멜을 지울 때는 3초 동안 꾸욱 눌렀다가 닦아낸 다음, 한 번 더 비벼서 지워줘야 컬러가 번지지 않는다.

*손톱 모양잡기와 큐티클 밀기는 순서가 바뀌어도 무관하다.

(3) 손톱 모양잡기

① **파일링**(Fileling)

- 고객의 손, 5지 → 1지 순으로 시술한다.
- 손톱의 중앙 → 좌 → 우 방향으로 셰이프(Shape)를 잡아준다.
- 원 네일 파일링 시는 반드시 우드 파일만을 사용하고 파일 비벼서 사용하지 않는다.
- 인조 네일 시술 시에는 반드시 원 네일을 라운드 또는 오발로 파일링한다.(길이는 하이포니키움[Hyponikium]에 1mm 정도)

② **샌딩**(Sanding)

- 시술자의 1지와 3, 4지를 이용하여 샌딩(Sanding)을 잡아 한다.
- 고객의 손, 5지 → 1지 순으로 시술한다.
- 손톱의 표면을 고르게 버핑한다.
- 표면의 유분기를 없애 주고, 표면을 균일하게 하기 위하여 실시한다.(에칭)

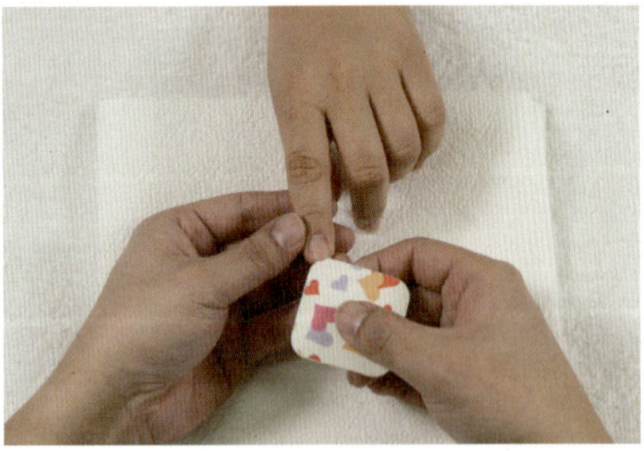

③ **디스크 패드**(Disk Pad)

- 시술자의 엄지손가락이 위로 오도록 잡아서 실시한다.
- 고객의 손, 5지 → 1지 순으로 시술한다.
- 손톱 밑의 더스트를 제거한다.
- 에그셸 네일(계란껍질 손톱)이나 건조하고 얇은 손톱은 손상이 오거나 부러질 수 있으므로 주의한다.

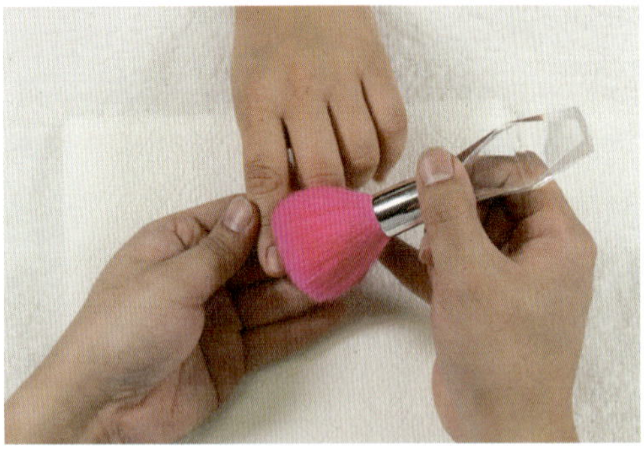

④ **솔**(더스트 브러시, Dust Brush)

- 알코올에서 솔을 꺼내 거즈로 물기를 제거한 다음에 사용한다.(사용 후 더스트를 제거하고 알코올에 다시 담가 둔다.)
- 고객의 손, 5지 → 1지 순으로 시술한다.
- 더스트와 찌꺼기를 깨끗하게 털어낸다.

(4) 큐티클 밀기

① 기구 소독제에 담가 둔 푸셔나 우드스틱을 꺼내서 물기를 제거한다.

② 45° 각도를 유지하며 큐티클과 플레이트가 손상되지 않도록 주의해서 큐티클을 밀어 준다.

③ 고객의 손, 5지 → 1지 순으로 시술한다.

④ 푸셔 시술 시 1, 2지를 고객의 손을 잡고 3지에 받쳐서 시술한다.(지지대 역할)

⑤ 큐티클을 제거 할 경우 시술 후 유분기를 제거한다.

⑥ 라인만 맞춰 줄 경우 오일을 생략한다.

(5) 프라이머(Primer) 바르기(2회)

① 프라이머를 2번 도포한다. : 한 번 도포 후 마르면 한 번 더 도포한다.
② 유분기 제거를 위해 도포한다.
③ pH 밸런스를 맞춰 준다.
④ 방부 역할 : 인조 네일 사이에 수분이 들어가서 펑거스(Fengus)를 유발하는 것을 방지한다.
⑤ 피부에 묻지 않도록 주의한다.(피부 트러블의 원인)

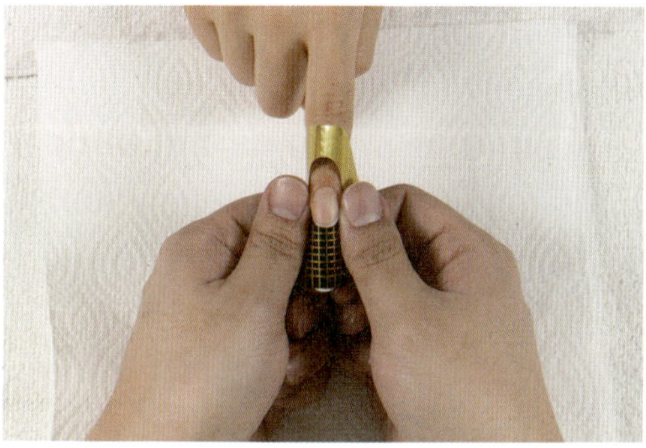

(6) 아크릴릭 폼지(Form) 끼우기

① 시술자의 양손 엄지는 11자로 하여 폼을 잡아준다.
② 고객의 손톱 중앙과 폼의 정중앙이 일직선이 되도록 한다.
③ 사이드에서 체크하여 하이포인트 부분이 처지지 않도록 일직선을 유지하며 부착한다.
*아크릴릭 원톤 스컬프처 참고!!!

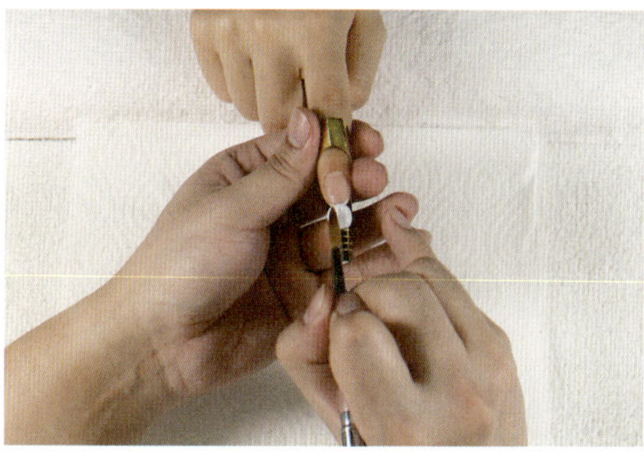

(7) 프렌치 라인 만들기

① 아크릴릭 브러시에 리퀴드를 충분히 적셔 준다.
② 화이트 파우더를 이용하여 프리에지를 만들어 준다.
③ 얼룩이 생기지 않도록 한번 만에 올려 준다.
(옐로우 라인을 완벽히 커버한다.)
④ 붓을 45°각도로 사용하며, 붓의 Belly 부분으로 눌러 준다.
*폼지의 라인을 따라 모양을 완벽히 만들어 익스텐션 한다.

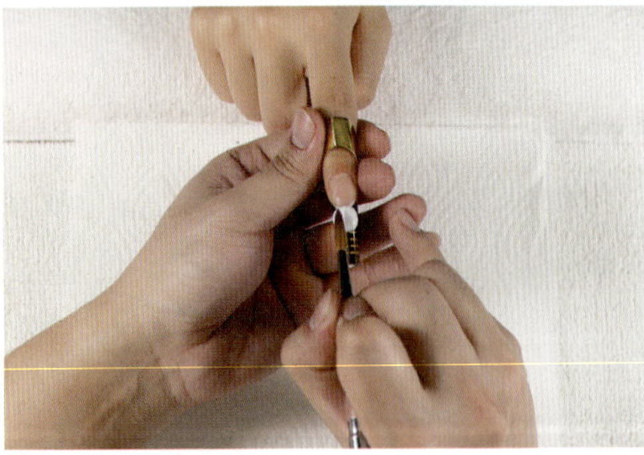

⑤ 하이포니키움(Hyponikium) 라인으로 화이트 파우더를 밀어 준다.

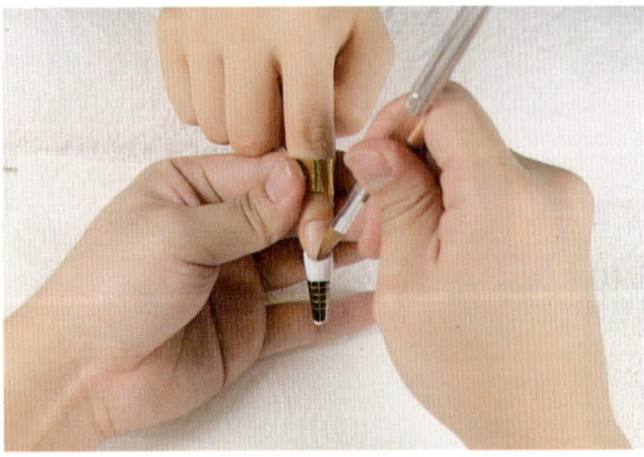

⑥ 붓에 리퀴드를 묻혀 스마일 라인 안쪽을 닦아 주며, 스마일 라인을 만들어 준다.

- 아크릴은 뜨거운 열에 빨리 응고되므로 계절과 주변 온도에 영향을 받는다.
- 볼을 뜨거나 표면에 볼을 올릴 때 붓은 항상 45˚로 각도로 사용하며, 리퀴드 양 조절이 가장 중요하다.

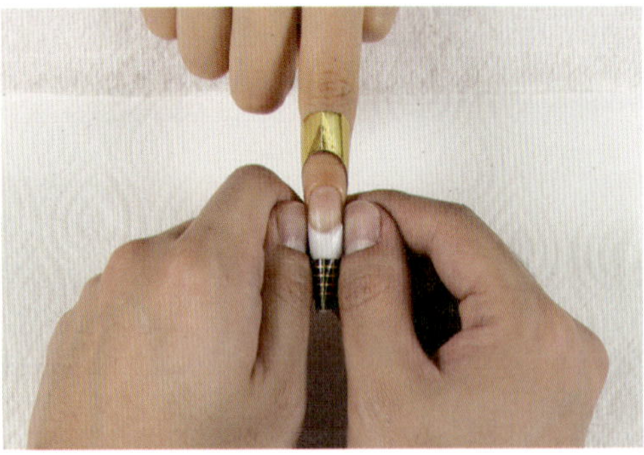

(8) 핀칭(Pinching) 주기

① 양손 엄지 손톱을 이용하여 핀칭(Pinching)을 준다.

② 스트레스 포인트 부분이 손톱의 중앙에 오도록 하여(지지대) 압을 준다.

*혈색있는 네일을 위해 플레이트를 핑크 피우디로 채워준 뒤에 오버레이 해도 된다.

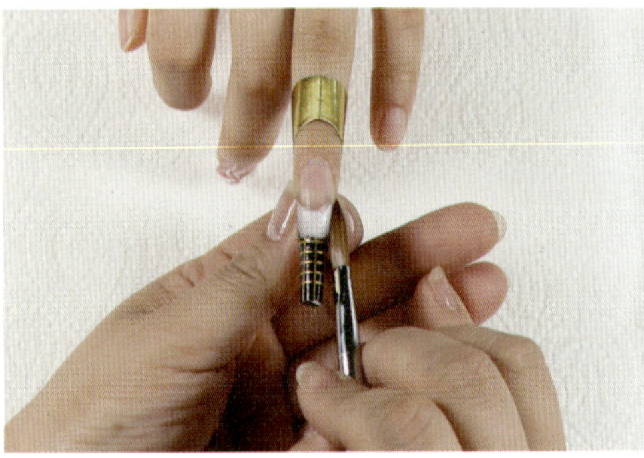

(9) 오버레이 하기

① 클리어 파우더를 이용하여 오버레이 한다.

② 프리에지 부분에 볼을 올려 준다.(대)

③ 플레이트 부분에 볼을 올려 준 다음 프리에지와 연결한다.(중)

④ 큐티클 라인에 볼을 올려 준다.(소) : 측면에서 꺼진 부분은 없는지 확인하고, C-Curve가 이루어져 있는지를 체크한다.

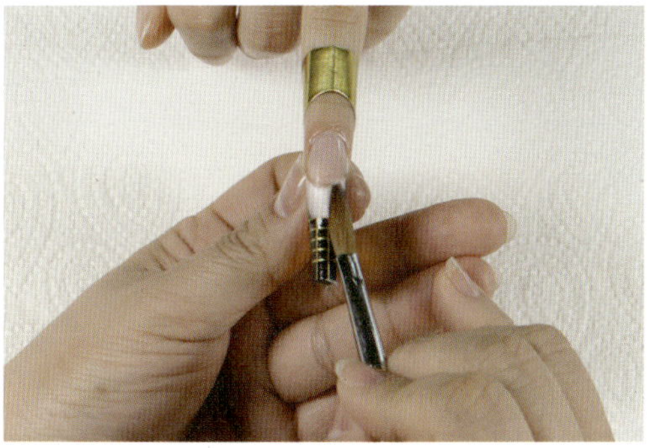

⑤ 전체적으로 바디가 완성되면, 브러시에 리퀴드만 적셔 프리에지 방향으로 전체적으로 쓸어준다.(표면 그라데이션)

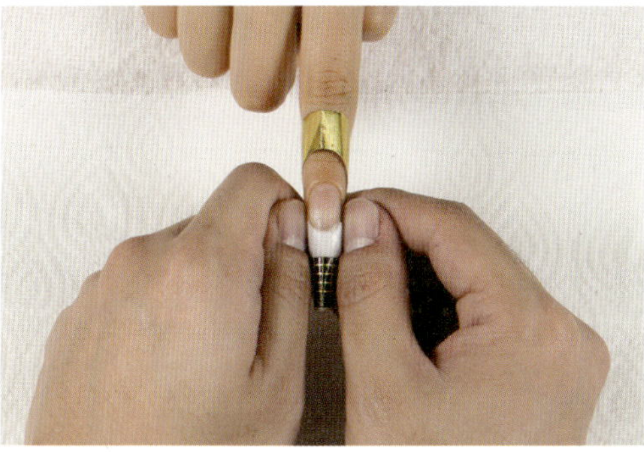

(10) 핀칭(Pinching) 주기

① 한번 더 핀칭(Pinching)을 준다.
② 핀셋이나 핀칭 봉 등의 도구를 사용해도 된다.
③ 사이드의 C-Curve와 프리에지 정면의 C-Curve를 확인한다.

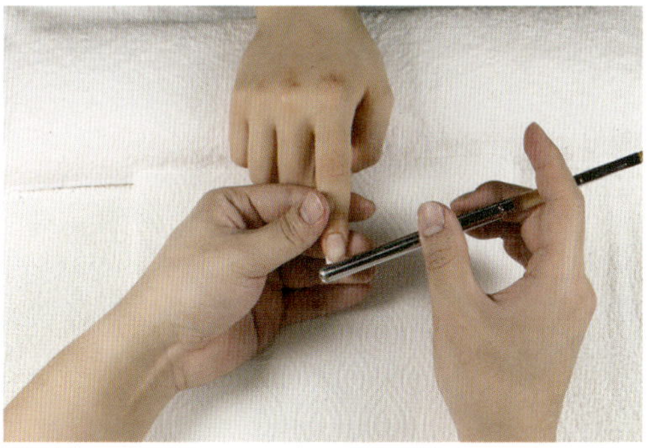

(11) 체크 하기

① 건조가 될 때까지 기다린다.
② 붓의 뒷면이나 우드스틱 등을 이용하여 전체적으로 건조가 되었는지를 확인한다.
③ 두드렸을 때 맑은 플라스틱 두드리는 소리가 나면 완전히 건조된 것!!

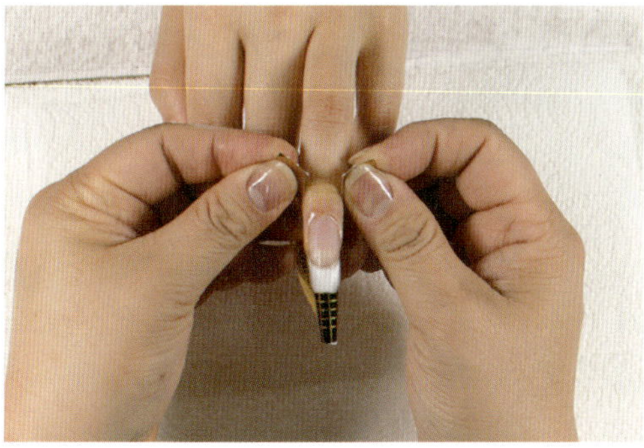

(12) 폼지 제거

① 프리에지 부분의 폼지를 양쪽 측면에서 눌러준다.
② 프리에지 부분의 폼지를 앞으로 눌러서 제거한다.
③ 큐티클 라인의 폼지를 제거한다.
*아크릴 원톤 스컬프처 참고!!!

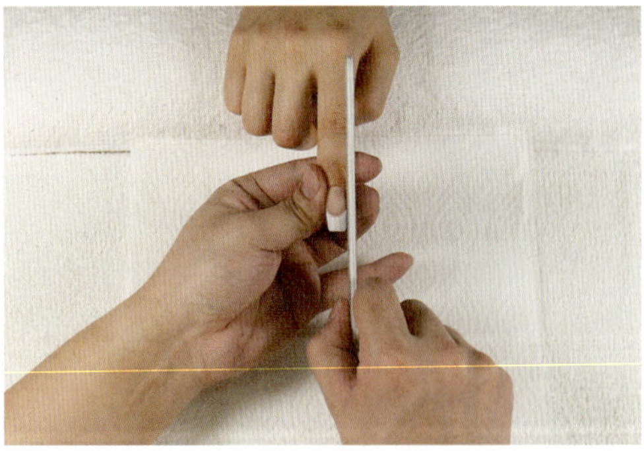

(13) 버핑(Buffing) & 쉐입(Shape)

① 샌딩 블럭을 이용하여 표면을 고르게 버핑한다.
② 블랙 파일을 이용하여 원하는 디자인의 쉐입(Shape)을 잡아 준다.(시험이나 대회는 일반적으로 스퀘어형 또는 오버 스퀘어형으로 마무리)
③ 부드러운 버퍼 파일을 이용하여 표면을 한번 더 버핑한다.(스크레치를 없애주고 광택력을 높여준다.)
④ 디스크 패드를 이용하여 찌꺼기를 제거한다.
⑤ 솔을 이용하여 더스트를 제거한다.

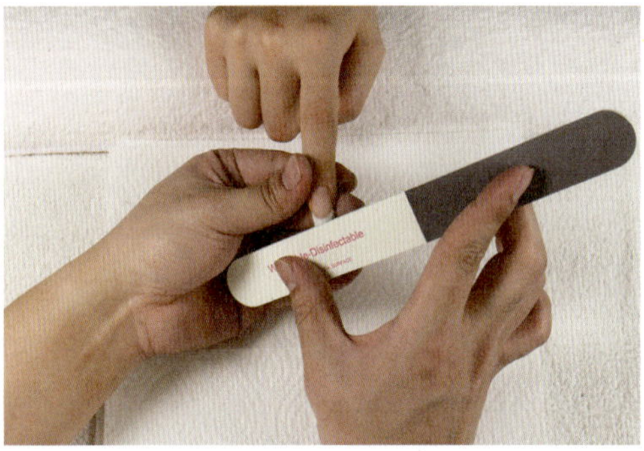

(14) 마무리 하기

① 광택 파일을 이용하여 광택을 내준다.
② 큐티클 라인에 오일을 도포한다.
③ 손으로 마사지 하듯이 문질러 준다.
④ 페이퍼를 이용하여 유분기를 제거한다.

(15) 완성

4. 엠보 기법(M & M)

Check point

- 아크릴릭 화이트 파우더와 다양한 컬러 파우더, 아트 재료 등을 이용하여 아트를 연출하는 기법이다. 폼지를 끼워 베이스가 되는 플레이트를 다양한 컬러 파우더로 연장 후 클리어 파우더로 오버레이 한다.(컬러 파우더만으로 연장하여도 무관하다)
- 파일과 광택 파일 등으로 마무리 한 뒤 아크릴 볼을 올려 아트 창작 후 클리어 파우더로 오버레이 하지 않고 탑 코트로 마무리한다.
- 피부 트러블의 원인이 되는 프라이머와 리퀴드는 피부에 묻지 않도록 주의하여 도포 한다.

1) 필요한 재료

마스크, 위생복, 더스트 팩, 재료 받침대, 손 소독제, 솜, 습식 소독제, 손목 받침대, 페이퍼 타월, 멸균 거즈, 타월, 니퍼, 푸셔, 우드스틱, 큐티클 리무버, 에나멜 리무버, 파일류, 샌딩, 디스크 패드, 더스트 브러시, 큐티클 오일, 클리퍼, 보안경, 프라이머, 리퀴드, 브러시 크리너, 아크릴릭 브러시, 아크릴릭 파우더(클리어, 핑크, 화이트, 다양한 컬러), 리퀴드 볼, 아크릴릭 폼지

2) 사전 준비

① 테이블을 세팅(시술 전 테이블 소독)하고 더스트 팩을 준비한다.

② 습식 소독제에 메탈 도구와 우드스틱을 담가 둔다.(자외선 소독기에 보관 뒤에 꺼내서 70% 알코올에 20분 담가 둔다.)

③ 재료 받침대에 관리에 필요한 제품을 세팅한다.

④ 깔끔하고 단정한 복장에 위생복과 마스크를 착용한다.

3) 시술 방법

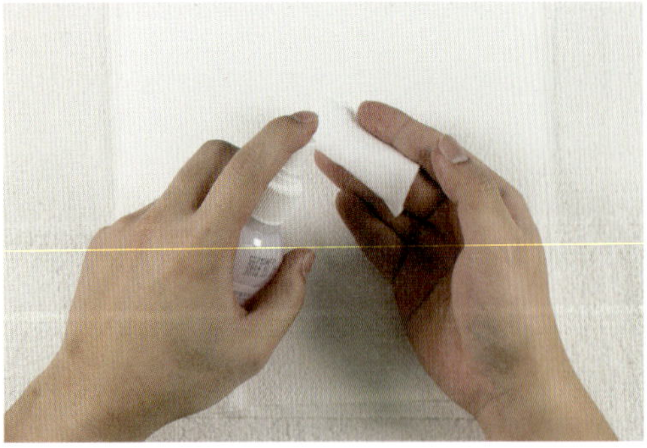

(1) 손 소독하기

① 손 소독제(안티셉틱, Antiseptic))를 솜에 뿌려 준다.
② 솜을 시술자의 3지에 끼워 준다.
③ 시술자의 손바닥 → 손등, 5지 → 1지 순으로 닦아 준다.
④ 고객의 손바닥 → 손등, 5지 → 1지 순으로 닦아 준다.
⑤ 왼손 시술 후, 오른손을 시술한다.

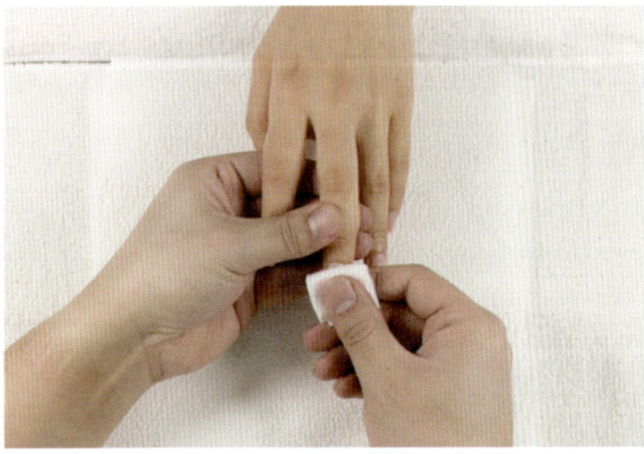

(2) 에나멜 지우기

① 솜을 반으로 접어 준다.
② 에나멜 리무버를 펌핑 한다.
③ 시술자의 2, 3지 또는 1, 2지를 이용하여 시술한다.
④ 왼손 시술 후, 오른손을 시술한다.

*짙은 색의 에나멜을 지울 때는 3초 동안 꾸욱 눌렀다가 닦아 낸 다음, 한번 더 비벼서 지워 줘야 컬러가 번지지 않는다.

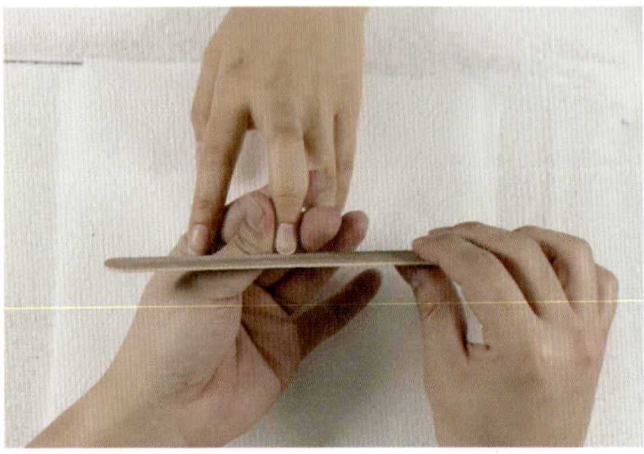

*손톱 모양잡기와 큐티클 밀기는 순서가 바뀌어도 무관하다.

(3) 손톱 모양잡기

파일링(Fileling) → 샌딩(Sanding) → 디스크 패드(Disk Pad) → 솔(더스트 브러시, Dust Brush)를 실시한다.

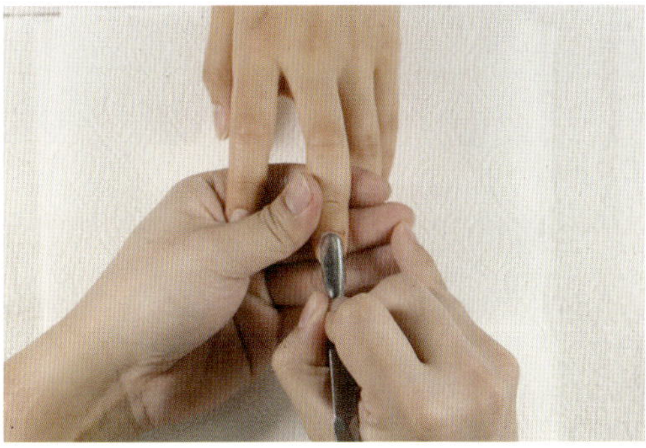

(4) 큐티클 밀기

① 기구 소독제에 담가둔 푸셔나 우드스틱을 꺼내서 물기를 제거한다.

② 45° 각도를 유지하며 큐티클과 플레이트가 손상되지 않도록 주의해서 큐티클을 밀어 준다.

③ 고객의 손, 5지 → 1지 순으로 시술한다.

④ 푸셔 시술 손 5지를 고객의 손을 잡은 손 3지에 받쳐서 시술한다.(지지대 역할)

⑤ 큐티클을 제거할 경우 시술 후 유분기를 제거한다.

⑥ 라인만 맞춰 줄 경우 오일을 생략한다.

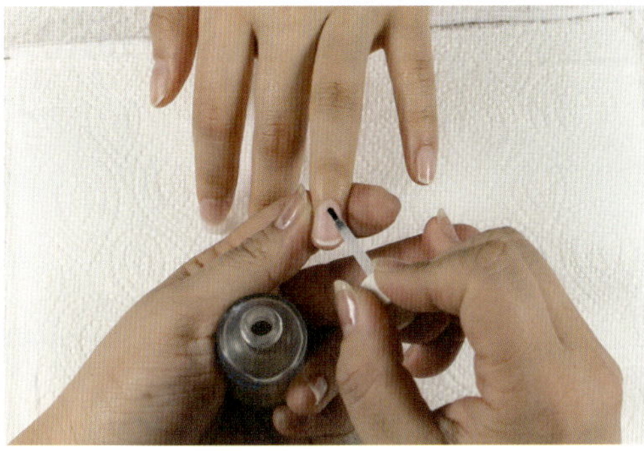

(5) 프라이머 바르기(2회)

① 프라이머를 2번 도포한다.

: 한 번 도포 후에 마르면 한번 더 도포한다.

② 유분기 제거를 위해 도포한다.

③ pH 밸런스를 맞춰 준다.

④ 방부 역할 : 인조 네일 사이에 수분이 들어가서 펑거스(Fengus)를 유발하는 것을 방지한다.

⑤ 피부에 묻지 않도록 주의한다.(피부 트러블의 원인)

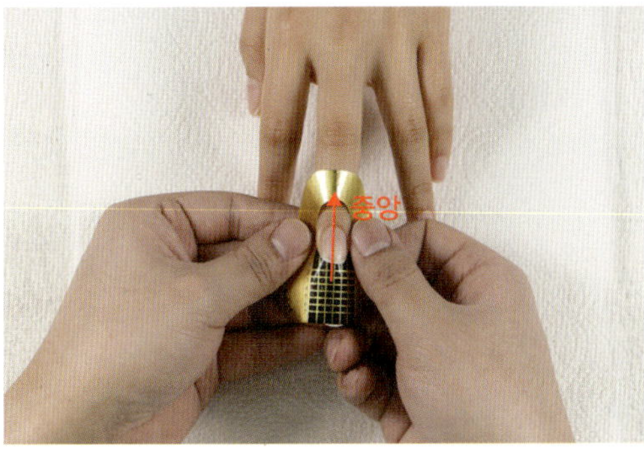

(6) 아크릴릭 폼지 끼우기

① 시술자의 양손 엄지는 11자로 하여 폼을 잡아 준다.

② 고객의 손톱 중앙과 폼의 정중앙이 일직선이 되도록 한다.

③ 사이드에서 체크하여 하이 포인트 부분이 쳐지지 않도록 일직선을 유지하며 부착한다.

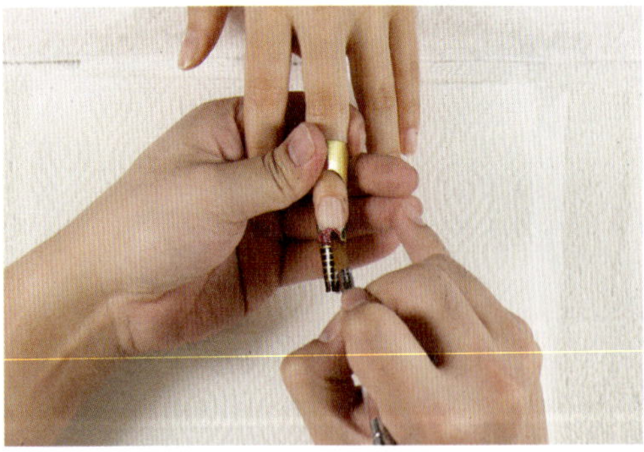

(7) 플레이트 만들기

① 원하는 컬러 파우더를 이용하여 베이스를 만들어 준다.
② 자연스럽게 그라데이션 한다.
③ 컬러 파우더만을 이용해서 연장해도 되고, 컬러파우더 연장 후 클리어 파우더로 오버레이 해도 된다.
④ 디자인 후 오버레이 하지 않기 때문에 베이스를 튼튼히 만들어 마무리한다.

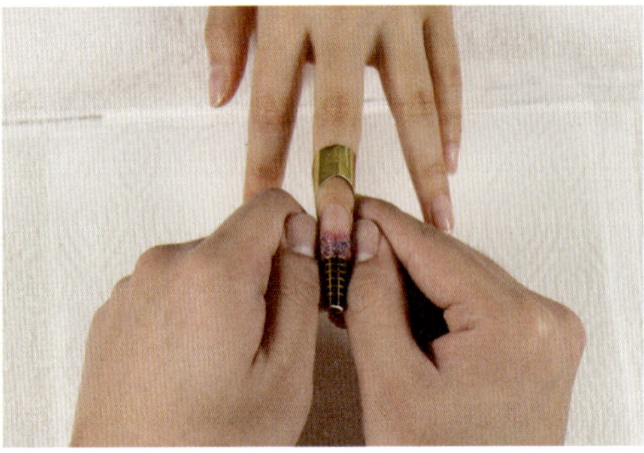

(8) 핀칭(Pinching) 주기

① 양손 엄지손톱을 이용하여 핀칭을 준다.
② 스트레스 포인트 부분이 손톱의 중앙에 오도록 하여(지지대) 압을 준다.

(9) 체크 하기

① 건조가 될 때까지 기다린다.
② 붓의 뒷면이나 우드스틱 등을 이용하여 전체적으로 건조가 되었는지를 확인한다.
③ 두드렸을 때 맑은 플라스틱 두드리는 소리가 나면 완전히 건조된 것!!

(10) 폼지 제거

① 프리에지 부분의 폼지를 양쪽 측면에서 눌러 준다.
② 프리에지 부분의 폼지를 앞으로 눌러 제거한다.
③ 큐티클 라인의 폼지를 제거한다.

(11) 표면 정리

버핑(Buffing) & 셰이프(Shape)

① 블랙 파일을 이용하여 마무리한다.

② 샌딩(Sanding) 블럭을 이용하여 표면을 정리한다.

③ 디스크 패드(Disk Pad)를 이용하여 더스트를 제거한다.

④ 솔(더스트 브러시, Dust Brush)을 이용하여 정리한다.

⑤ 거즈나 페이퍼에 물이나 소독제를 적셔 깨끗이 닦아 준다.

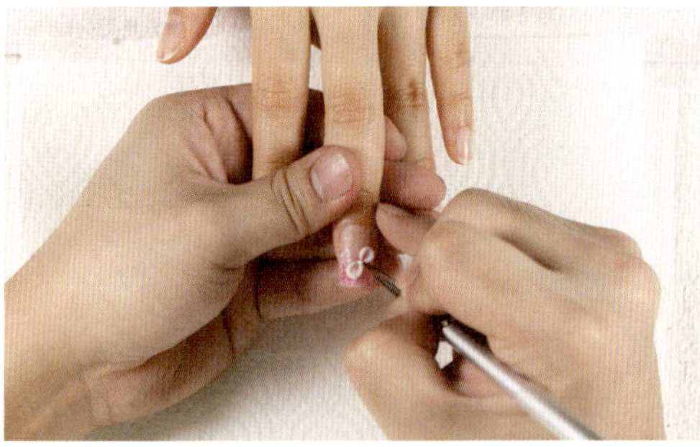

(12) 디자인하기

① 원하는 엠보 디자인을 디자인한다.

② 글래스 비드(Glass Bead)나 스톤 등을 이용하여 장식한다.(젤 글루나 파츠 전용 글루로 부착)

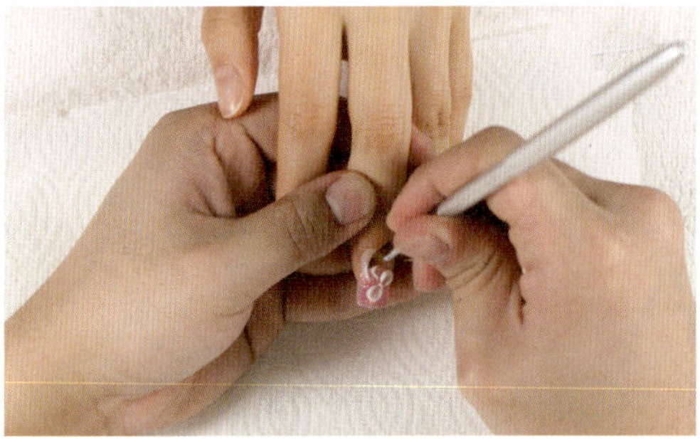

(13) 마무리하기

① 주변을 한번 더 깨끗하게 닦아 준다.

② 표면 전체에 탑 코트를 발라 준다.

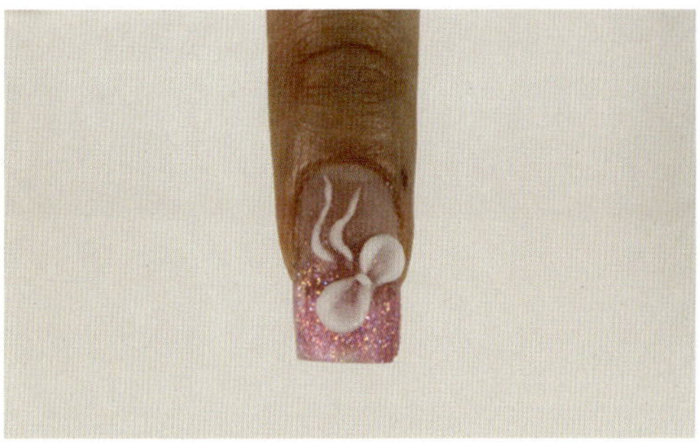

(14) 완성

5. 디자인 스컬프처(Design Sculpture)

Check point

- 폼지를 끼워 컬러 파우더를 이용 베이스를 연장한 다음에 아크릴릭 화이트 파우더와 다양한 컬러 파우더, 아트 재료 등을 이용하여 아트를 연출, 클리어 파우더를 이용하여 전체적으로 오버레이 하는 기법이다.
- 파일을 이용하여 표면을 정리한 다음에 광택 파일과 광택제 등으로 마무리한다.
- 피부 트러블의 원인이 되는 프라이머와 리퀴드는 피부에 묻지 않도록 주의하여 도포한다.

1) 필요한 재료

마스크, 위생복, 더스트 팩, 재료 받침대, 손 소독제, 솜, 습식 소독제, 손목 받침대, 페이퍼 타월, 멸균 거즈, 타월, 니퍼, 푸셔, 우드스틱, 큐티클 리무버, 에나멜 리무버, 파일류, 샌딩, 디스크 패드, 더스트 브러시, 큐티클 오일, 클리퍼, 보안경, 프라이머, 리퀴드, 브러시 크리너, 아크릴릭 브러시, 아크릴릭 파우더(클리어, 핑크, 화이트, 다양한 컬러), 리퀴드 볼, 아크릴릭 폼지

2) 사전 준비

① 테이블을 세팅(시술 전 테이블 소독)하고 더스트 팩을 준비한다.

② 습식 소독제에 메탈 도구와 우드스틱을 담가 둔다.(자외선 소독기에 보관 뒤에 꺼내서 70% 알코올에 20분 담가 둔다.)

③ 재료 받침대에 관리에 필요한 제품을 세팅한다.

④ 깔끔하고 단정한 복장에 위생복과 마스크를 착용한다.

3) 시술 방법

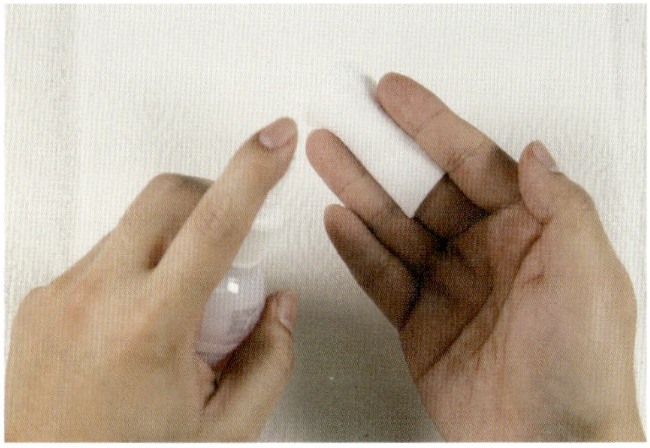

(1) 손 소독하기

① 손 소독제(안티셉틱, Antiseptic))를 솜에 뿌려 준다.
② 솜을 시술자의 3지에 끼워 준다.
③ 시술자의 손바닥 → 손등, 5지 → 1지 순으로 닦아 준다.
④ 고객의 손바닥 → 손등, 5지 → 1지 순으로 닦아 준다.
⑤ 왼손 시술 후, 오른손을 시술한다.

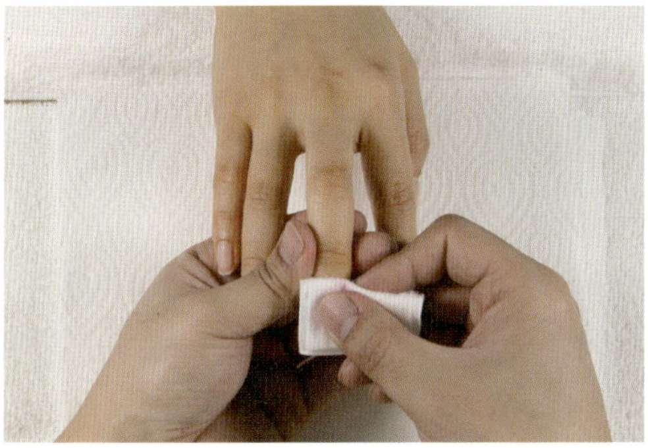

(2) 에나멜 지우기

① 솜을 반으로 접어 준다.
② 에나멜 리무버를 펌핑한다.
③ 시술자의 2,3지 또는 1,2지를 이용하여 시술한다.
④ 왼손 시술 후, 오른손을 시술한다.
*짙은 색의 에나멜을 지울 때는 3초 동안 꾸욱 눌렀다가 닦아낸 다음, 한 번 더 비벼서 지워 줘야 컬러가 번지지 않는다.

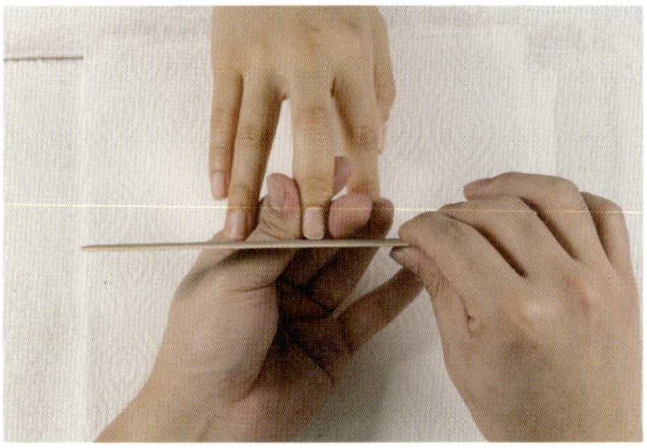

*손톱 모양잡기와 큐티클 밀기는 순서가 바뀌어도 무관하다.

(3) 손톱 모양잡기

파일링(Fileling) → 샌딩(Sanding) → 디스크 패드(Disk Pad) → 솔(더스트 브러시, Dust Brush)을 실시한다.

(4) 큐티클 밀기

① 기구 소독제에 담가 둔 푸셔나 우드스틱을 꺼내서 물기를 제거한다.
② 45° 각도를 유지하며 큐티클과 플레이트가 손상되지 않도록 주의해서 큐티클을 밀어 준다.
③ 고객의 손, 5지 → 1지 순으로 시술한다.
④ 푸셔 시술 손 5지를 고객의 손을 잡은 손 5지에 받쳐서 시술한다.(지지대 역할)
⑤ 큐티클을 제거할 경우에 시술 후 유분기를 제거한다.
⑥ 라인만 맞춰 줄 경우 오일을 생략한다.

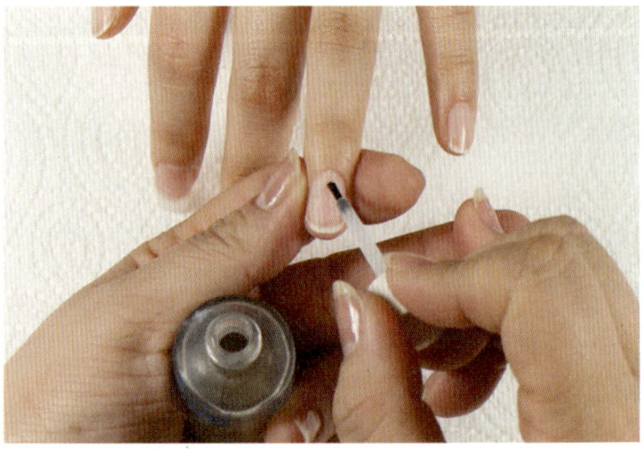

(5) 프라이머(Primer) 바르기(2회)

① 프라이머 2번 도포 : 한 번 도포 후 마르면 한 번 더 도포한다.
② 유분기 제거를 위해 도포한다.
③ pH 밸런스를 맞춰 준다.
④ 방부 역할 : 인조 네일 사이에 수분이 들어가서 펑거스(Fengus)를 유발하는 것을 방지한다.
⑤ 피부에 묻지 않도록 주의한다.(피부 트러블의 원인)

(6) 아크릴릭 폼지 끼우기

① 시술자의 양손 엄지는 11자로 하여 폼을 잡아 준다.
② 고객의 손톱 중앙과 폼의 정중앙이 일직선이 되도록 한다.
③ 사이드에서 체크하여 하이 포인트 부분이 처지지 않도록 일직선을 유지하며 부착한다.

(7) 플레이트 만들기

① 원하는 컬러 파우더를 이용하여 베이스를 만들어 준다.

② 자연스럽게 그라데이션한다.

③ 컬러 파우더와 자개, 글리터 등을 이용하여 그라데이션한다.

④ 디자인 후 오버레이 하기 때문에 베이스를 최대한 얇게 익스텐션한다.

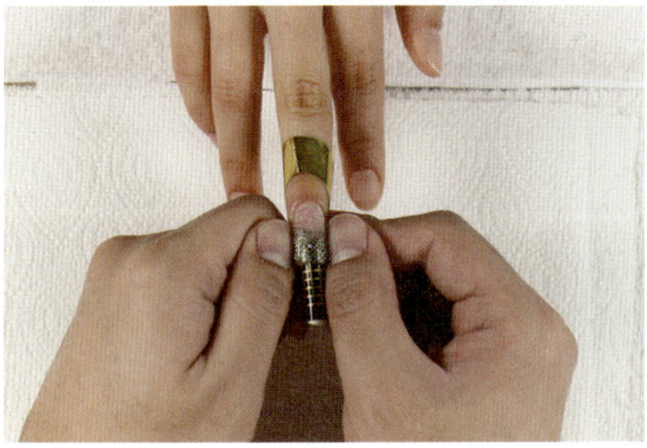

(8) 핀칭(Pinching) 주기

① 양손 엄지손톱을 이용하여 핀칭(Pinching)을 준다.

② 스트레스 포인트 부분이 손톱의 중앙에 오도록 하여(지지대) 압을 준다.

(9) 체크 하기

① 건조가 될 때까지 기다린다.

② 붓의 뒷면이나 우드스틱 등을 이용하여 전체적으로 건조가 되었는지를 확인한다.

③ 두드렸을 때 맑은 플라스틱 두드리는 소리가 나면 완전히 건조된 것!!

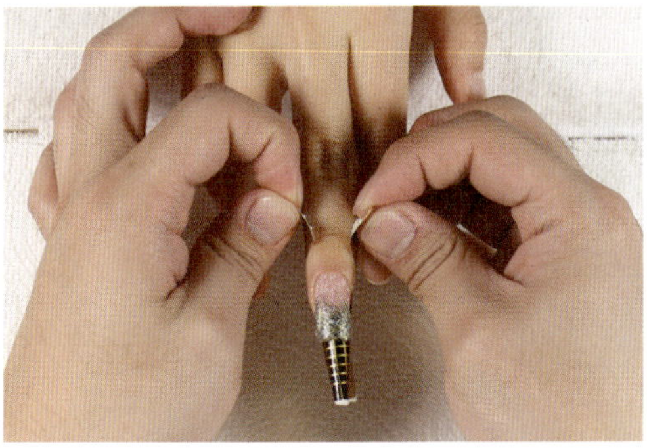

(10) 폼지 제거하기

① 프리에지 부분의 폼지 (Form)를 양쪽 측면에서 눌러 준다.

② 프리에지 부분의 폼지를 앞으로 눌러서 제거한다.

③ 큐티클 라인의 폼지를 제거한다.

(11) 표면 정리

버핑(Buffing) & 셰이프(Shape)

① 블랙 파일을 이용하여 마무리한다.

② 샌딩(Sanding) 블럭을 이용하여 표면을 정리한다.

③ 디스크 패드(Disk Pad)를 이용하여 더스트를 제거한다.

④ 솔(더스트 브러시, Dust Brush)을 이용하여 정리한다.

⑤ 거즈나 페이퍼에 물이나 소독제를 적셔 깨끗이 닦아 준다.

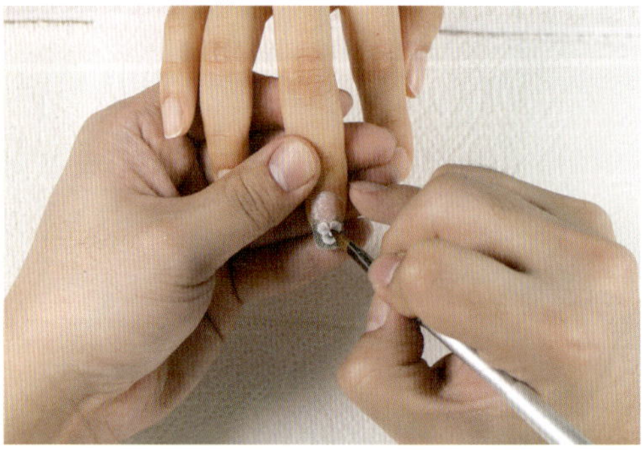

(12) 디자인하기(겹꽃) Ⅰ

① 화이트 파우더와 컬러 파우더를 믹싱 한다.

② 아래 꽃잎 3장을 균형을 맞추어 올려 준다.

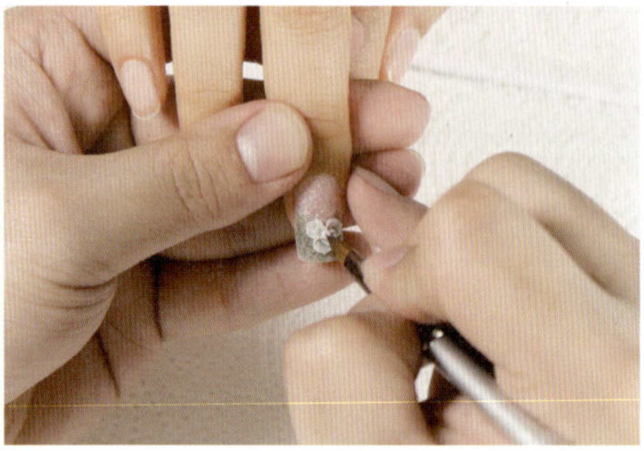

(13) 디자인하기 Ⅱ

① 마지막 수술을 위해 작은 꽃 볼을 올려 중간에 브러시를 90° 직각으로 세워서 중앙을 눌러서 도넛 모양을 만들어 준다.

② 윗 꽃잎 3장을 사이사이에 균형을 맞추어 올려 준다.

③ 디자인을 추가하여 플레이트를 꾸며 준다.

* 글래스 비드(Glass Bead)나 스톤(Stone) 등을 추가하여 더욱 화려한 네일을 연출할 수 있다.(젤 글루나 파츠 전용 글루로 부착)

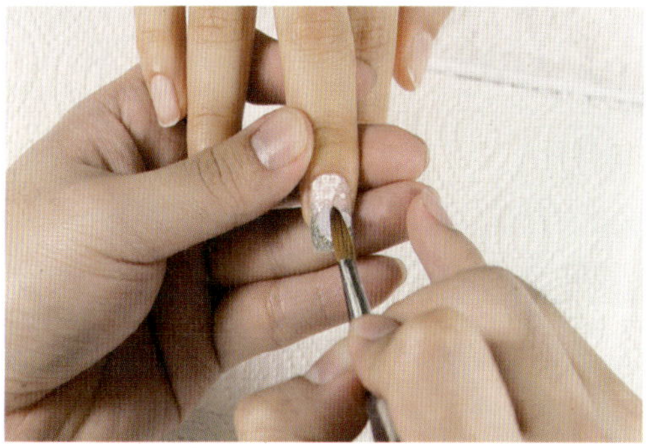

(14) 오버레이 하기

① 클리어 파우더를 이용하여 오버레이 한다.

② 프리에지 부분에 볼을 올려 준다.(대)

③ 플레이트 부분에 볼을 올려 준 다음에 프리에지와 연결한다.(중)

④ 큐티클 라인에 볼을 올려 준다.(소) : 측면에서 꺼진 부분은 없는지를 확인하고, C-커브(Curve)가 이루어져 있는지를 체크한다.

⑤ 완전히 마르기전 까지는 브러시에 리퀴드만을 묻혀서 표면을 쓸어내린다.

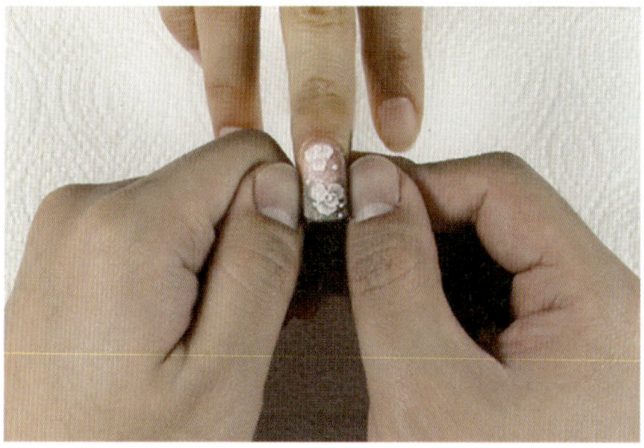

(15) 핀칭(Pinching) 주기

① 한번 더 핀칭(Pinching)을 준다.

② 핀셋이나 핀칭 봉 등의 도구를 사용해도 된다.

③ 사이드의 C-Curve와 프리에지 정면의 C-Curve를 확인한다.

(16) 체크 하기

① 건조가 될 때까지 기다린다.

② 붓의 뒷면이나 우드스틱 등을 이용하여 전체적으로 건조가 되었는지를 확인한다.

③ 두드렸을 때 맑은 플라스틱 두드리는 소리가 나면 완전히 건조된 것!!

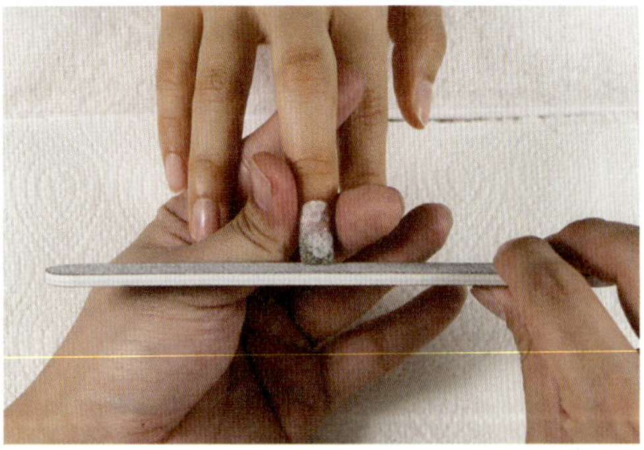

(17) 버핑(Buffing) & 셰이프(Shape)

① 샌딩(Sanding)블럭을 이용하여 표면을 고르게 버핑한다.

② 블랙 파일을 이용하여 원하는 디자인의 쉐입(Shape)을 잡아 준다.(시험이나 대회는 일반적으로 스퀘어형 또는 오버 스퀘어형으로 마무리)

③ 부드러운 버퍼 파일을 이용하여 표면을 한번 더 버핑한다.(스크레치를 없애 주고 광택력을 높여 준다.)

④ 디스크 패드(Disk Pad)를 이용하여 찌꺼기를 제거한다.

⑤ 솔을 이용하여 더스트를 제거한다.

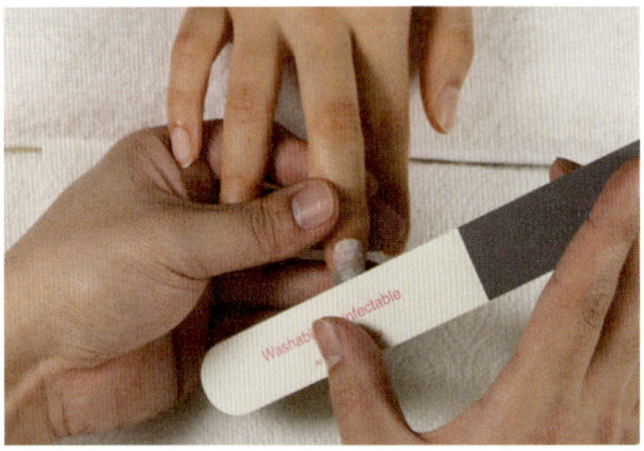

(18) 마무리 하기

① 광택 파일을 이용하여 광택을 내준다.

② 큐티클 라인에 오일을 도포한다.

③ 손으로 마사지 하듯이 문질러 준다.

④ 페이퍼를 이용하여 유분기를 제거한다.

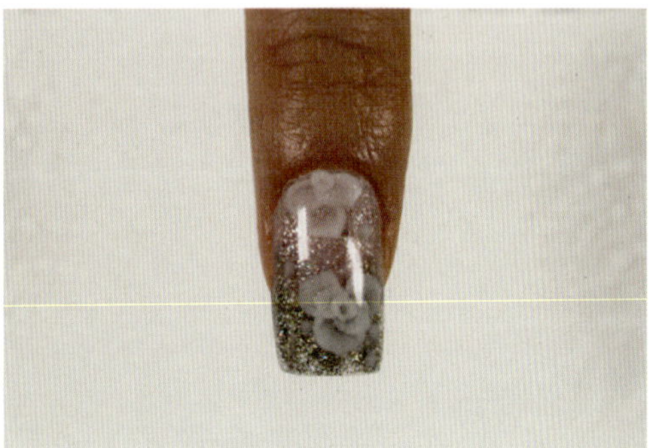

(19) 완성

3. 3D(꽃, 인형)

1. 꽃 만들기

Check point

- 다양한 색상의 아크릴릭 컬러 파우더를 이용하여 꽃잎을 만든다.
- 핀셋을 이용하여 수술과 꽃잎의 모양을 만들어 준 다음에 젤 글루를 이용하여 겹으로 붙여서 아름다운 아크릴릭 3D 입체 꽃을 만들어 준다.

1) 필요한 재료

컬러 파우더, 지퍼 팩(포일을 이용하게 되면 꽃잎이 들러붙어 잘 떨어지지 않는다.), 핀셋, 리퀴드, 리퀴드 볼, 브러시 크리너, 페이퍼 타월,

타월, 젤 글루, 글루 드라이어, 클리퍼, 보안경, 아크릴릭 브러시, 아크릴릭 화이트 파우더

2) 사전 준비

① 테이블을 세팅(시술 전 테이블 소독)하고 더스트 팩을 준비한다.

② 재료 받침대에 관리에 필요한 제품을 세팅한다.

3) 시술 방법

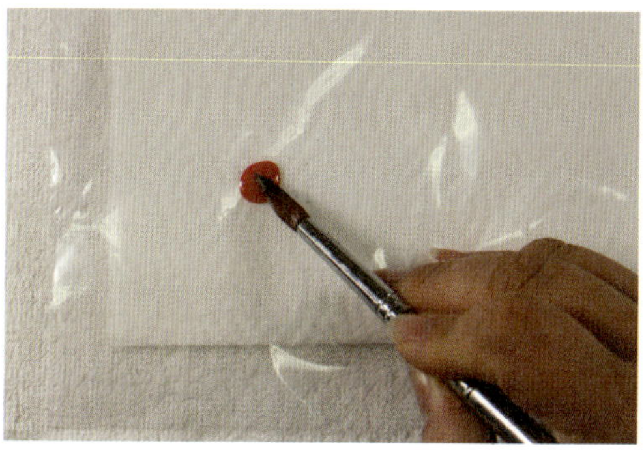

(1) 꽃잎 만들기 I

① 한 가지 색상만을 이용해도 되고 여러 가지 색상을 이용해도 된다.

② 새로 나온 작은 1원짜리 동전만하게 꽃 볼을 떠서 지퍼 팩 위에 올려 준다.

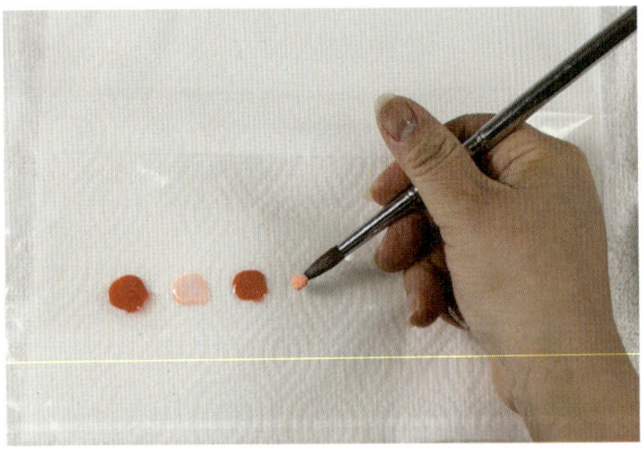

③ 5~7개 정도의 꽃잎을 만들어 준다.

④ 마를 때까지 기다린다.

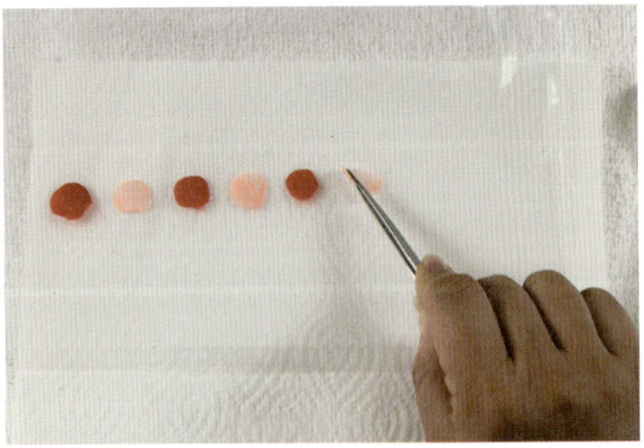

(2) 꽃잎 만들기 Ⅱ

중간 수술에 들어가는 볼은 가로로 길게 만들어 준다.

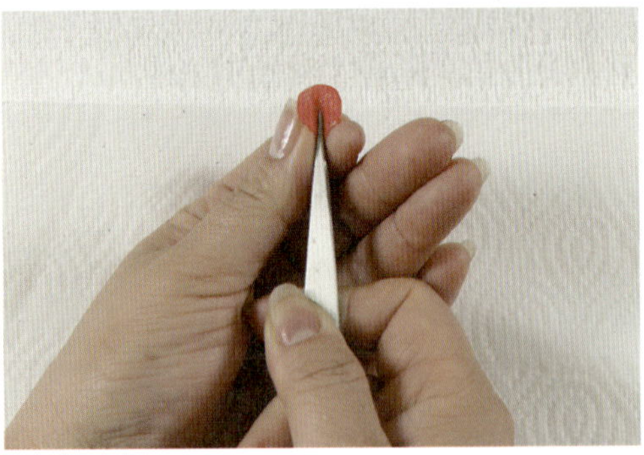

(3) 꽃잎 모양 잡아 주기 Ⅰ

1/2지점 아랫부분의 중심을 핀셋을 이용하여 세로로 집어 준다.

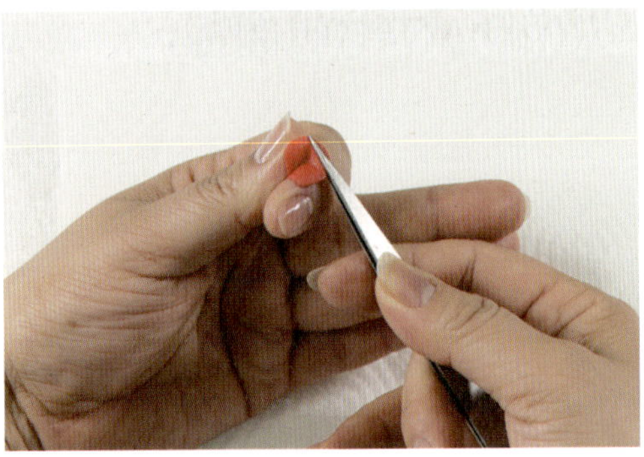

(4) 꽃잎 모양 잡아 주기 Ⅱ

1/2지점 윗부분의 중심을 핀셋을 이용하여 가로로 뒤집어 준다.

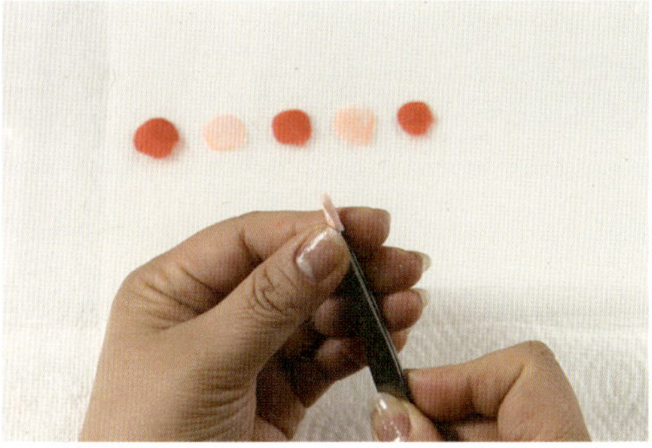

(5) 수술 만들기

핀셋으로 긴 꽃 볼의 가장자리를 잡고 돌돌 말아 중간에 넣을 수술을 만들어 준다.

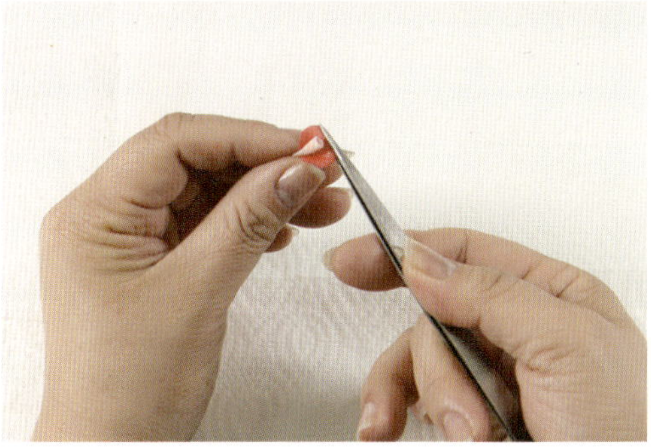

(6) 꽃잎 붙이기

여러 장의 꽃잎을 젤 글루를 이용하여 사이사이에 이어 붙여 준다.

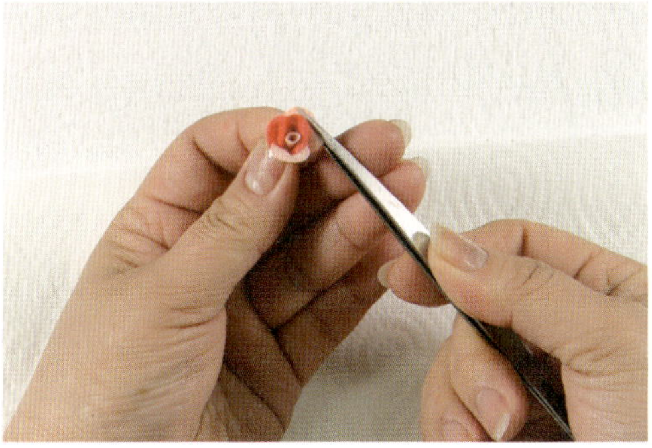

(7) 꽃잎 정리하기

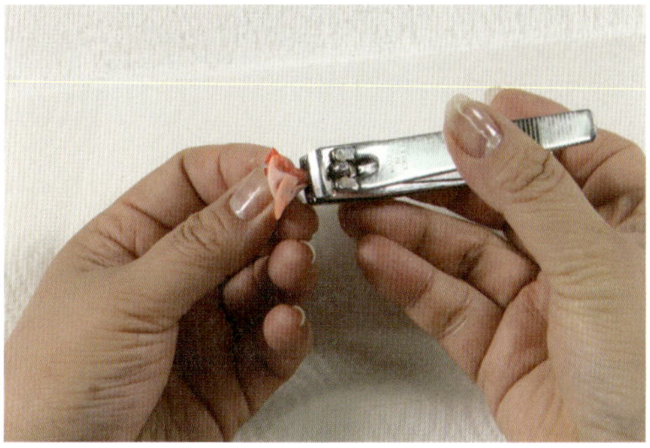

(8) 단 처리하기

클리퍼를 이용하여 지저분한 아랫부분을 잘라낸다.

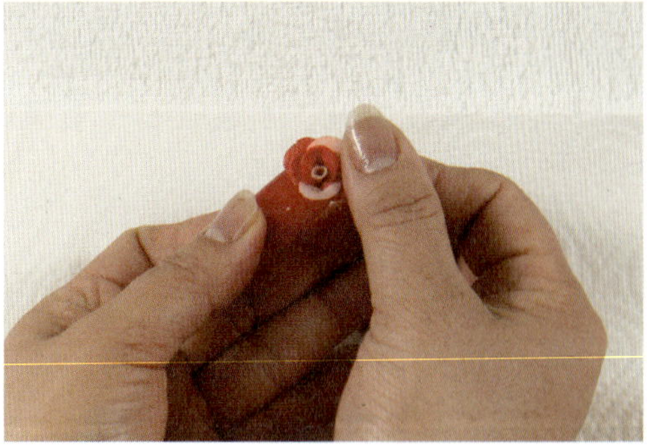

(9) 부착하기

접착제를 이용하여 손톱에 붙여 준다.

(10) 완성

2. 인형 만들기

Check point

- 흰색 철사를 이용하여 인형의 뼈대를 만들어 준 다음에 아크릴릭 화이트 파우더를 이용하여 인형의 몸매를 만들어 준다.
- 다양한 아크릴릭 컬러 파우더로 인형의 옷을 지퍼팩에 만들어 젤 글루로 붙여준 뒤에 상의 파우더를 직접 올려 디자인한다.
- 다양한 장식을 이용하여 인형을 화려하게 꾸며 준다.
- 전체적으로 탑 코트로 마무리한다.

1) 필요한 재료

컬러 파우더, 지퍼 팩(포일을 이용하게 되면 꽃잎이 들러붙어 잘 떨어지지 않는다.), 핀셋, 리퀴드, 리퀴드 볼, 브러시 크리너, 페이퍼 타월, 타월, 젤 글루, 글루 드라이어, 클리퍼, 보안경, 아크릴릭 브러시, 아크릴릭 화이트 파우더, 인형용 화이트 철사, 핀셋, 막 니퍼

2) 사전 준비

① 테이블을 세팅(시술 전 테이블 소독)하고 더스트 팩을 준비한다.
② 재료 받침대에 관리에 필요한 제품을 세팅한다.

3) 시술 방법

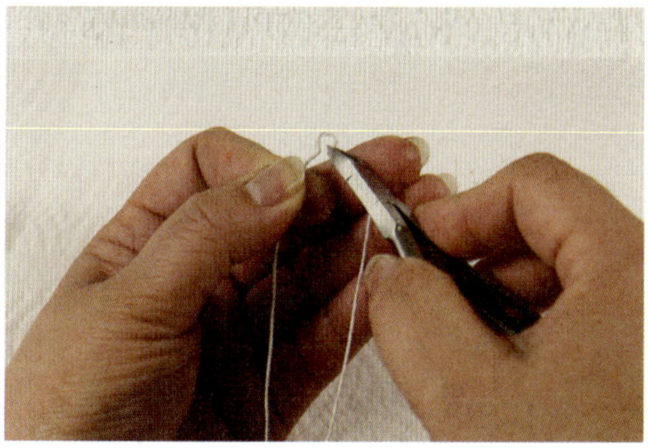

(1) 뼈대 만들기

(2) 몸매 만들기

① 볼을 떠서 얼굴을 만들어 준다.
② 볼을 떠서 가슴을 만들어 준다.
③ 연결하여 목과 허리 라인을 만들어 준다.

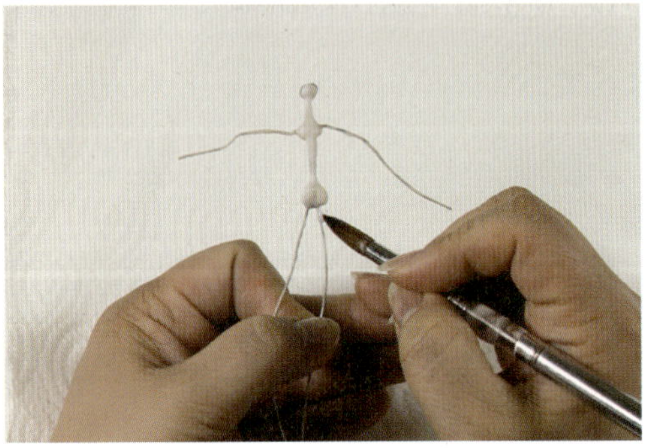

④ 볼을 떠서 뒷 통수와 엉덩이를 만들어 준 다음에 목과 등 라인을 연결한다.
⑤ 다리와 팔을 만들어 준다.

(3) 옷 만들기 I

① 치마를 만들어 준다.

지퍼 팩에 볼을 여러번 넓게 펴서 치마를 만들어도 되고, 꽃잎처럼 작은 볼을 떠서 접착하여 치마를 만들어도 된다.

② 핀셋을 이용하여 떼어낸 다음에 젤 글루를 이용하여 접착해 준다.
③ 치마를 넓게 만들었을 경우에 앞뒤 두 장을 만들어 연결한다.

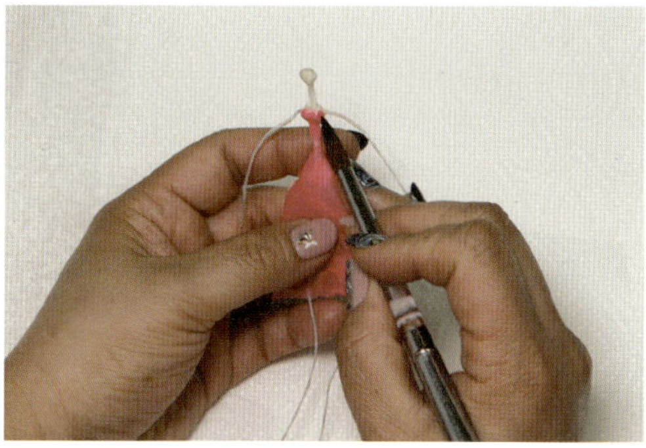

(4) 옷 만들기 Ⅱ

만들어진 하의와 연결하여 상의는 볼을 떠서 바로 몸통에 올려서 만들어 준다.

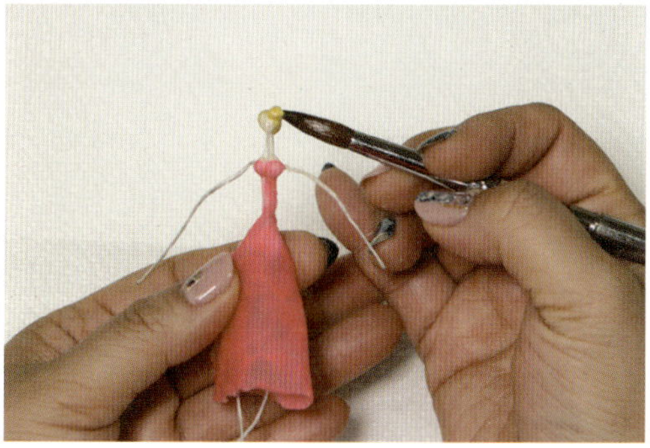

(5) 머리 만들기

볼을 떠서 머리카락을 만들어 주기도 하고, 만들어 잘라 연결하여 머리카락을 표현하기도 한다.

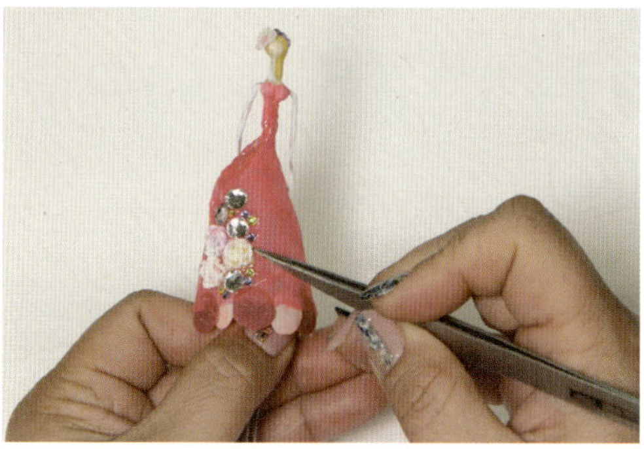

(6) 장식하기

다양한 아트 재료를 이용하여 화려하게 장식한다.

(7) 마무리 하기

전체적으로 탑 코트를 발라서 마무리한다.

(8) 완성

4. 프렌치 팁(French Tip)

1. 프렌치 팁 아크릴릭 오버레이(French Tip Acrylic Overlay)

Check point

- 프렌치 팁이나 컬러 팁 연장한 뒤 아크릴릭 클리어 파우더나 아크릴릭 핑크 파우더를 이용하여 오버레이한다.
- 표면을 오버레이 하여 인조 네일을 보강하는 테크닉이다.
- 큐티클 라인에 아크릴릭 파우더가 엉겨 붙지 않도록 주의하고, 피부 트러블의 원인이 되는 프라이머와 리퀴드는 피부에 묻지 않도록 주의하여 도포한다.

1) 필요한 재료

마스크, 위생복, 더스트 팩, 재료 받침대, 손 소독제, 솜, 습식 소독제, 손목 받침대, 페이퍼 타월, 멸균 거즈, 타월, 니퍼, 푸셔, 우드스틱, 큐티클 리무버, 에나멜 리무버, 파일류, 샌딩, 라운드 패드, 더스트 브러시, 큐티클 오일, 프렌치 팁이나 컬러 팁, 라이트 글루, 젤 글루, 글루 드라이어, 필러 파우더, 팁 커터기, 보안경, 프라이머, 리퀴드, 브러시 크리너, 아크릴릭 브러시, 아크릴릭 파우더(클리어, 핑크), 리퀴드 볼

2) 사전 준비

① 테이블을 세팅(시술 전 테이블 소독)하고 더스트 팩을 준비한다.

② 습식 소독제에 메탈 도구와 우드스틱을 담가 둔다.(자외선 소독기에 보관 뒤 꺼내서 70% 알코올에 20분 담가 둔다.)

③ 재료 받침대에 관리에 필요한 제품을 세팅한다.

④ 깔끔하고 단정한 복장에 위생복과 마스크를 착용한다.

3) 시술 방법

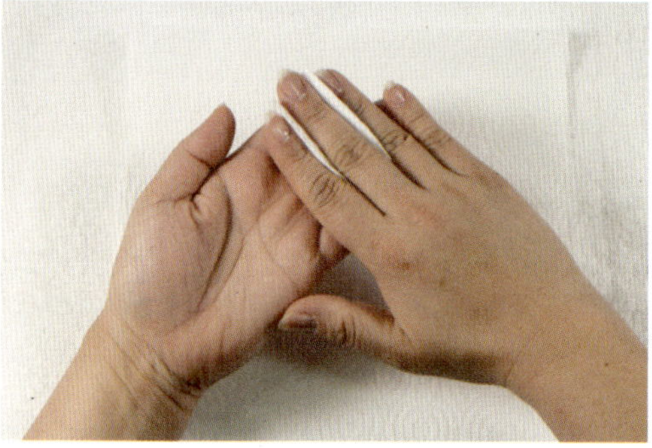

(1) 손 소독하기

(2) 에나멜 지우기

(3) 손톱 모양잡기

(4) 큐티클 정리

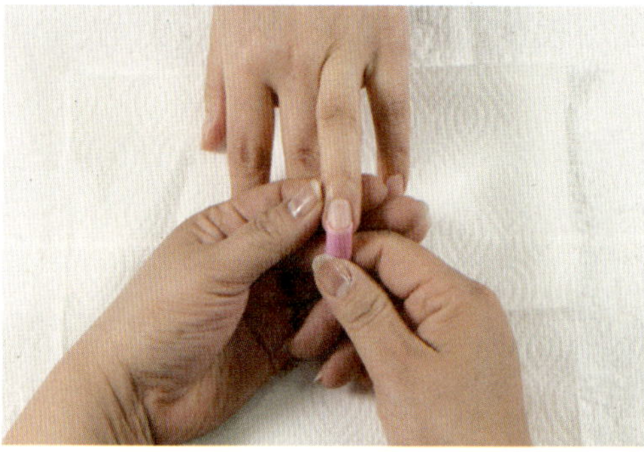

(5) 팁(프렌치 팁/컬러 팁)

① 선택하기

- 사이드라인이 11자가 되도록 팁을 선택한다.
- 팁 부착 후에 원 네일과 크기가 동일해야 한다.
- 팁 사이즈를 정확하게 선택해야 하며, 접착 시 공기가 들어가거나 들뜨지 않도록 한다.
- 사이즈가 맞는 팁이 없을 경우 사이드를 갈아 최대한 크기를 맞춰서 파일링한다.

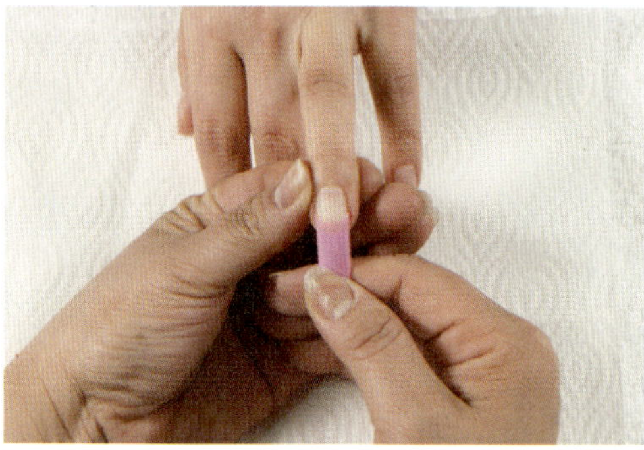

② 붙이기

- 라이트 글루나 젤 글루를 이용하여 부착한다.
- 라이트 글루 : 빠르게 시술할 수 있지만, 빨리 건조되므로 수정이 불가한 단점이 있다.
- 젤 글루 : 건조되는 시간이 여유가 있어 초보자들이 사용하기 용이하다.
- 45° 각도를 유지하여 부착한다.
- 공기가 들어가지 않도록 주의해서 부착한다.

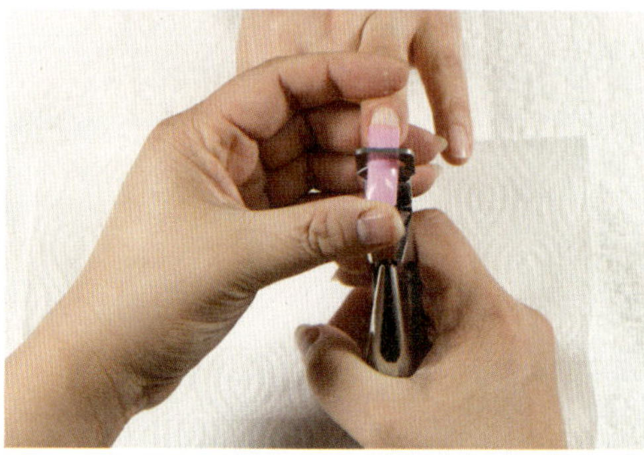

③ 길이 자르기

- 팁을 자를 때는 팁 커터기를 이용한다.
- 90° 각도를 유지하며 팁을 커팅한다.
- 일반적으로 1~1.5cm 정도의 길이로 잘라 준다.

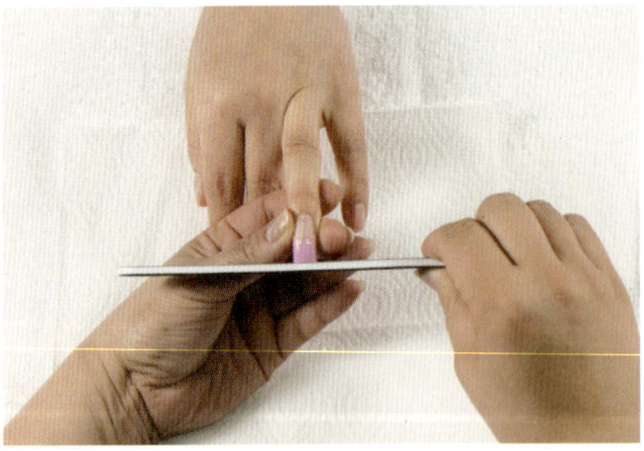

④ 턱 제거하기

- 프렌치 팁은 스마일 라인이 가장 중요하므로 선명도를 위해 턱 선을 제거하지 않는다.
- 스트레스 포인트 부분의 사이드 라인만 가볍게 갈아 턱을 제거한다.
- 블랙 파일이나 지브라 파일을 사용한다.

⑤ **더스트 브러시를 이용하여 잔여물을 제거한다.**

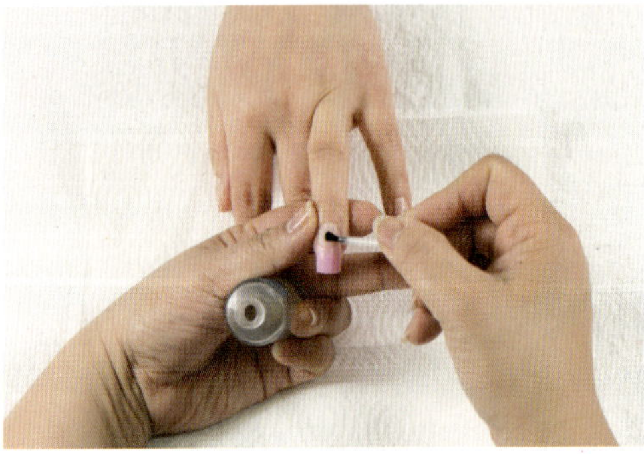

(6) 프라이머(Primer) 바르기(2회)

① **프라이머를 2번 도포한다.** : 한 번 도포 후 마르면 한 번 더 도포한다.

② 유분기 제거를 위해 도포한다.

③ pH밸런스를 맞춰 준다.

④ **방부 역할** : 인조 네일 사이에 수분이 들어가는 펑거스(Fengus) 유발을 방지한다.

⑤ 피부에 묻지 않도록 주의한다.(피부 트러블의 원인)

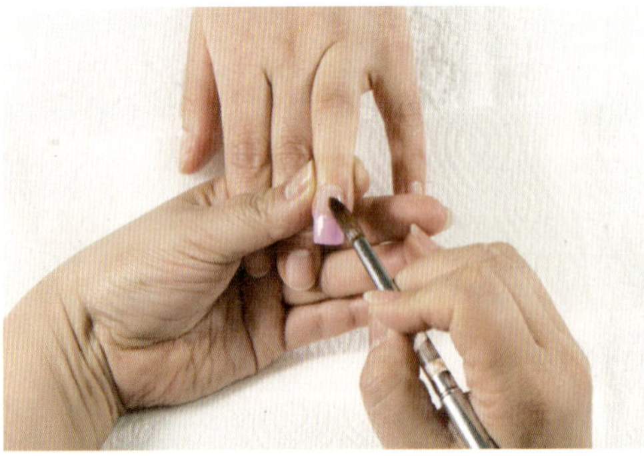

(7) 아크릴 볼 올리기(2~3회)

① 아크릴릭 브러시에 리퀴드를 충분히 적셔 준다.

② 클리어 파우더(폴리머)나 핑크 파우더를 이용하여 볼을 만들어 준다.

③ 아크릴은 뜨거운 열에 빨리 응고되므로 계절과 주변 온도에 영향을 받는다.

④ 프리에지 → 큐티클쪽으로 오버레이한다.

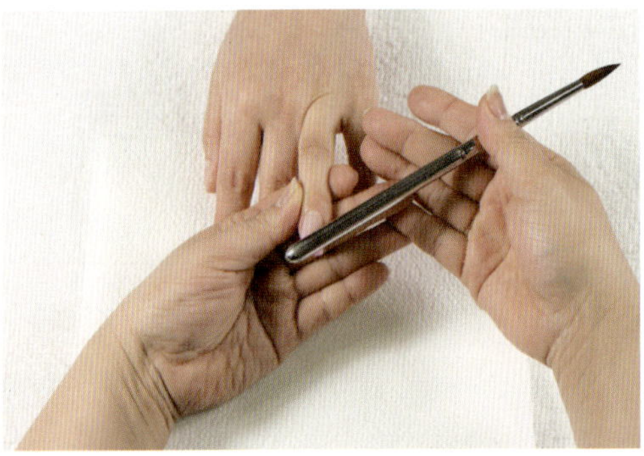

(8) 체크 하기

① 건조가 될 때까지 기다린다.

② 붓의 뒷면이나 우드스틱 등을 이용하여 전체적으로 건조가 되었는지를 확인한다.

③ 두드렸을 때 맑은 플라스틱 두드리는 소리가 나면 완전히 건조된 것!!

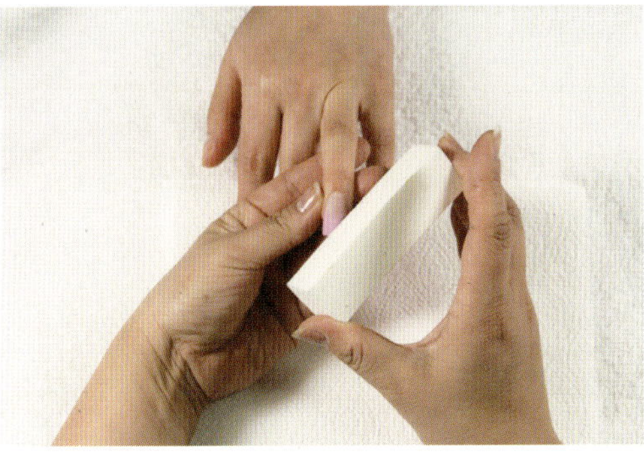

(9) 버핑(Buffing) & 셰이프(Shape)

① 샌딩 블럭을 이용하여 표면을 고르게 버핑한다.
② 블랙 파일을 이용하여 원하는 디자인의 셰이프(Shape)을 잡아준다.(시험이나 대회는 일반적으로 스퀘어 형 또는 오버 스퀘어 형으로 마무리)
③ 부드러운 버퍼 파일을 이용하여 표면을 한번 더 버핑 한다.(스크레치를 없애주고 광택력을 높여 준다.)
④ 디스크 패드를 이용하여 찌꺼기를 제거한다.
⑤ 솔을 이용하여 더스트(Dust)를 제거한다.

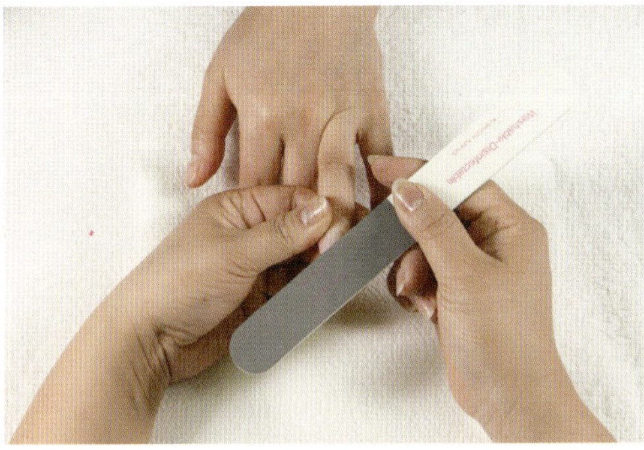

(10) 마무리 하기

① 광택 파일을 이용하여 광택을 내준다.
② 큐티클 라인에 오일을 도포한다.
③ 손으로 마사지하듯이 문질러 준다.
④ 페이퍼를 이용하여 유분기를 제거한다.

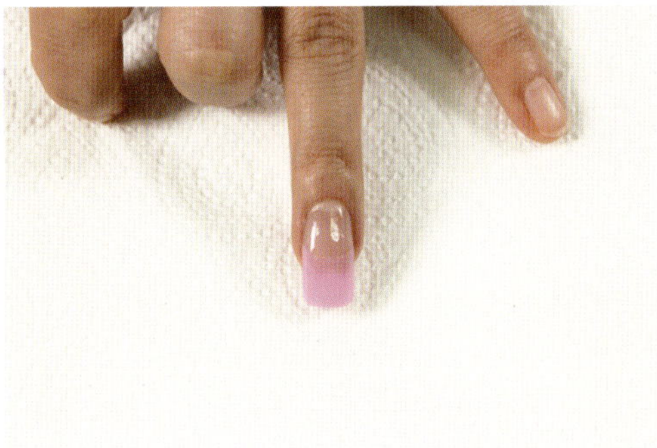

(11) 완성

2. 프렌치 팁 젤 오버레이(French Tip Gel Overlay)

Check point

- 프렌치 팁이나 컬러 팁을 연장한 뒤에 클리어 젤을 이용하여 오버레이 한다.
- 표면을 오버레이 하여 인조 네일을 보강하는 테크닉이다.
- U.V램프나 LED램프를 이용하여 자외선을 조사해야만 경화되는 특성상 램프 사용 시 눈이나 피부에 손상을 입지 않도록 주의해야 한다.

1) 필요한 재료

마스크, 위생복, 더스트 팩, 재료 받침대, 손 소독제, 솜, 습식 소독제, 손목 받침대, 페이퍼 타월, 멸균 거즈, 타월, 니퍼, 푸셔, 우드스틱, 큐티클 리무버, 에나멜 리무버, 파일류, 샌딩, 라운드 패드, 더스트 브러시, 큐티클 오일, 프렌치 팁이나 컬러 팁, 라이트 글루, 젤 글루, 글루 드라이어, 필러 파우더, 팁 커터기, 보안경, 젤 브러시, 리퀴드 볼, 젤 클렌저, 클리어 젤, 스펀지, 램프, 베이스 젤, 탑 젤

2) 사전 준비

① 테이블을 세팅(시술 전 테이블 소독) 하고 더스트 팩을 준비한다.

② 습식 소독제에 메탈 도구와 우드스틱을 담가 둔다.(자외선 소독기에 보관 뒤 꺼내서 70% 알코올에 20분 담가 둔다.)

③ 재료 받침대에 관리에 필요한 제품을 세팅한다.

④ 깔끔하고 단정한 복장에 위생복과 마스크를 착용한다.

3) 시술 방법

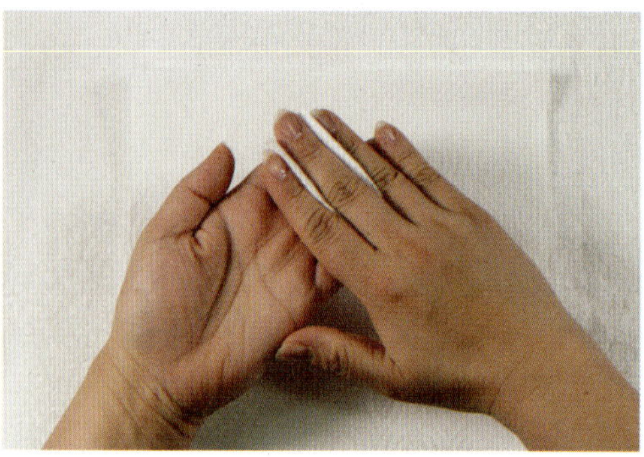

(1) 손 소독하기

(2) 에나멜 지우기

(3) 손톱 모양잡기

(4) 큐티클 정리

(5) 팁

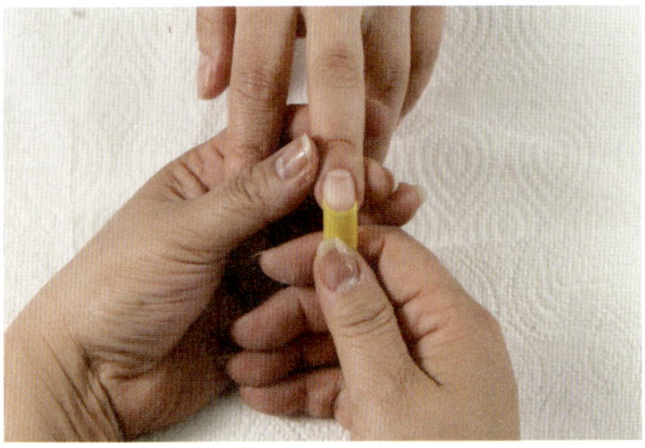

① 선택하기

- 사이드 라인이 11자가 되도록 팁을 선택한다.
- 팁 부착 후 원 네일과 크기가 동일해야 한다.
- 팁 사이즈를 정확하게 선택해야 접착 시 공기가 들어가거나 들뜨지 않도록 한다.
- 사이즈가 맞는 팁이 없을 경우 사이드를 갈아 최대한 크기를 맞춰서 파일링 한다.

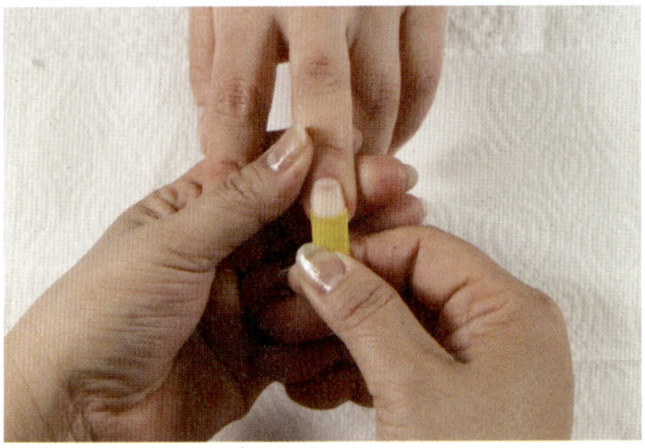

② 붙이기

- 라이트 글루나 젤 글루를 이용하여 부착한다.
- 라이트 글루 : 빠르게 시술할 수 있지만, 빨리 건조되므로 수정이 불가능한 단점이 있다.
- 젤 글루 : 건조되는 시간이 여유가 있어 초보자들이 사용하기 용이하다.
- 45° 각도를 유지하여 부착한다.
- 공기가 들어가지 않도록 주의해서 부착한다.

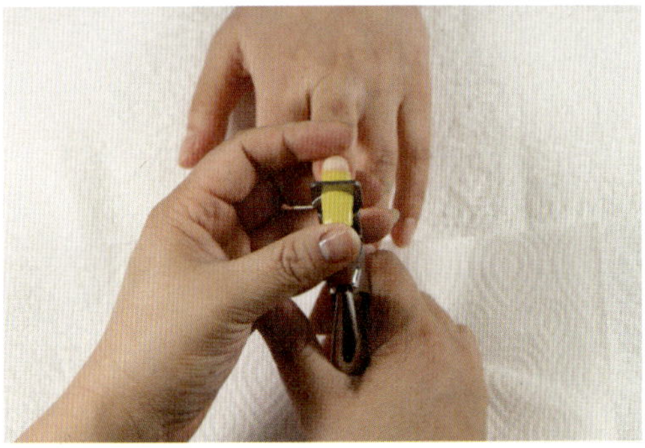

③ 길이 자르기

- 팁을 자를 때는 팁 커터기를 이용한다.
- 90° 각도를 유지하며 팁을 커팅한다.
- 일반적으로 1~1.5cm 정도의 길이로 잘라 준다.

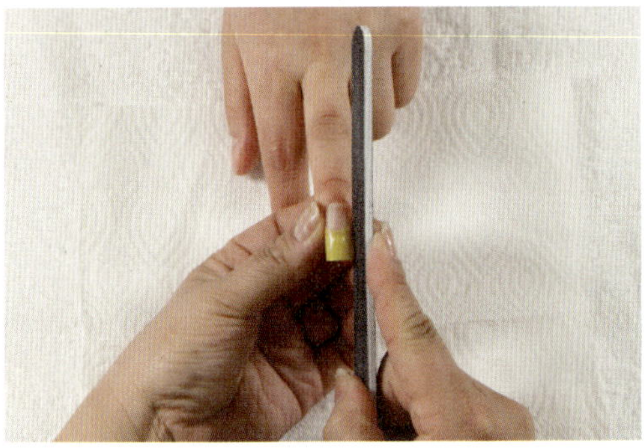

④ 턱 제거하기

- 프렌치 팁은 스마일 라인이 가장 중요하므로 선명도를 위해 턱 선을 제거하지 않는다.
- 스트레스 포인트 부분의 사이드 라인만 가볍게 갈아 턱을 제거한다.
- 블랙 파일이나 지브라 파일을 사용한다.

⑤ 더스트 브러시를 이용하여 잔여물을 제거한다.

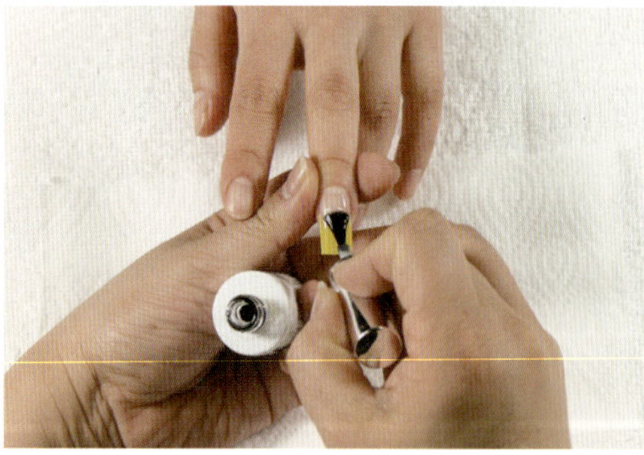

(6) 베이스 젤 바르기

30초~1분 큐어링 한다.

(U.V/LED/겸용 → 램프의 종류에 따라 큐어링 시간을 책정한다.)

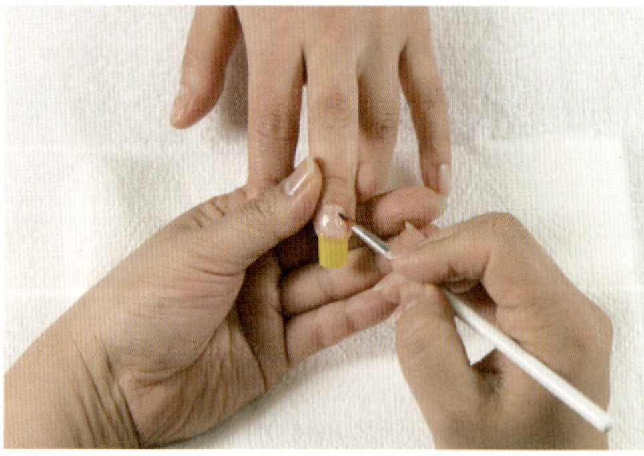

(7) 클리어 젤 오버레이

① 스퀘어 브러시를 이용한다.

② 플레이트에 젤을 올려 전체적으로 펴서 발라 준다. → 큐어링

③ 측면에서 전체적으로 확인 후 한번 더 보강한다.(C-Curve) → 큐어링

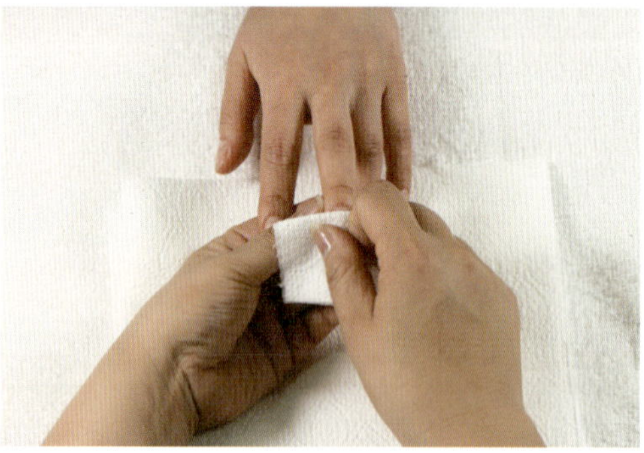

(8) 젤 클렌저

클렌저를 이용하여 끈적임을 없애 준다.

젤을 경화시켜 준다.

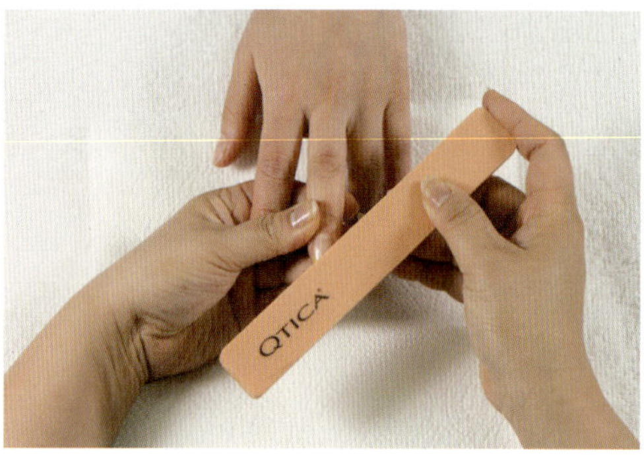

(9) 버핑(Buffing) & 셰이프(Shape)

① 울퉁불퉁한 면을 정리한다.

② 샌딩 블럭, 지브라 파일, 샌딩 버퍼 등을 이용한다.

③ 블랙 파일은 그릿(Grit)수가 너무 강해 젤 손상이 생기거나 오프 될 수 있으므로 사용하지 않는 것이 좋다.

④ 디스크 패드 → 솔 등을 이용하여 마무리한다.

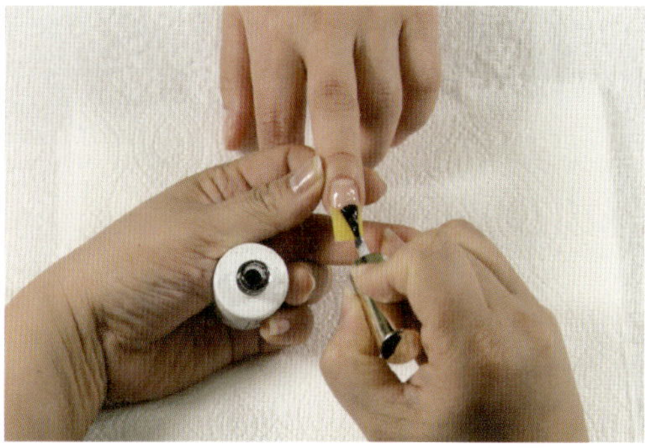

(10) 젤 클렌저

지저분한 더스트를 깨끗하게 닦아 낸다.

(11) 탑 젤 바르기

① 30초~1분 큐어링한다. (U.V/LED/겸용 → 램프의 종류에 따라 큐어링 시간을 책정한다.)
② 탑 젤의 종류에 따라 클렌저를 사용한다.

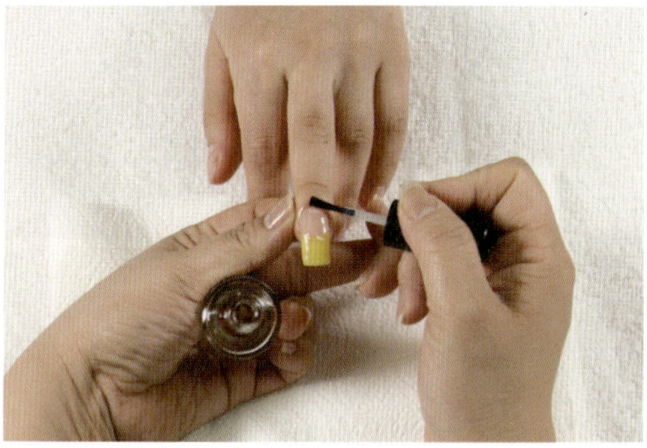

(12) 오일 바르기

손을 촉촉하게 보이게 하기 위해 마무리로 큐티클 라인에 오일을 발라 준다.

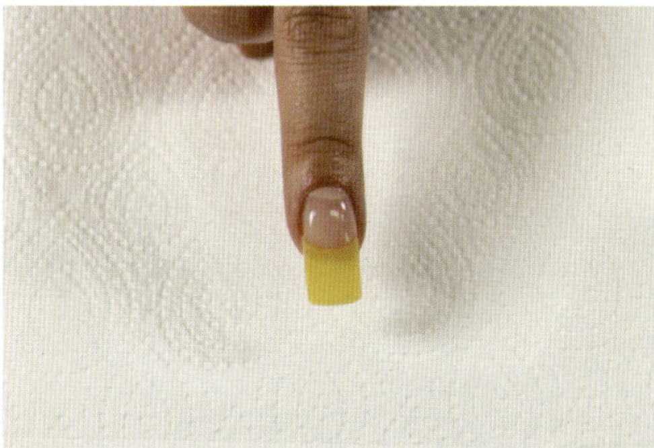

(13) 완성

Chapter 4

PART Ⅱ 네일 실습

젤을 이용한 인조 네일

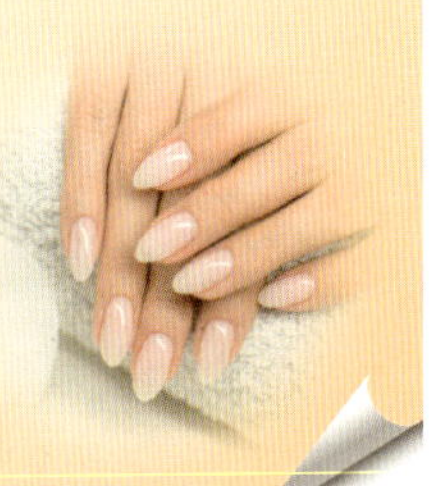

1. 젤 오버레이(Gel Overlay)

Check point

- 팁을 연장한 뒤 클리어 젤을 오버레이 하여 인조 네일을 보강하는 테크닉이다.
- V.U램프나 LED램프를 이용하여 자외선을 조사해야만 경화되는 특성상 램프 사용 시 눈이나 피부에 손상을 입지 않도록 주의해야 한다.

1. 필요한 재료

마스크, 위생복, 더스트 팩, 재료 받침대, 손 소독제, 솜, 습식 소독제, 손목 받침대, 페이퍼 타월, 멸균 거즈, 타월, 니퍼, 푸셔, 우드스틱, 큐티클 리무버, 에나멜 리무버, 파일류, 샌딩, 라운드 패드, 더스트 브러시, 큐티클 오일, 팁, 라이트 글루, 젤 글루, 글루 드라이어, 필러 파우더, 팁 커터기, 보안경, 젤 브러시, 리퀴드 볼, 젤 클렌저, 클리어 젤, 스펀지, 램프, 베이스 젤, 탑 젤

2. 사전 준비

① 테이블을 세팅(시술 전 테이블 소독)하고 더스트 팩을 준비한다.

② 습식 소독제에 메탈 도구와 우드스틱을 담가 둔다.(자외선 소독기에 보관 뒤 꺼내서 70% 알코올에 20분 담가 둔다.)

③ 재료 받침대에 관리에 필요한 제품을 세팅한다.

④ 깔끔하고 단정한 복장에 위생복과 마스크를 착용한다.

3. 시술 방법

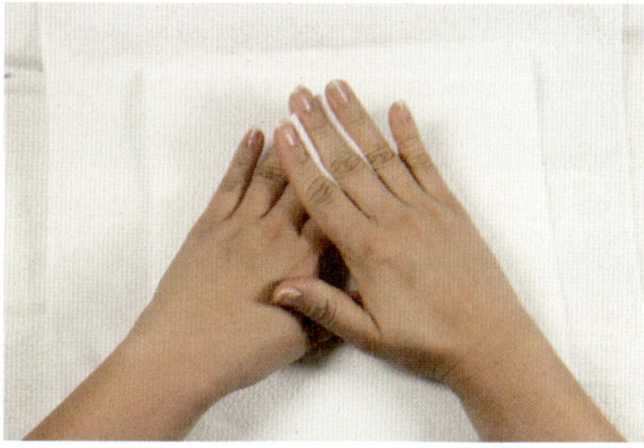

(1) 손 소독하기

① 손 소독제(안티셉틱, Antiseptic)를 솜에 뿌려 준다.

② 솜을 시술자의 3지에 끼워 준다.

③ 시술자의 손바닥 → 손등, 5지 → 1지 순으로 닦아 준다.

④ 고객의 손바닥 → 손등, 5지 → 1지 순으로 닦아 준다.

⑤ 왼손 시술 후, 오른손을 시술한다.

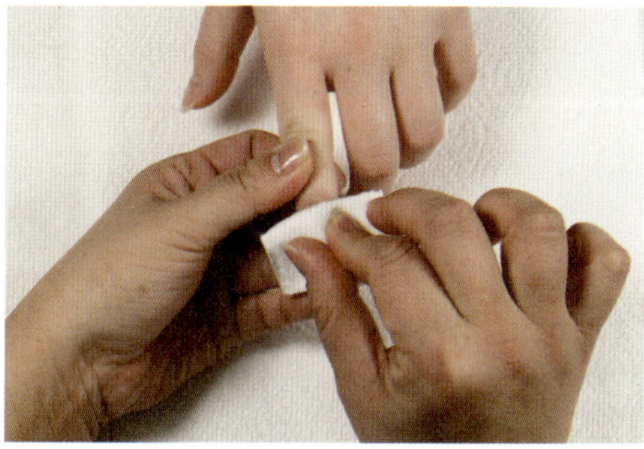

(2) 에나멜 지우기

① 솜을 반으로 접어 준다.

② 에나멜 리무버를 펌핑한다.

③ 시술자의 2, 3지 또는 1, 2지를 이용하여 시술한다.

④ 왼손 시술 후, 오른손을 시술한다.

*짙은 색의 에나멜을 지울 때는 3초 동안 눌렀다가 닦아낸 다음, 한 번 더 비벼서 지워 줘야 컬러가 번지지 않는다.

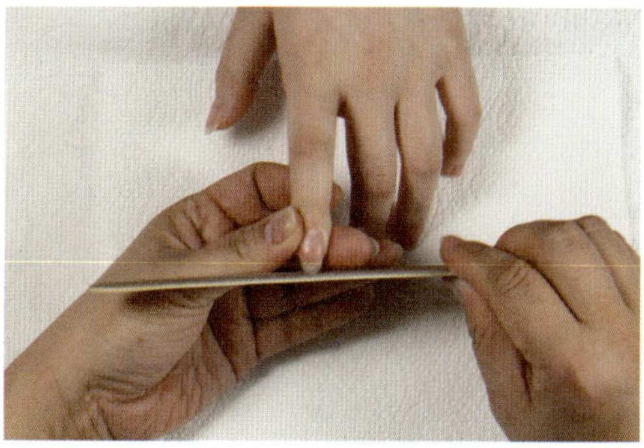

*손톱 모양잡기와 큐티클 밀기는 순서가 바뀌어도 무관하다.

(3) 손톱 모양 잡기

① **파일링**(Filing)

- 고객의 손, 5지 → 1지 순으로 시술한다.
- 손톱의 중앙 → 좌 → 우 방향으로 쉐입(Shape)을 잡아 준다.
- 원 네일 파일링 시는 반드시 우드 파일만을 사용하고 파일은 비벼서 사용하지 않는다.
- 인조 네일 시술 시에는 반드시 원네일을 라운드 또는 오발로 파일링한다.(길이는 하이포니키움[Hyponychium]에 1mm 정도)

② **샌딩**(Sanding)

- 시술자의 1지와 3, 4지를 이용하여 샌딩을 잡아 준다.
- 고객의 손, 5지 → 1지 순으로 시술한다.
- 손톱의 표면을 고르게 버핑한다.
- 표면의 유분기를 없애 주고, 표면을 균일하게 하기 위하여 실시한다.(에칭)

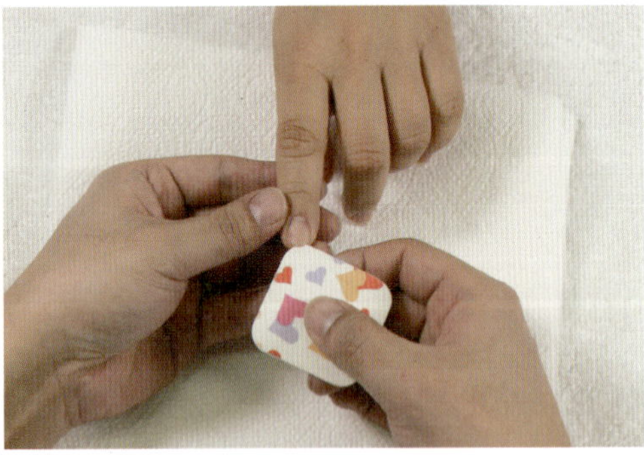

③ **디스크 패드**(Disk Pad)

- 시술자의 엄지손가락이 위로 오도록 잡아준다.
- 고객의 손, 5지 → 1지 순으로 시술한다.
- 손톱 밑의 더스트(이물질, Dust)를 제거한다.
- 에그셸 네일(계란껍질 손톱)이나 건조하고 얇은 손톱은 손상이 오거나 부러질 수 있으므로 주의한다.

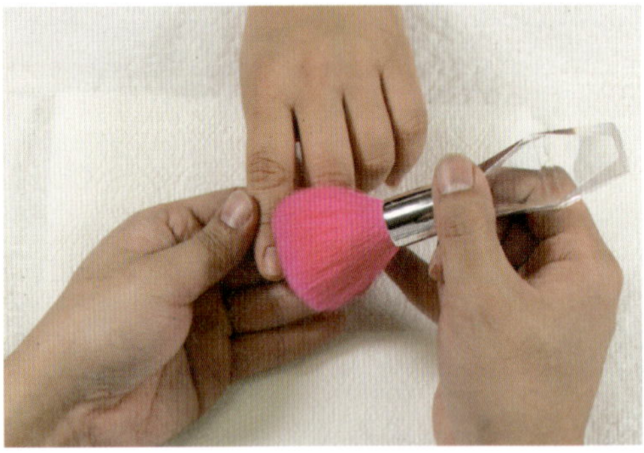

④ **솔**(더스트 브러시, Dust Brush)

- 알코올에서 솔을 꺼내 거즈로 물기를 제거한 다음 사용한다.(사용 후 더스트를 제거하고 알코올에 다시 담가 둔다.)
- 고객의 손, 5지 → 1지 순으로 시술한다.
- 더스트와 찌꺼기를 깨끗하게 털어 낸다.

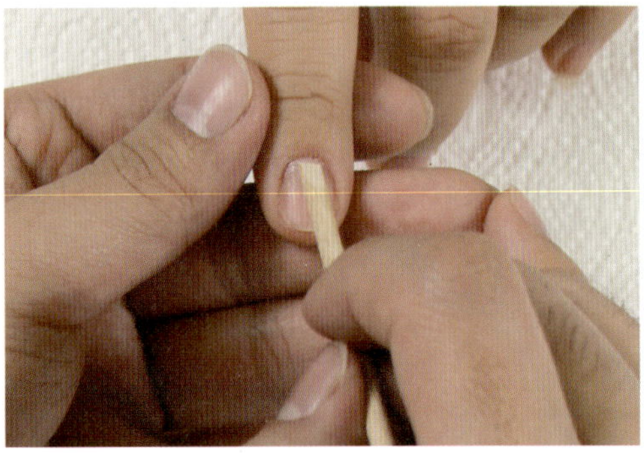

(4) 큐티클 밀기

① 기구 소독제에 담가 둔 푸셔나 우드스틱을 꺼내서 물기를 제거한다.

② 45° 각도를 유지하며 큐티클과 플레이트가 손상되지 않도록 주의해서 큐티클을 밀어 준다.

③ 고객의 손, 5지 → 1지 순으로 시술한다.

④ 푸셔 시술 손 5지를 고객의 손을 잡은 손 5지에 받쳐서 시술한다.(지지대 역할)

⑤ 큐티클을 제거할 경우 시술 후 유분기를 제거한다.

⑥ 라인만 맞춰 줄 경우 오일을 생략한다.

(5) 팁(Tip)

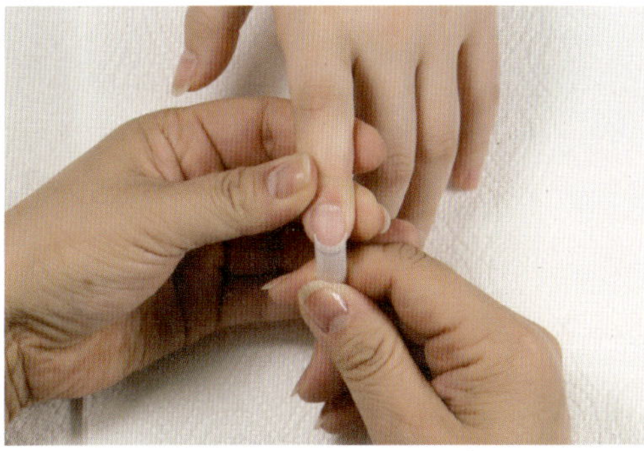

① 선택하기

- 사이드 라인이 11자가 되도록 팁을 선택한다.
- 팁 부착 후에 원 네일과 크기가 동일해야 한다.
- 팁 사이즈를 정확하게 선택해야 접착 시 공기가 들어가거나 들뜨지 않는다.
- 사이즈가 딱 맞는 팁이 없을 경우 사이드를 갈아 최대한 크기를 맞춰 파일링(Filing)한다.

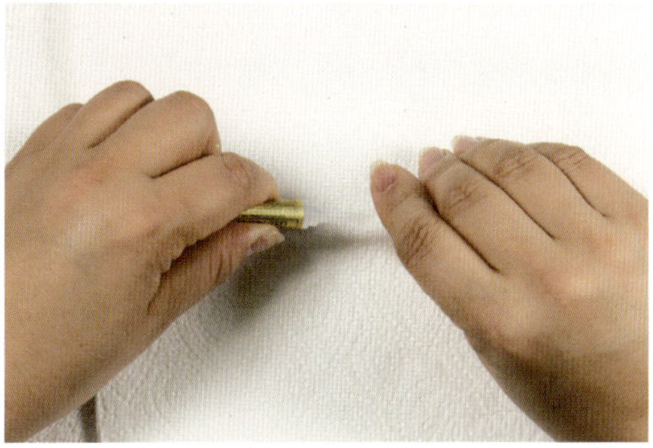

② 붙이기

- 라이트 글루나 젤 글루를 이용하여 부착한다.
- 라이트 글루 : 빠르게 시술할 수 있지만, 빨리 건조되므로 수정이 불가한 단점이 있다.
- 젤 글루 : 건조되는 시간이 여유가 있어 초보자들이 사용하기 용이하다.
- 45° 각도를 유지하여 부착한다.
- 공기가 들어가지 않도록 주의해서 부착한다.

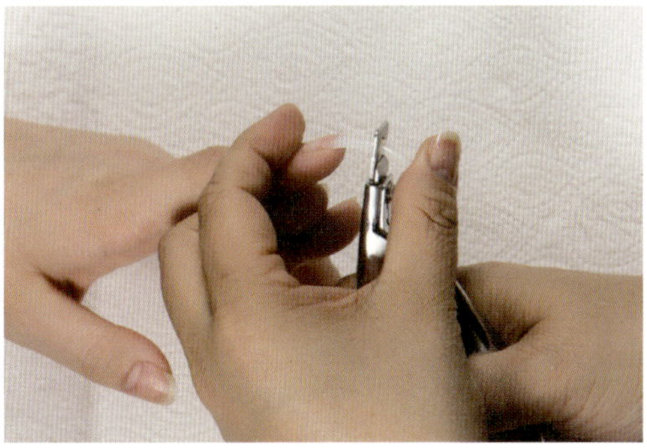

③ 길이 자르기

- 팁을 자를 때는 팁 커터기를 이용한다.
- 90° 각도를 유지하며 팁을 커팅한다.
- 일반적으로 1~1.5cm 정도의 길이로 잘라 준다.

④ 턱 제거하기

- 블랙 파일이나 지브라 파일을 사용한다.
- 팁 턱과 크로스가 되도록 파일링한다.
- 플레이트가 손상되지 않도록 힘을 완전히 뺀 상태에서 턱선만 제거한다.
- 큐티클이 손상되지 않도록 큐티클 라인을 반대 손으로 보호하며 파일링 한다.

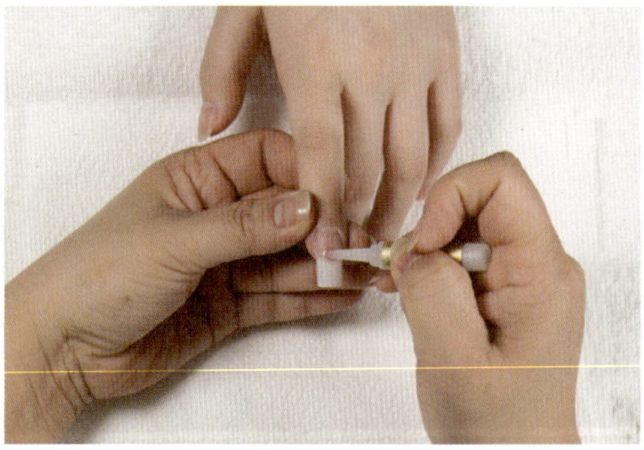

⑤ 팁 턱 보강하기

- 라이트 글루 표면 보강 : 글루 표면 전체 도포 → 글루 드라이어 → 건조 확인 → 버핑
- 젤 글루 표면보강 : 젤 글루 표면 전체 도포 → 글루 드라이어 → 건조 확인 → 버핑
- 표면 확인 후 표면이 고르지 않을 경우 필러 파우더(Filler Powder)를 도포하여 표면을 보강한다.

(6) 베이스 젤 바르기

30초~1분 큐어링한다.

(U.V/LED 겸용 → 램프의 종류에 따라 큐어링 시간을 조절한다.)

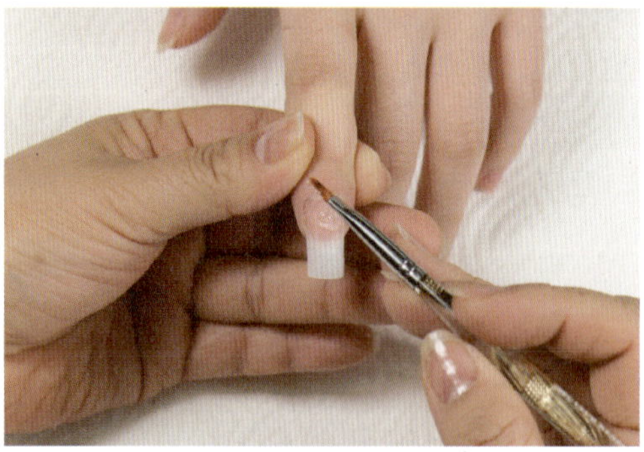

(7) 클리어 젤 오버레이

① 스퀘어 브러시를 이용한다.

② 플레이트에 젤을 올려 전체적으로 발라 준다.

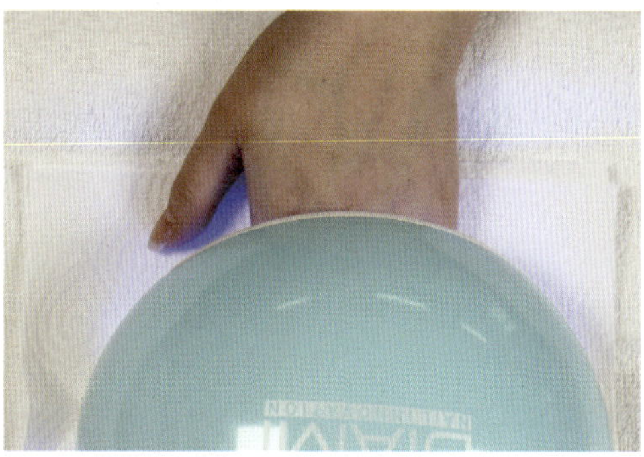

③ 큐어링한다.

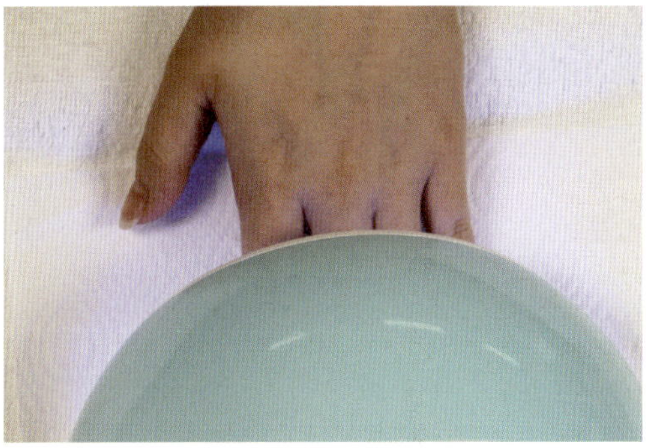

④ 측면에서 전체적으로 확인 후, 한번 더 보강한다.(C-Curve)

⑤ 큐어링 한다.

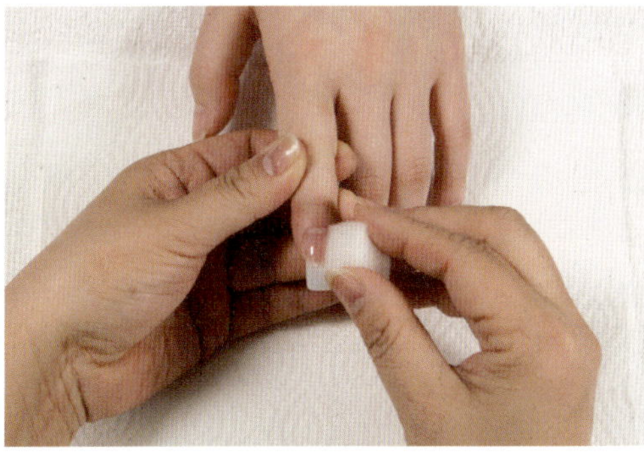

(8) 젤 클렌저

클렌저를 이용하여 끈적임을 없애 준다.
젤(Gel)을 경화시켜 준다.

(9) 버핑(Buffing) & 쉐입(Shape)

① 울퉁불퉁한 면을 정리한다.
② 샌딩 블럭, 지브라 파일, 샌딩 버퍼 등을 이용한다.
③ 블랙 파일은 그릿(Grit) 수가 너무 강해 젤 손상이 생기거나 오프 될 수 있으므로 사용하지 않는 것이 좋다.
④ 디스크 패드 → 솔(Dust Brush) 등을 이용하여 마무리한다.

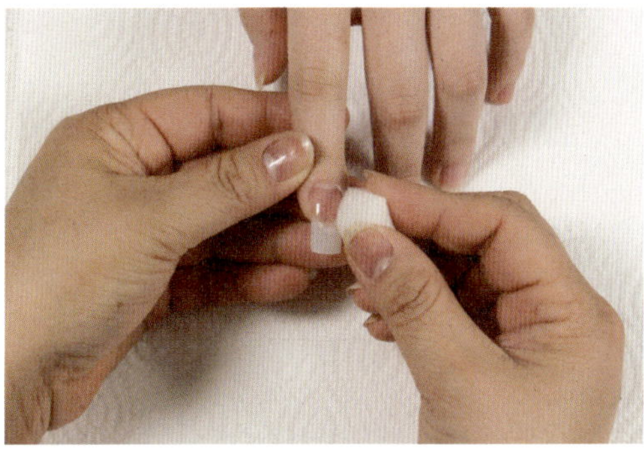

(10) 젤 클렌저

지저분한 더스트를 깨끗하게 닦아 낸다.

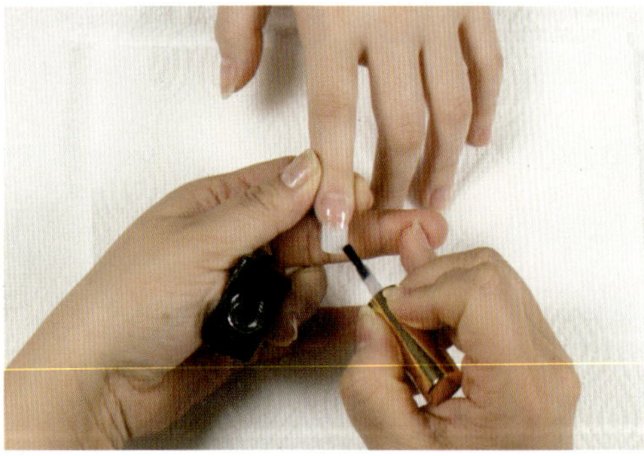

(11) 탑 젤 바르기

① 30초~1분 큐어링한다.

(U.V/LED 겸용 → 램프의 종류에 따라 큐어링 시간을 조절한다.)

(12) 마무리하기

램프에 큐어링 후 퍼펙트 탑 젤(Perfect top Gel)이나 논 와이퍼 탑젤(Non wiper top Gel)처럼 클렌저가 필요없는 제품을 사용했을 경우 바로 마무리한다.

미경화 젤이 남는 제품은 젤 클렌저를 이용하여 닦아 내어(경화) 마무리한다.

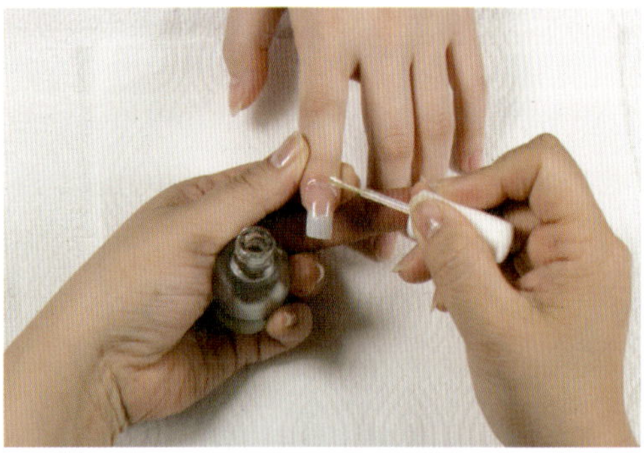

(13) 오일 발라주기

손을 촉촉하게 보이게 하기 위해 마무리로 큐티클 라인에 오일을 발라 준다.

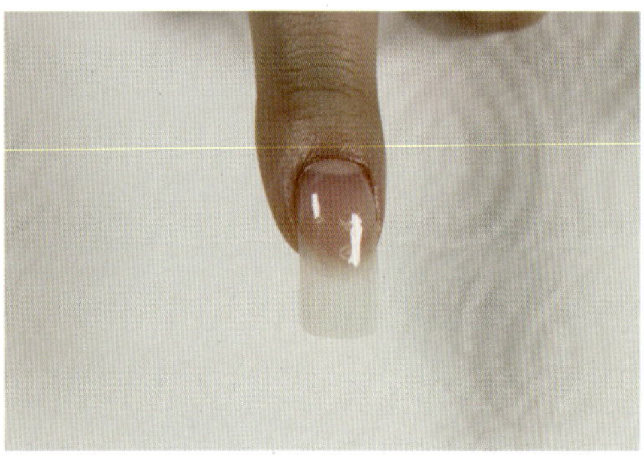

(14) 완성

2. 젤 원톤 스컬프처(Gel One Tone Sculpture)

Check point

- 클리어 젤이나 스컬프처 젤을 이용하여 인조 네일을 만들어 주는 테크닉이다.
- 폼지를 손톱 아래에 끼워 젤을 올려준 뒤 겔 전용 램프를 이용하여 굳게 만들어 준다.
- 젤 클렌저를 이용하여 경화시켜 딱딱하고 튼튼한 손톱을 만들어 준다.

1. 필요한 재료

마스크, 위생복, 더스트 팩, 재료 받침대, 손 소독제, 솜, 습식 소독제, 손목 받침대, 페이퍼 타월, 멸균 거즈, 타월, 니퍼, 푸셔, 우드스틱, 큐티클 리무버, 에나멜 리무버, 파일류, 샌딩, 라운드 패드, 더스트 브러시, 큐티클 오일, 폼지, 클리퍼, 보안경, 젤 브러시, 리퀴드 볼, 젤 클렌저, 클리어 젤, 스펀지, 램프, 베이스 젤, 탑 젤

2. 사전 준비

① 테이블을 세팅(시술 전 테이블 소독)하고 더스트 팩을 준비한다.

② 습식 소독제에 메탈 도구와 우드스틱을 담가 둔다.(자외선 소독기에 보관 뒤에 꺼내서 70% 알코올에 20분 담가 둔다.)

③ 재료 받침대에 관리에 필요한 제품을 세팅한다.

④ 깔끔하고 단정한 복장에 위생복과 마스크를 착용한다.

3. 시술 방법

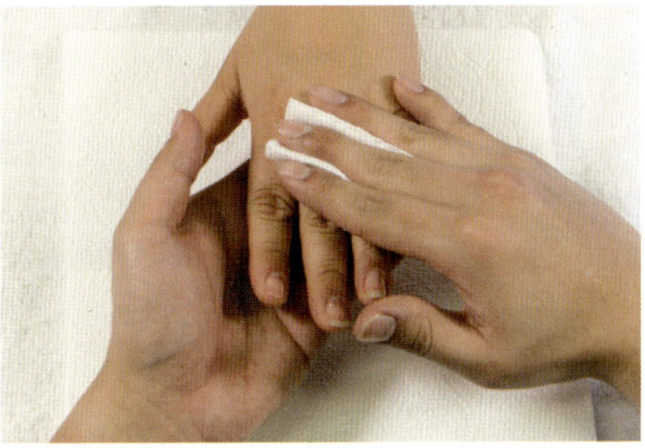

(1) 손 소독하기

① 손 소독제(안티셉틱, Anticeptic)를 솜에 뿌려 준다.

② 솜을 시술자의 3지에 끼워 준다.

③ 시술자의 손바닥 → 손등, 5지 → 1지 순으로 닦아 준다.

④ 고객의 손바닥 → 손등, 5지 → 1지 순으로 닦아 준다.

⑤ 왼손 시술 후, 오른손을 시술한다.

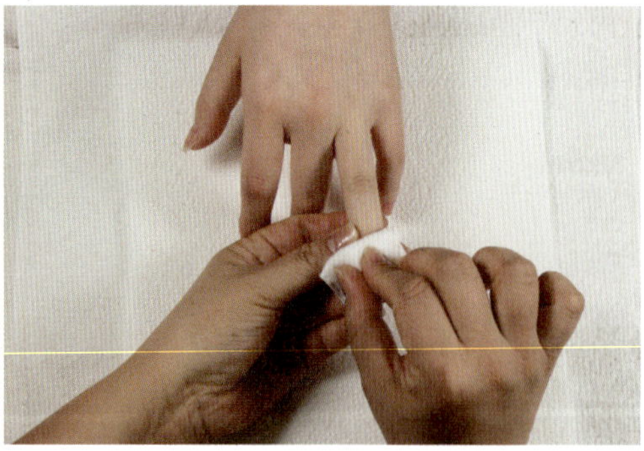

(2) 에나멜 지우기

① 솜을 반으로 접어 준다.
② 에나멜 리무버를 펌핑한다.
③ 시술자의 2, 3지 또는 1, 2지를 이용하여 시술한다.
④ 왼손 시술 후, 오른손을 시술한다.
*짙은 색의 에나멜을 지울 때는 3초 동안 눌렀다가 닦아낸 다음, 한번 더 비벼서 지워 줘야 컬러가 번지지 않는다.

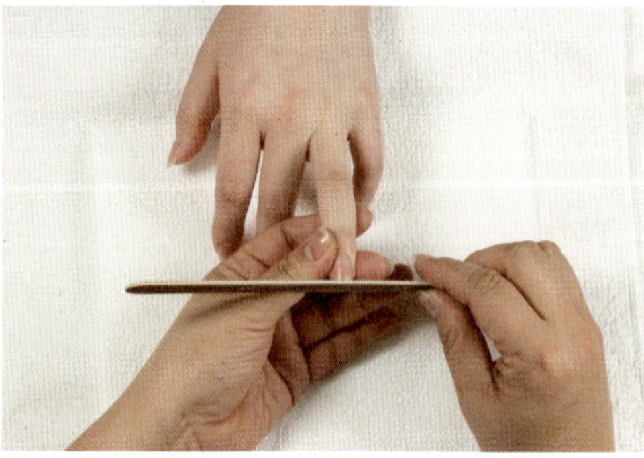

*손톱 모양 잡기와 큐티클 밀기는 순서가 바뀌어도 무관하다.

(3) 손톱 모양 잡기

① **파일링**(Filing)
- 고객의 손, 5지 → 1지 순으로 시술한다.
- 손톱의 중앙 → 좌 → 우 방향으로 쉐입(Shape)을 잡아 준다.
- 원 네일 파일링 시는 반드시 우드 파일만을 사용하고 파일을 비벼서 사용하지 않는다.
- 인조 네일 시술 시에는 반드시 원 네일을 라운드 또는 오발로 파일링한다.(길이는 하이포니키움[hyponichium]에 1mm 정도)

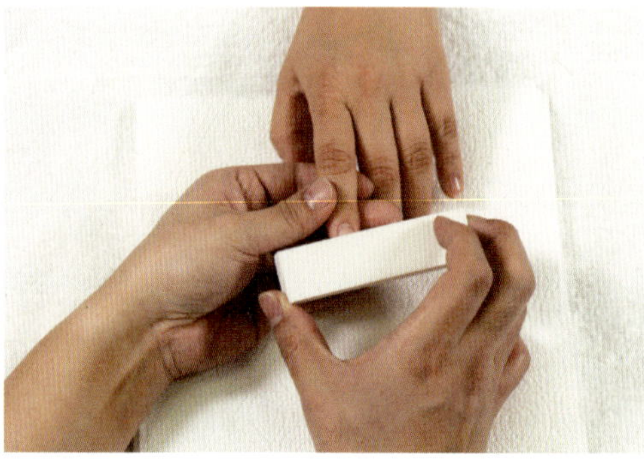

② **샌딩**(Sanding)
- 시술자의 1지와 3, 4지를 이용하여 샌딩을 잡아 준다.
- 고객의 손, 5지 → 1지 순으로 시술한다.
- 손톱의 표면을 고르게 버핑(Buffing) 한다.
- 표면의 유분기를 없애 주고, 표면을 균일하게 하기 위하여 실시한다.(에칭)

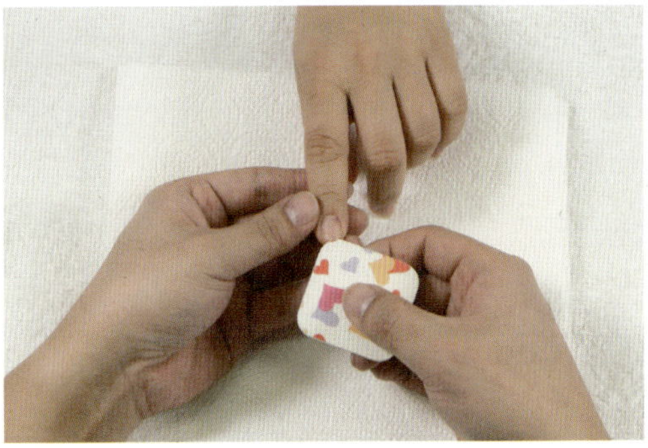

③ **디스크 패드**(Disk Pad)

- 시술자의 엄지손가락이 위로 오도록 잡아준다.
- 고객의 손, 5지 → 1지 순으로 시술한다.
- 손톱 밑의 더스트(이물질)를 제거한다.
- 에그셀 네일(계란껍질 손톱)이나 건조하고 얇은 손톱은 손상이 오거나 부러질 수 있으므로 주의한다.

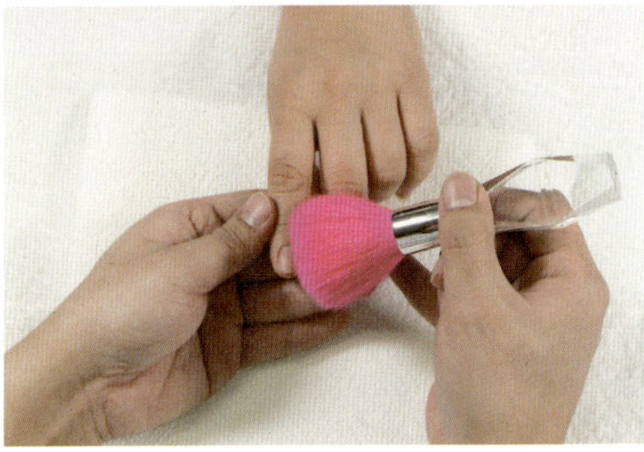

④ **솔**(더스트 브러시, Dust Brush)

- 알코올에서 솔을 꺼내 거즈로 물기를 제거한 다음에 사용한다.(사용 후 더스트를 제거하고 알코올에 다시 담가 둔다.)
- 고객의 손, 5지 → 1지 순으로 시술한다.
- 더스트와 찌꺼기를 깨끗하게 털어낸다.

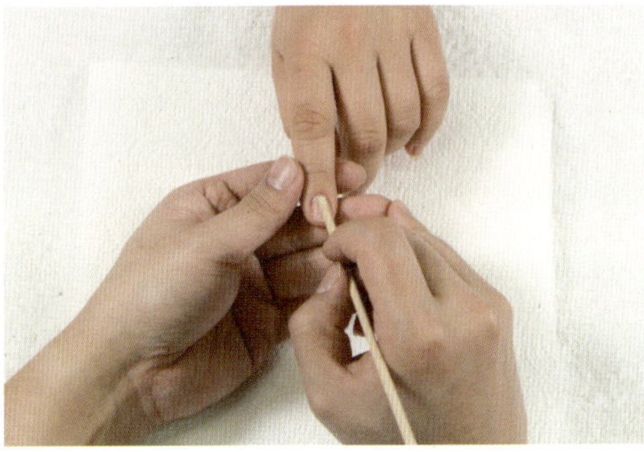

(4) 큐티클 밀기

① 기구 소독제에 담가 둔 푸셔나 우드스틱을 꺼내서 물기를 제거한다.

② 45° 각도를 유지하며 큐티클과 플레이트가 손상되지 않도록 주의해서 큐티클을 밀어 준다.

③ 고객의 손, 5지 → 1지 순으로 시술한다.

④ 푸셔 시술 손 5지를 고객의 손을 잡은 손 5지에 받쳐서 시술한다.(지지대 역할)

⑤ 큐티클을 제거할 경우에는 시술 후 유분기를 제거한다.

⑥ 라인만 맞춰 줄 경우에는 오일을 생략한다.

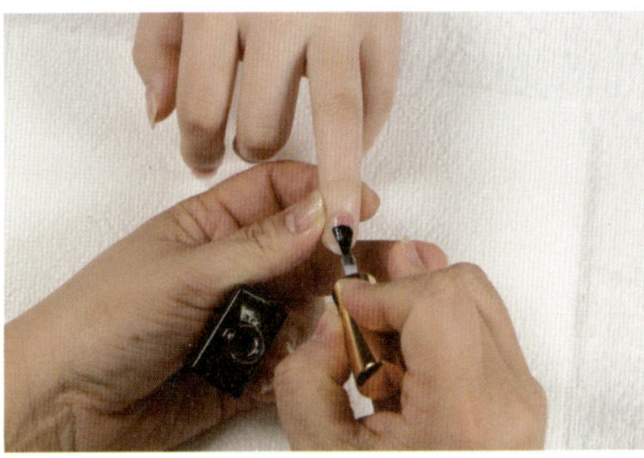

(5) 베이스 젤 바르기

① 30초~1분 큐어링 한다.

(U.V/LED 겸용 → 램프의 종류에 따라 큐어링 시간을 책정한다.)

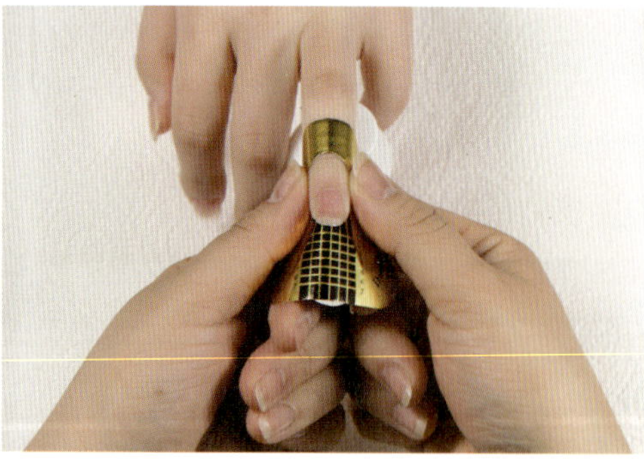

(6) 폼지 끼우기

① 시술자의 양손 엄지는 11자로 하여 폼지를 잡아준다.

② 고객의 손톱 중앙과 폼의 정중앙이 일직선이 되도록 한다.

③ 사이드에서 체크하여 하이 포인트 부분이 처지지 않고 일직선이 되도록 부착한다.

④ 아크릴릭 원톤 스컬프처 참고

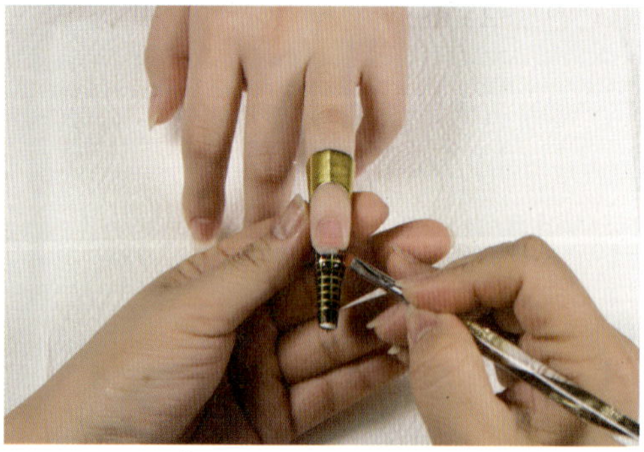

(7) 클리어 젤 올리기

① 1Coat : 프리에지 부분에 클리어 젤을 올려 프리에지 모양을 만들어 주고 플레이트 쪽으로 그라데이션 한다.

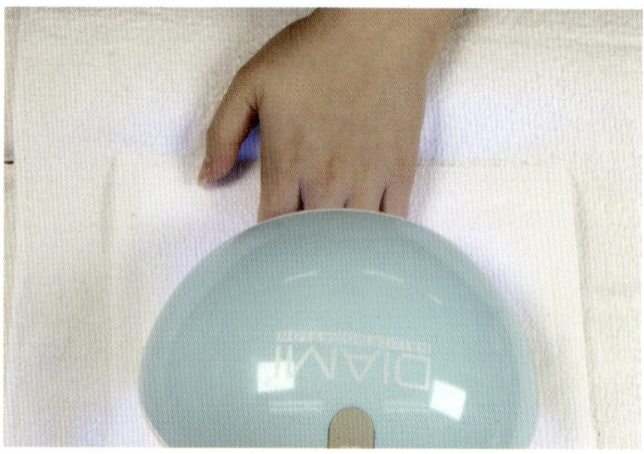

② **큐어링**

→ 후 핀칭(Pinching)

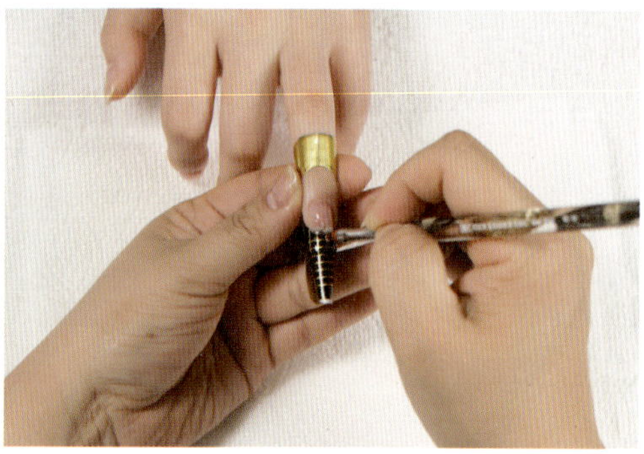

③ 2Coat : 플레이트에 젤을 올려준 뒤에 전체적으로 그라데이션 한다.

④ **큐어링**

→ 후 핀칭(Pinching)

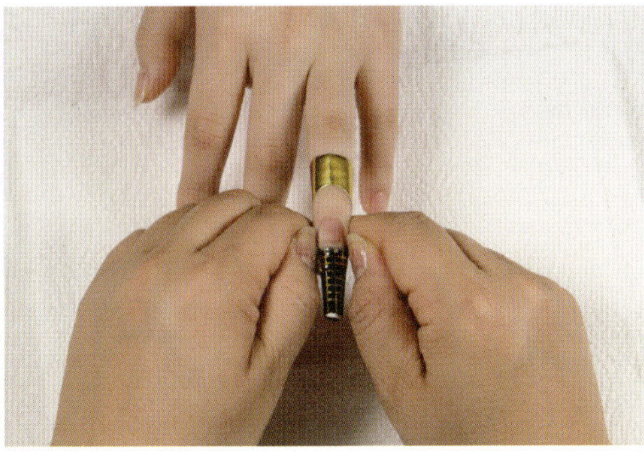

⑤ **측면 확인**

- 측면에서 꺼진 부분은 없는지를 확인하고, C-커브(Curve)가 이루어져 있는지를 체크한다.
- 꺼진 부분이 있으면 한번 더 오버레이 한다. → 큐어링 → 후 핀칭(Pinching)

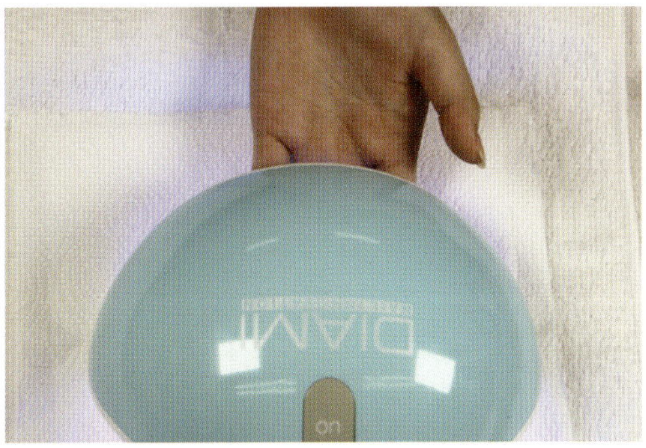

⑥ **젤 클렌저**

클렌저를 이용하여 경화시켜 준다.

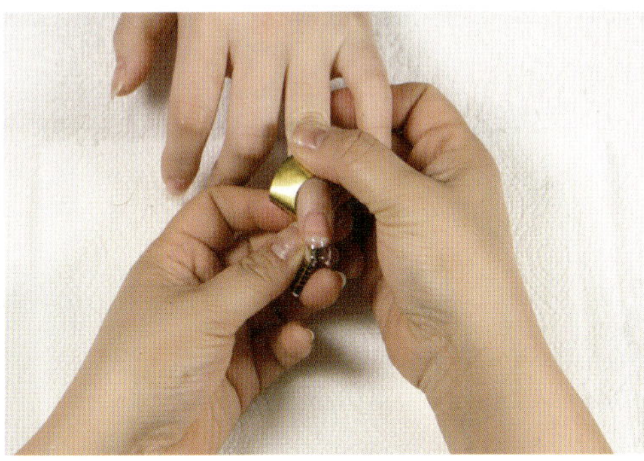

(8) 폼지 제거

① 프리에지 부분의 폼지를 양쪽 측면에서 눌러 준다.

② 프리에지 부분의 폼지를 앞으로 눌러서 제거한다.

③ 큐티클 라인의 폼지를 제거한다.

④ 아크릴릭 원톤 스컬프처 참고

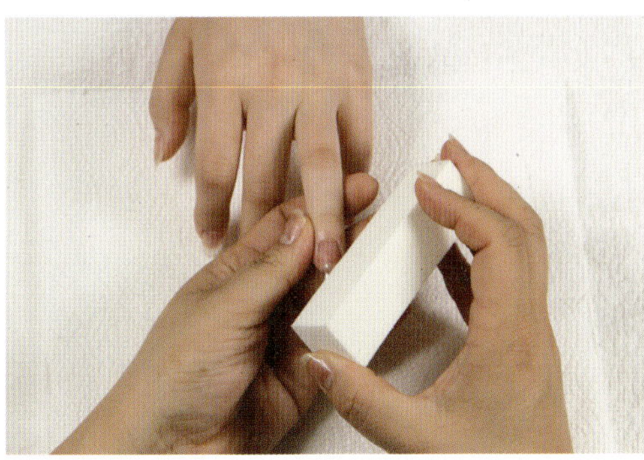

(9) 버핑(Buffing) & 셰이프(Shape)

① 샌딩 블럭이나 지브라 파일 및 버퍼 등을 이용하여 표면을 고르게 버핑한다.

② 부드러운 버퍼 파일을 이용하여 표면을 한번 더 버핑한다.(스크레치를 없애 주고 광택력을 높여 준다.)

④ 디스크 패드를 이용하여 찌꺼기를 제거한다.

⑤ 솔을 이용하여 더스트(Dust)를 제거한다.

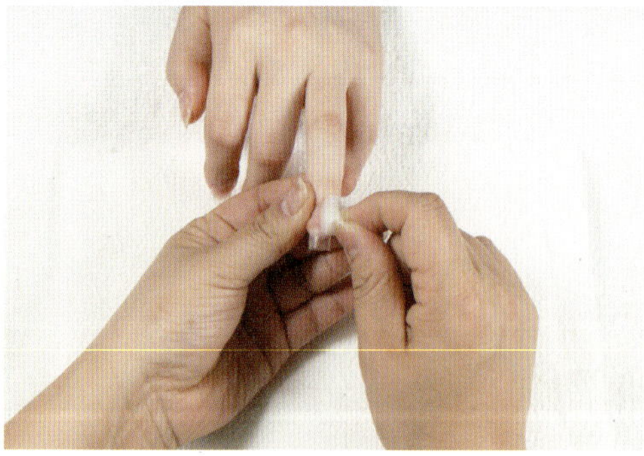

(10) 젤 클렌저

- 클렌저를 이용하여 더스트(이물질)를 제거해 준다.
- 면 거즈에 물기를 분사하여 불순물을 제거해도 무관한다.

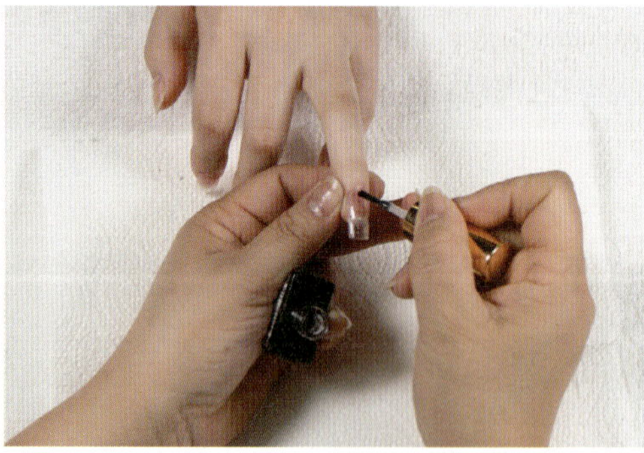

(11) 탑젤 바르기

① 30초~1분 큐어링한다.
(U.V/LED 겸용 → 램프의 종류에 따라 큐어링 시간을 조절한다.)

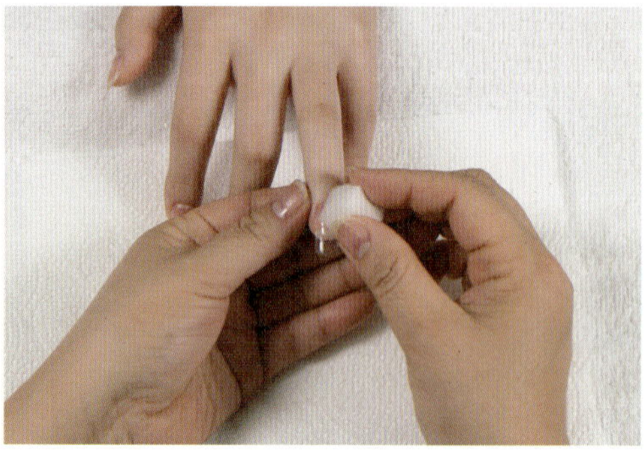

(12) 마무리하기

램프에 큐어링 후 퍼펙트 탑 젤이나 논 와이퍼 탑 젤처럼 클렌저가 필요없는 제품을 사용했을 경우 바로 마무리한다.

미경화 젤이 남는 제품은 젤 클렌저를 이용하여 닦아내어(경화) 마무리한다.

(13) 오일 발라 주기

손을 촉촉하게 보이게 하기 위해 마무리로 큐티클 라인에 오일을 발라 준다.

(14) 완성

3. 젤 프렌치 스컬프처(Gel French Sculpture)

Check point

- 화이트 스컬프처 젤을 이용하여 프렌치를 만들어 준 다음, 클리어 젤을 이용하여 오버레이(Overlay)한다.
- 프렌치 스컬프처의 생명인 깔끔하고 아름다운 스마일 라인을 위해 섬세하게 작업하며, 옐로 라인이 비치거나 보이지 않도록 주의한다.

1. 필요한 재료

마스크, 위생복, 더스트 팩, 재료 받침대, 손 소독제, 솜, 습식 소독기, 손목 받침대, 페이퍼 타월, 멸균 거즈, 타월, 니퍼, 푸셔, 우드스틱, 큐티클 리무버, 에나멜 리무버, 파일류, 샌딩, 라운드 패드, 더스트 브러시, 큐티클 오일, 폼지(Form), 클리퍼, 보안경, 젤 브러시, 리퀴드 볼, 젤 클렌저, 클리어 젤, 화이트 젤, 스펀지, 램프, 베이스 젤, 탑 젤

2. 사전 준비

① 테이블을 세팅(시술 전 테이블 소독)하고 더스트 팩을 준비한다.

② 습식 소독제에 메탈 도구와 우드스틱을 담가 둔다.(자외선 소독기에 보관 뒤 꺼내서 70% 알코올에 20분 담가 둔다.)

③ 재료 받침대에 관리에 필요한 제품을 세팅한다.

④ 깔끔하고 단정한 복장에 위생복과 마스크를 착용한다.

3. 시술 방법

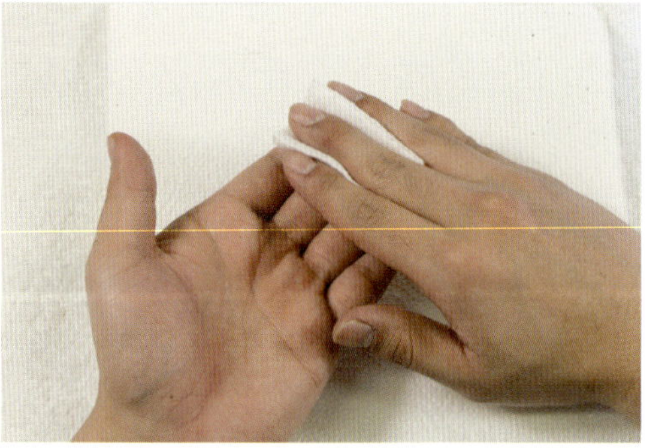

(1) 손 소독하기

① 손 소독제(안티셉틱, Anticeptic)를 솜에 뿌려 준다.

② 솜을 시술자의 3지에 끼워 준다.

③ 시술자의 손바닥 → 손등, 5지 → 1지 순으로 닦아 준다.

④ 고객의 손바닥 → 손등, 5지 → 1지 순으로 닦아 준다.

⑤ 왼손 시술 후, 오른손을 시술한다.

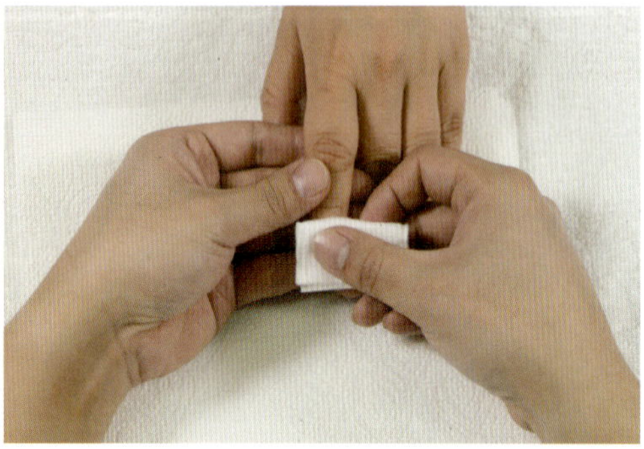

(2) 에나멜 지우기

① 솜을 반으로 접어 준다.

② 에나멜 리무버를 펌핑(Pumping)한다.

③ 시술자의 2, 3지 또는 1, 2지를 이용하여 시술한다.

④ 왼손 시술 후, 오른손을 시술한다.

*짙은 색의 에나멜을 지울 때는 3초 동안 눌렀다가 닦아낸 다음, 한번 더 비벼서 지워 줘야 컬러가 번지지 않는다.

*손톱 모양잡기와 큐티클 밀기는 순서가 바뀌어도 무관하다.

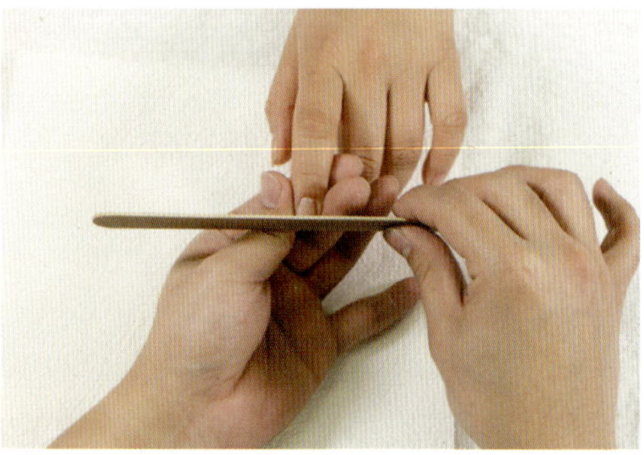

(3) 손톱 모양 잡기

파일링 → 샌딩 → 디스크 패드 → 솔(더스트 브러시)를 실시한다.

(4) 큐티클 밀기

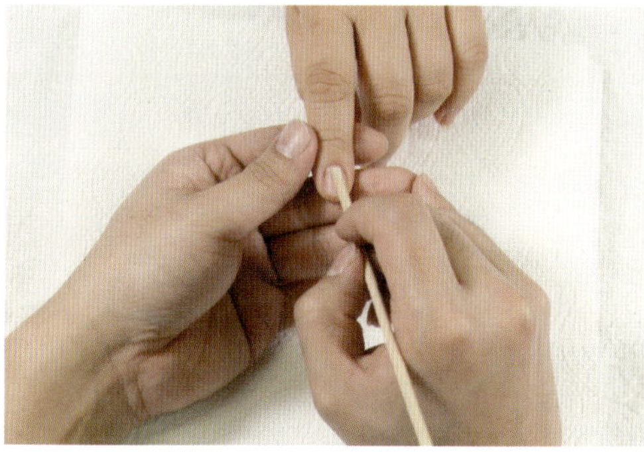

① 기구 소독제에 담가 둔 푸셔나 우드스틱을 꺼내서 물기를 제거한다.
② 45˚ 각도를 유지하며 큐티클과 플레이트가 손상되지 않도록 주의해서 큐티클을 밀어 준다.
③ 고객의 손, 5지 → 1지 순으로 시술한다.
④ 푸셔 시술 손 5지를 고객의 손을 잡은 손 5지에 받쳐서 시술한다.(지지대 역할)
⑤ 큐티클을 제거 할 경우는 시술 후 유분기를 제거한다.
⑥ 라인만 맞춰 줄 경우에 오일을 생략한다.

(5) 베이스 젤 바르기

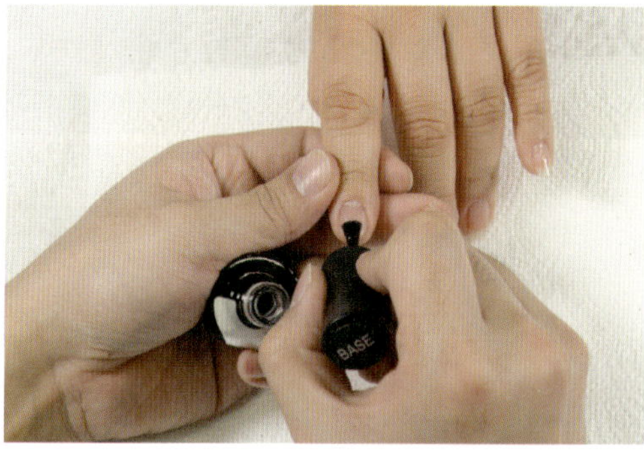

① 30초~1분 큐어링 한다.
(U.V/LED 겸용 → 램프의 종류에 따라 큐어링 시간을 조절한다.)

(6) 폼지(Form) 끼우기

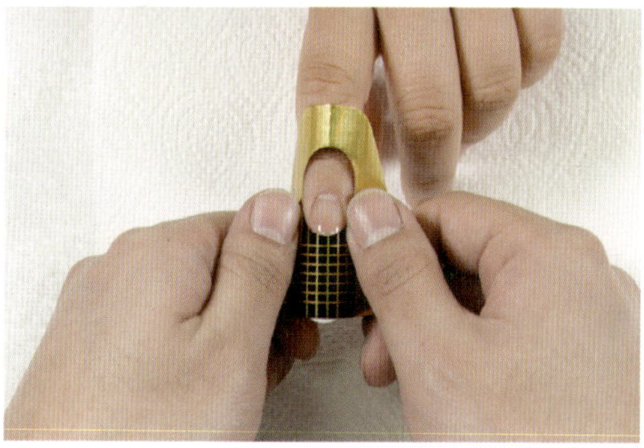

① 시술자의 양손 엄지는 11자로 하여 폼을 잡아 준다.
② 고객의 손톱 중앙과 폼의 정중앙이 일직선이 되도록 한다.
③ 사이드에서 체크하여 하이 포인트 부분이 쳐지지 않도록 일직선이 되도록 부착한다.
④ 아크릴릭 원톤 스컬프처 참고

(7) 프렌치 만들기

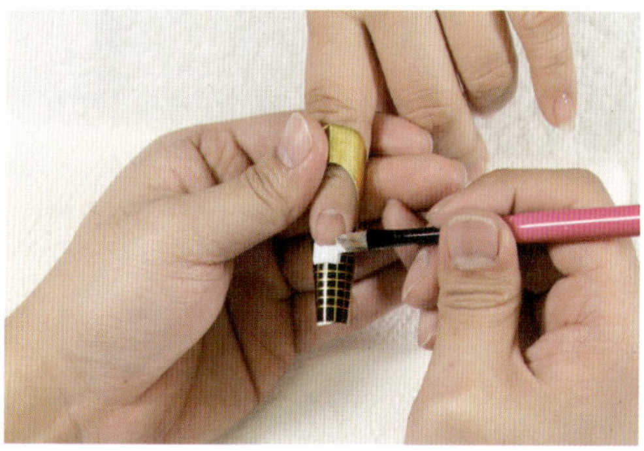

① 화이트 젤을 이용하여 프리에지를 만들어 준다.
② 스퀘어 모양을 먼저 만들어 준다.
③ 스마일 라인을 만들어 준다.
④ 사선 브러시 또는 스퀘어 브러시에 클렌저를 묻혀서 스마일 라인을 깨끗하게 정리한다.
⑤ 옐로우 라인이 보이지 않도록 원 네일을 정리하든지 화이트 겔로 커버 한다.

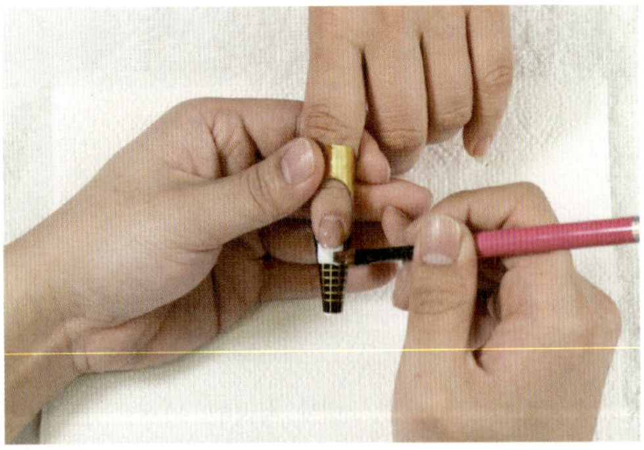

(8) 클리어 젤 올리기

① 1Coat : 프리에지 부분에 클리어 젤을 올려 모양을 만들어 주고 플레이트 쪽으로 그라데이션 한다.

② **큐어링** → 후 핀칭

③ 2Coat : 플레이트에 젤을 올려준 뒤에 전체적으로 그라데이션 한다.

④ **큐어링** → 후 핀칭(Pinching)

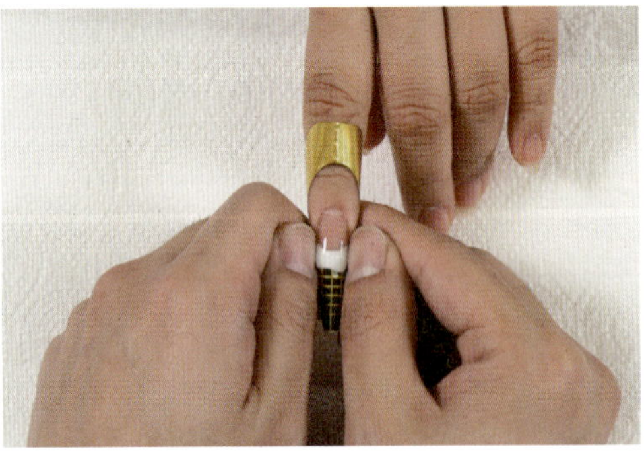

⑤ **측면 확인**

- 측면에서 꺼진 부분은 없는지 확인하고, C- 커브(Curve)가 이루어져 있는지를 체크한다.
- 꺼진 부분이 있으면 한번 더 오버레이 한다. → 큐어링 → 후 핀칭(Pinching)

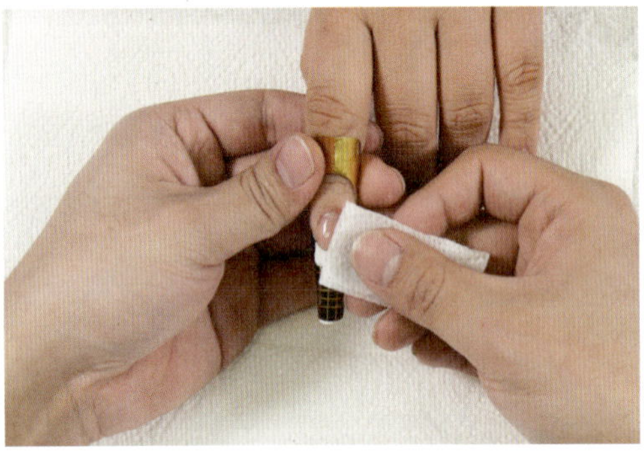

⑥ **젤 클렌저**

클렌저를 이용하여 경화시켜 준다.

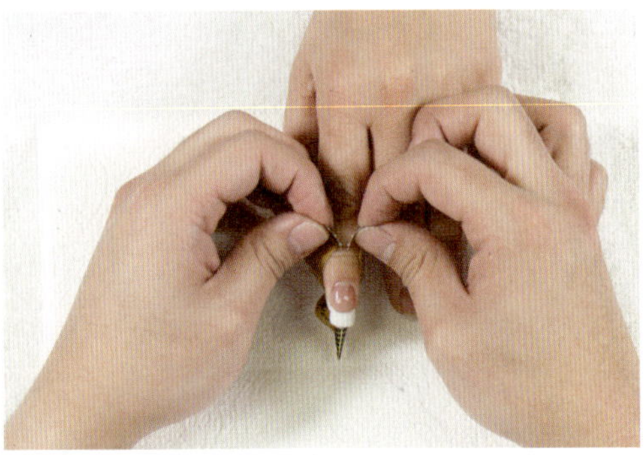

(9) 폼지(Form) 제거

① 프리에지 부분의 폼지를 양쪽 측면에서 눌러 준다.

② 프리에지 부분의 폼지를 앞으로 눌러서 제거한다.

③ 큐티클 라인의 폼지를 제거한다.

④ 아크릴릭 원톤 스컬프처 참고

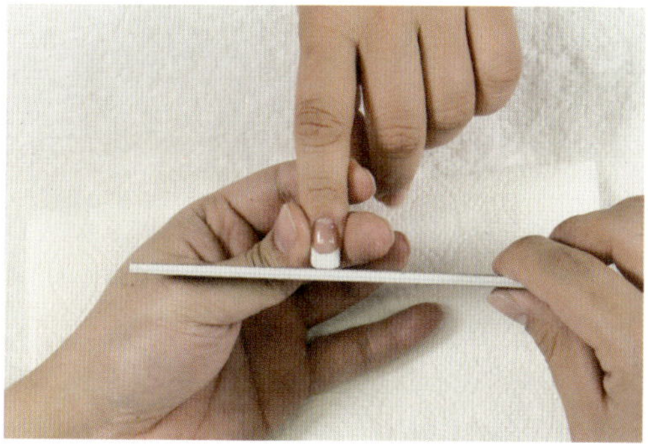

(10) 버핑(Buffing) & 쉐입(Shape)

① 샌딩 블럭이나 지브라 파일 및 버퍼 등을 이용하여 표면을 고르게 버핑 한다.
② 부드러운 버퍼 파일을 이용하여 표면을 한번 더 버핑(Buffing) 한다.(스크레치를 없애 주고 광택력을 높여 준다.)
④ 디스크 패드를 이용하여 찌꺼기를 제거한다.
⑤ 솔을 이용하여 더스트를 제거한다.

(11) 젤 클렌저

- 클렌저를 이용하여 더스트를 제거해 준다.
- 면 거즈에 물을 적셔서 불순물을 제거해도 무관하다.

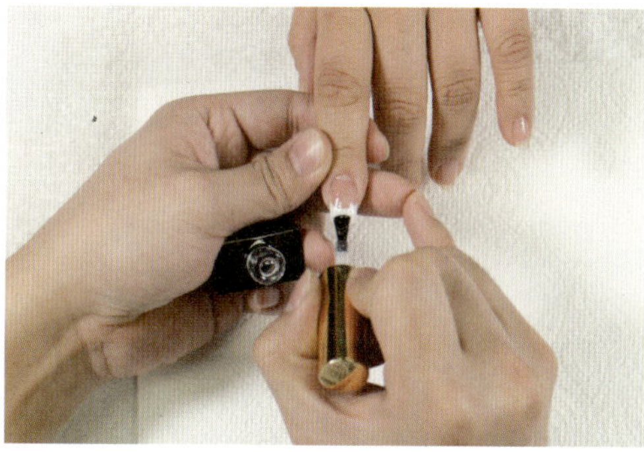

(12) 탑 젤 바르기

① 30초~1분 큐어링 한다.
(U.V/LED 겸용 → 램프의 종류에 따라 큐어링 시간을 조절한다.)

(13) 오일 발라 주기

손을 촉촉하게 보이게 하기 위해 마무리로 큐티클 라인에 오일을 발라 준다.

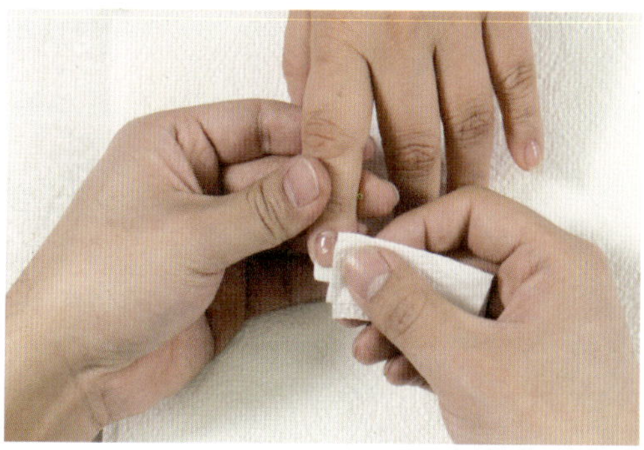

(14) 완성

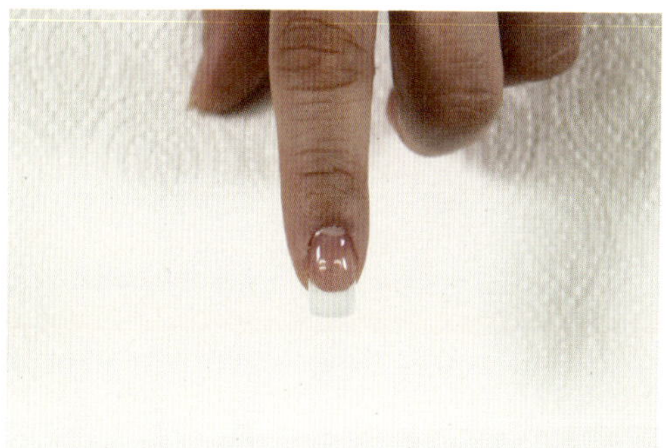

Chapter 5

PART Ⅱ 네일 실습

젤을 이용한 마블링

1. 일직선 마블링(선 마블링, Line Marbling)

Check point

- 흰색 폴리시 젤과 빨간색 폴리시 젤을 이용하여 마블링 한다.
- 색상별로 2개의 세필 브러시를 이용하여 선을 그려 준 뒤 사선 브러시나 스퀘어 브러시를 이용하여 스마일 라인을 정리한다.
- 세로선 8개, 가로선 5개를 이용하여 마블링 한다.
- 색이 서로 섞이거나 번지지 않도록 주의하며, 크로스 선을 만들 때 간격이 일정하게 그어지도록 주의한다.

1. 필요한 재료

마스크, 위생복, 더스트 팩, 재료 받침대, 손 소독제, 솜, 습식 소독기, 손목 받침대, 페이퍼 타월, 멸균 거즈, 타월, 니퍼, 푸셔, 우드스틱, 큐티클 리무버, 에나멜 리무버, 파일류, 샌딩, 라운드 패드, 더스트 브러시, 큐티클 오일, 포일, 젤 브러시, 리퀴드 볼, 젤 클렌저, 레드 젤, 화이트 젤, 스펀지, 램프, 베이스 젤, 탑 젤

2. 사전 준비

① 테이블을 세팅(시술 전 테이블 소독)하고 더스트 팩을 준비한다.

② 습식 소독제에 메탈 도구와 우드스틱을 담가 둔다.(자외선 소독기에 보관 뒤 꺼내서 70% 알코올에 20분 담가 둔다.)

③ 재료 받침대에 관리에 필요한 제품을 세팅한다.

④ 깔끔하고 단정한 복장에 위생복과 마스크를 착용한다.

3. 시술 방법

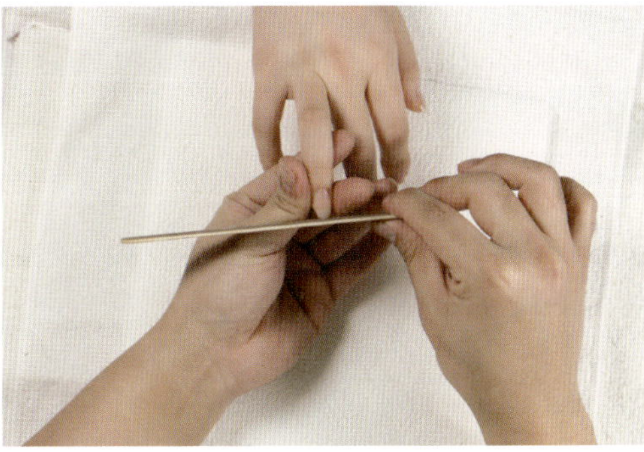

(1) 손 소독하기

(2) 에나멜 지우기

(3) 손톱 모양 잡기

(4) 큐티클 밀기

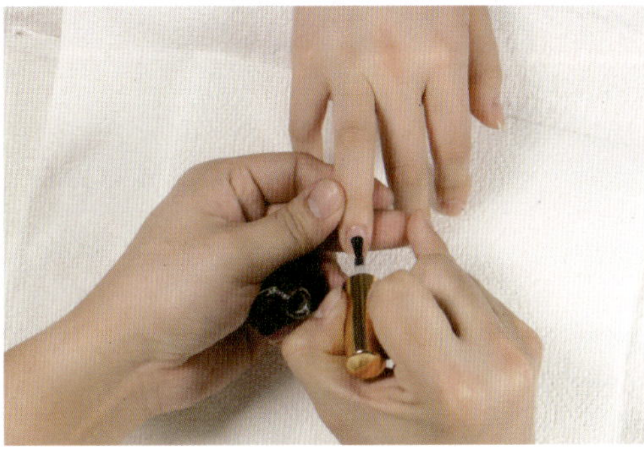

(5) 베이스 젤 바르기

① 30초~1분 큐어링한다.
(U.V/LED 겸용 → 램프의 종류에 따라 큐어링 시간을 조절한다.)

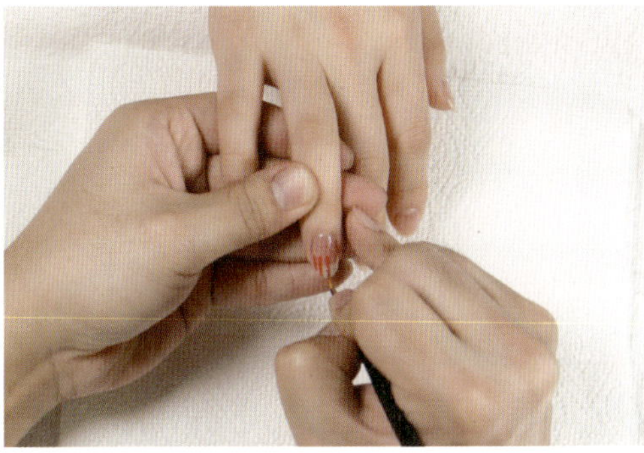

(6) 선 긋기

① 빨간색 또는 흰색 중 한 가지 색을 선택하여 세필 브러시로 선을 그어 준다.

*1~4지 : 세로선(빨4, 흰4), 가로선 5줄
5지 : 세로선(빨3, 흰3), 가로선 3줄

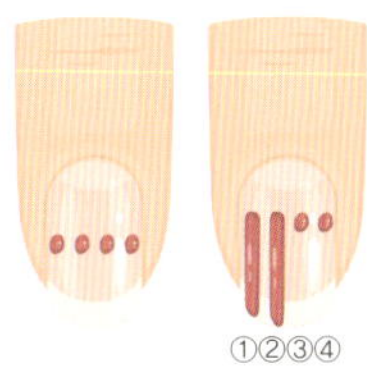

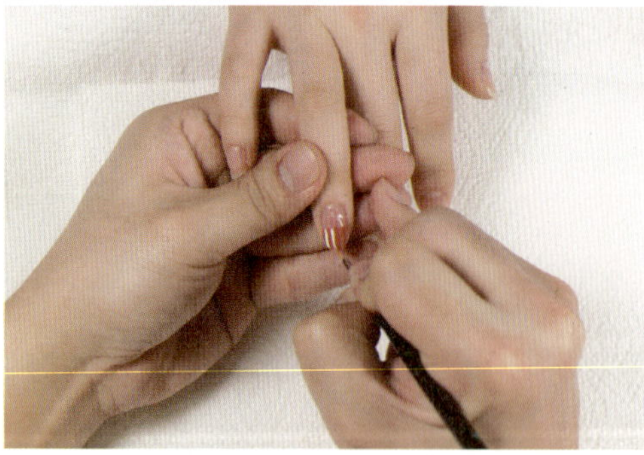

② 빨간색 또는 흰색 중 한 가지 색을 선택하여 세필 브러시로 선 사이에 선을 그어 준다.
*붓을 2개로 교차하며 사용한다.

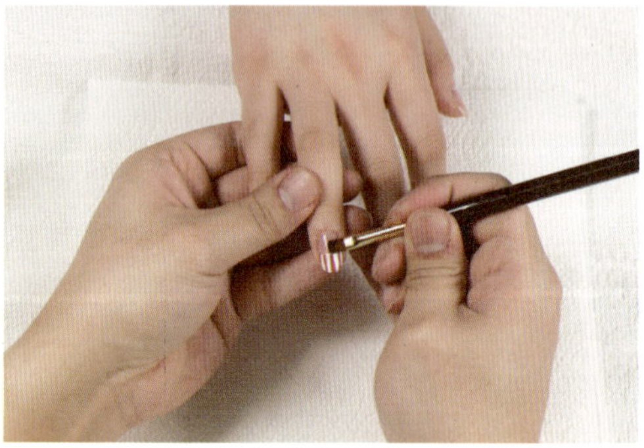

(7) 스마일 라인 닦아 주기

사선 브러시나 스퀘어 브러시를 이용하여 클렌저를 묻혀 스마일 라인 선이 선명하고 깨끗하도록 닦아 준다.

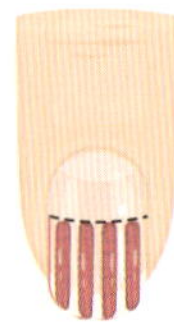

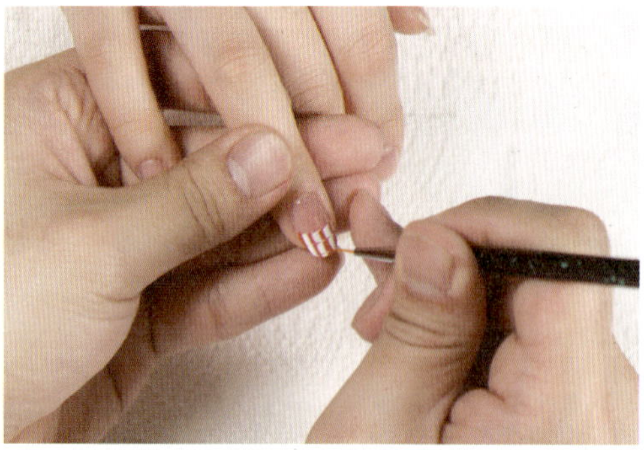

(8) 크로스 선 그어 주기

① 가로로 3개의 선을 그려 준다.

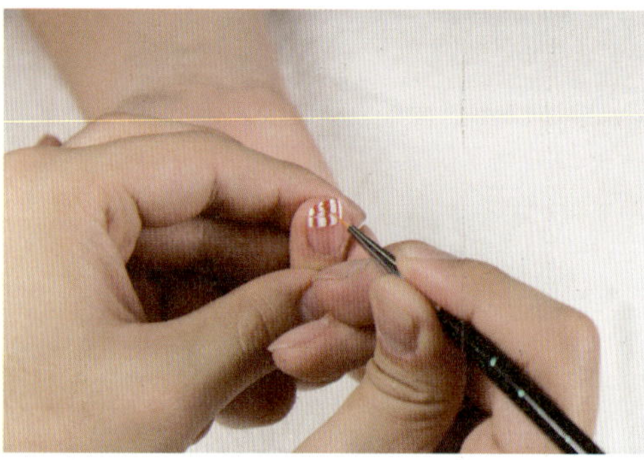

② 고객의 손을 뒤집어 고객이 자신의 손바닥을 바라보도록 구도를 잡아, 3개의 선 사이에 2개의 선을 그려 준다.

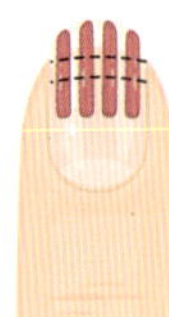

*디자인이 완성되면, 큐어링 한다.
30초~1분 큐어링 한다.
(U.V/LED 겸용 → 램프의 종류에 따라 큐어링 시간을 조절한다.)

(9) 탑 젤 바르기

① 30초~1분 큐어링 한다.
(U.V/LED 겸용 → 램프의 종류에 따라 큐어링 시간을 조절한다.)

② 램프에 큐어링 후 퍼펙트 탑 젤 또는 논 와이퍼 탑 젤처럼 클렌저가 필요 없는 제품을 사용했을 경우 바로 마무리한다.
미경화 젤이 남는 제품은 젤 클렌저를 이용하여 닦아 내어(경화) 마무리한다.

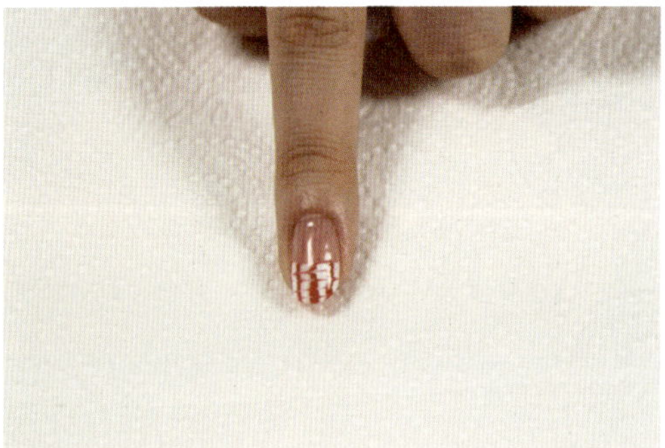

(10) 완성

2. 부채꼴 마블링(Fan shape Marbling)

Check point

- 빨간색 젤 폴리시를 풀 코트로 1~2회 컬러링 한 뒤, 흰색 폴리시 젤과 빨간색 폴리시 젤을 이용하여 마블링한다.
- 색상별로 2개의 세필 브러시를 이용하여 선을 그려 준 뒤 마블선 10개, 크로스선 5개를 이용하여 마블링한다.
- 부채꼴 마블의 가로선 7개, 세로선 7개.
- 색이 서로 섞이거나 번지지 않도록 주의하며, 크로스 선을 만들 때 간격이 일정하게 그어지도록 주의한다.

1. 필요한 재료

마스크, 위생복, 더스트 팩, 재료 받침대, 손 소독제, 솜, 습식 소독기, 손목 받침대, 페이퍼 타월, 멸균 거즈, 타월, 니퍼, 푸셔, 우드스틱, 큐티클 리무버, 에나멜 리무버, 파일류, 샌딩, 라운드 패드, 더스트 브러시, 큐티클 오일, 포일, 젤 브러시, 리퀴드 볼, 젤 클렌저, 레드 폴리시 젤, 화이트 폴리시 젤, 스펀지, 램프, 베이스 젤, 탑 젤

2. 사전 준비

① 테이블을 세팅(시술 전 테이블 소독)하고 더스트 팩을 준비한다.

② 습식 소독제에 메탈 도구와 우드스틱을 담가 둔다.(자외선 소독기에 보관 뒤 꺼내서 70% 알코올에 20분 담가 둔다.)

③ 재료 받침대에 관리에 필요한 제품을 세팅한다.

④ 깔끔하고 단정한 복장에 위생복과 마스크를 착용한다.

3. 시술 방법

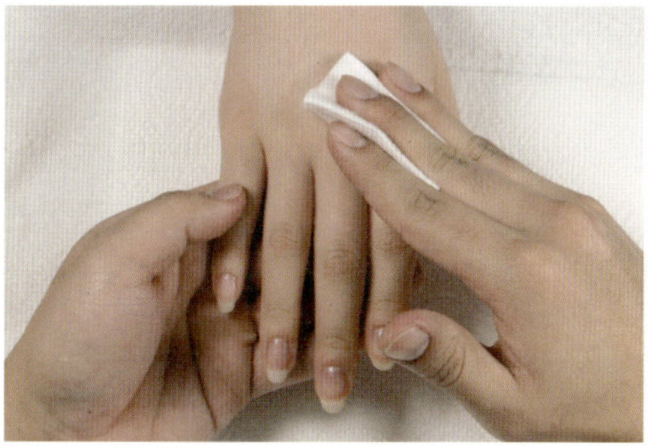

(1) 손 소독하기

(2) 에나멜 지우기

(3) 손톱 모양잡기

(4) 큐티클 밀기

(5) 베이스 젤 바르기

① 30초~1분 큐어링 한다.
(U.V/LED 겸용 → 램프의 종류에 따라 큐어링 시간을 조절한다.)

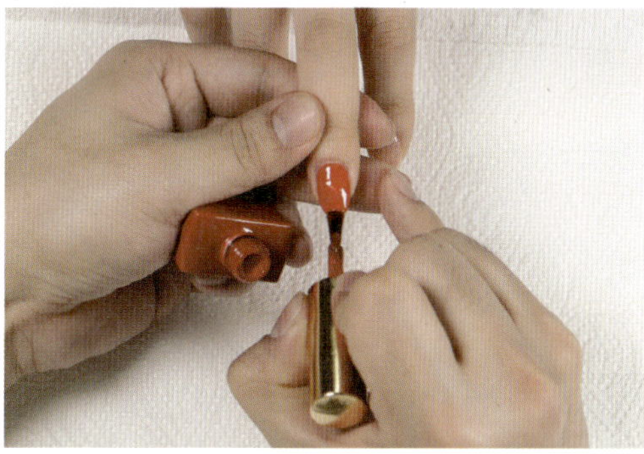

(6) 베이스 컬러 바르기

① 빨간색 젤 폴리시를 1~2회 풀 코트로 컬러링 한다.

*30초~1분 큐어링 한다.
(U.V/LED 겸용 → 램프의 종류에 따라 큐어링 시간을 조절한다.)

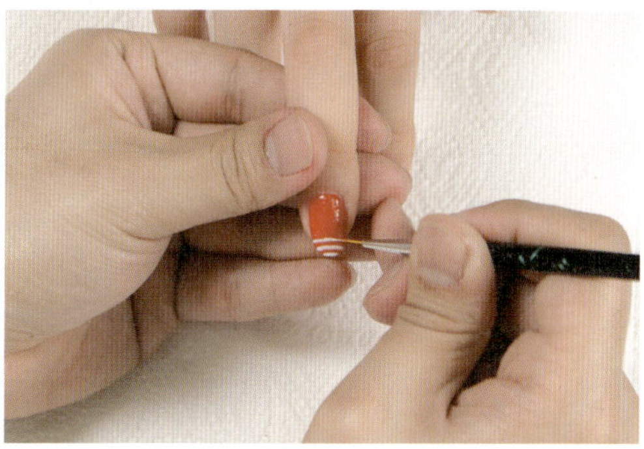

(7) 부채꼴 마블링

① 화이트 폴리시 젤을 시작으로 총 4줄을 그려 준다.

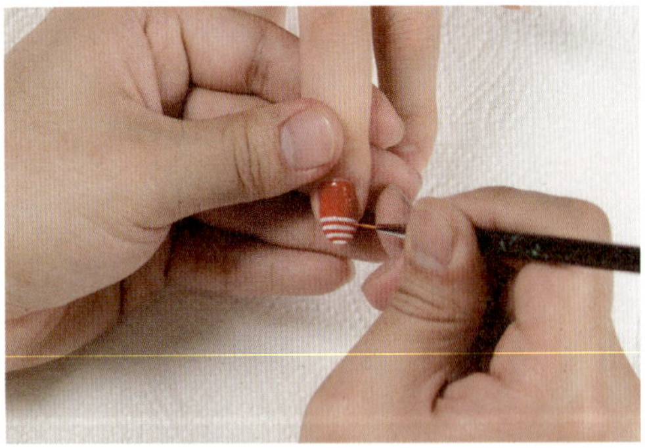

② 레드 폴리시 젤로 사이사이를 채워 3줄을 그려 준다.
*붓을 2개로 교차하며 사용한다.

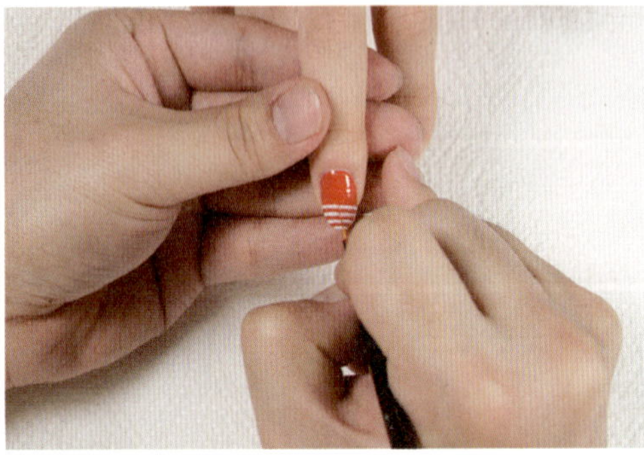

(8) 크로스 선 그어 주기

① 중심선을 그려 준다.
*1~4지: 가로선 7(흰색 4, 빨강색 3)
세로선 7줄
*5지: 가로선 5(흰색 3, 빨강색 2)
세로선 5줄

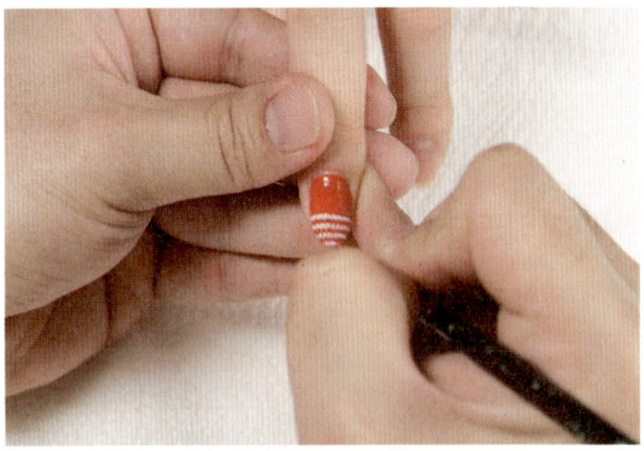

② 왼쪽(또는 오른쪽)의 세로선 3개를 그려 준다.

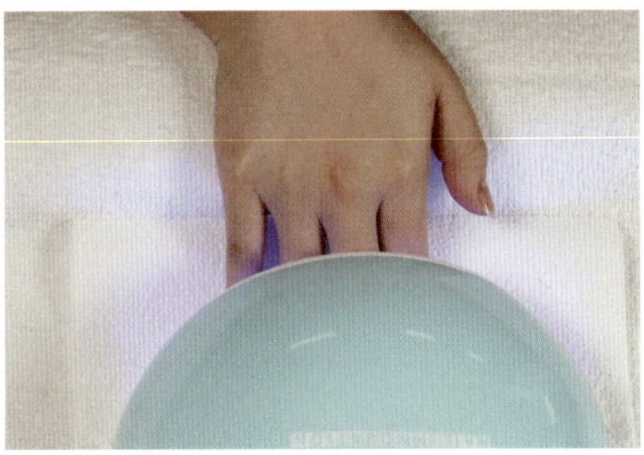

③ 오른쪽(또는 왼쪽)의 세로선 3개를 그려 준다.
*디자인이 완성되면, 큐어링한다.
30초~1분 큐어링한다.
(U.V/LED 겸용 → 램프의 종류에 따라 큐어링 시간을 조절한다.)

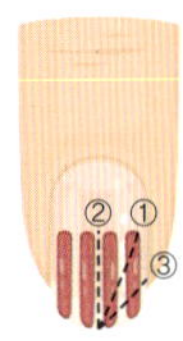

(9) 탑 젤 바르기

① 30초~1분 큐어링 한다.
(U.V/LED 겸용 → 램프의 종류에 따라 큐어링 시간을 조절한다.)

② 램프에 큐어링 후 퍼펙트 탑 젤 또는 온 와이퍼 탑 젤처럼 클렌저가 필요없는 제품을 사용했을 경우 바로 마무리한다.
미경화 젤이 남는 제품은 젤 클렌저를 이용하여 닦아내어(경화) 마무리한다.

(10) 완성

Chapter 6

PART Ⅱ 네일 실습

젤을 이용한 아트

1. 엠보 젤 아트(Embo Gel Art, Two Dimension, 2D)

Check point

- 입체감을 주는 젤을 이용하여 다양한 아트를 연출한다.
- 젤과 젤 클렌저를 적절히 배합하여 아트를 연출한다.
- 아크릴릭 파우더와 입체감은 비슷해 보이지만 엠보 젤은 점도가 적당하게 반죽되어 있으므로 점토처럼 아트를 하기에 편리하고 붓의 사용성도 훨씬 편리하다.

1. 필요한 재료

마스크, 위생복, 더스트 팩, 재료 받침대, 손 소독제, 솜, 습식 소독기, 손목 받침대, 페이퍼 타월, 멸균 거즈, 타월, 니퍼, 푸셔, 우드스틱, 큐티클 리무버, 에나멜 리무버, 파일류, 샌딩, 라운드 패드, 더스트 브러시, 큐티클 오일, 포일, 젤 브러시, 리퀴드 볼, 젤 클렌저, 엠보젤, 스펀지, 램프, 베이스 젤, 탑 젤, 스패튤러, 믹싱 볼과 팔레트

2. 사전 준비

① 테이블을 세팅(시술 전 테이블 소독)하고 더스트 팩을 준비한다.

② 습식 소독제에 메탈 도구와 우드스틱을 담가 둔다.(자외선 소독기에 보관 뒤, 꺼내서 70% 알코올에 20분 담가 둔다.)

③ 재료 받침대에 관리에 필요한 제품을 세팅한다.

④ 깔끔하고 단정한 복장에 위생복과 마스크를 착용한다.

3. 시술 방법

*도라에몽(Doraemon Design)

(1) 손 소독하기

(2) 에나멜 지우기

(3) 손톱 모양잡기

(4) 큐티클 밀기

(5) 베이스를 준비한다.

(6) 도라에몽 디자인

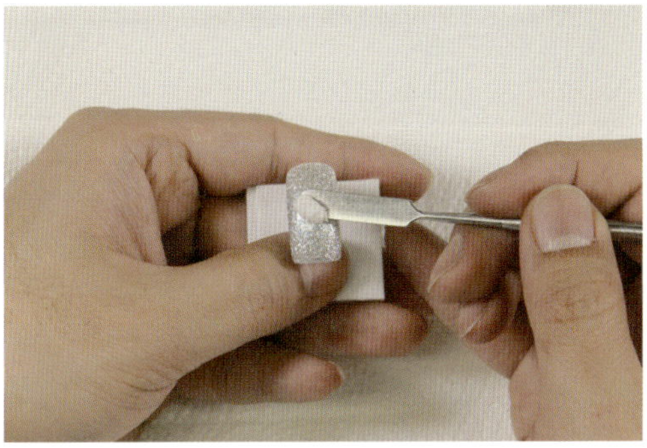

① 스패츌러나 엠보 젤 전용 브러시를 이용하여 볼을 떠 준다.

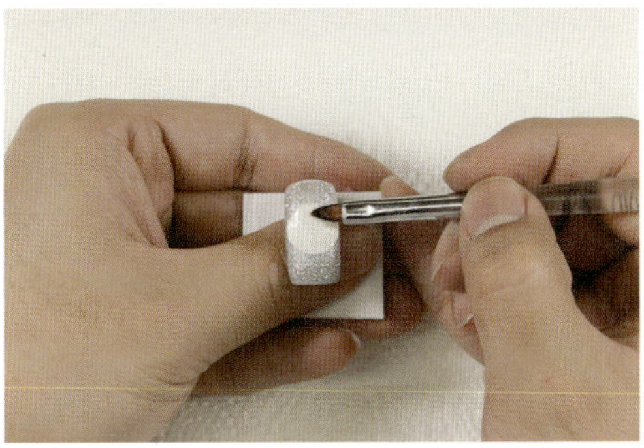

② 화이트 엠보 젤을 이용하여 얼굴을 만들어 준다. → 큐어링

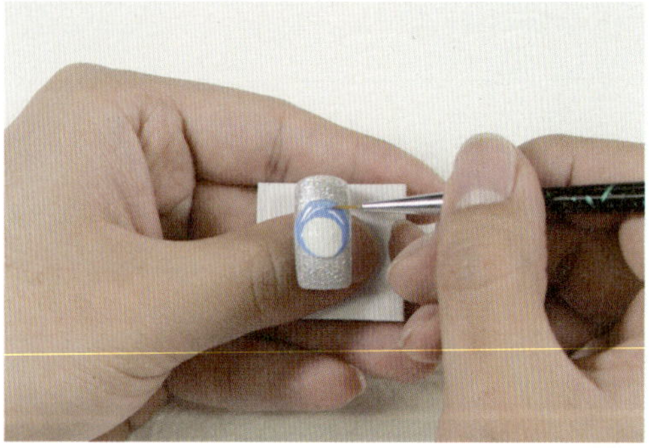

③ 하늘색 컬러 젤을 이용하여 도라에몽의 머리를 만들어 준다. → 큐어링

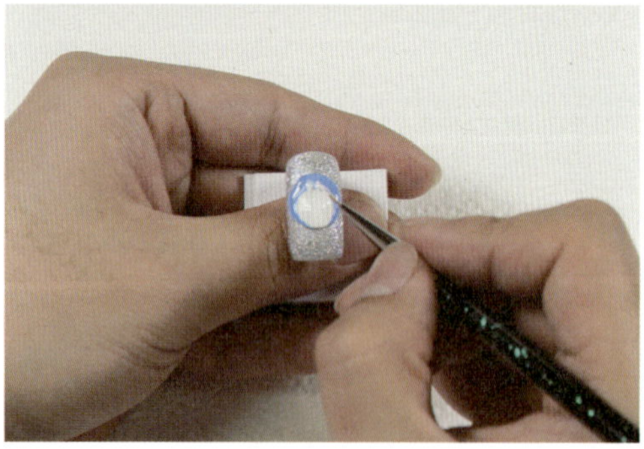

④ 화이트 컬러 젤을 이용하여 눈을 그려 준다. → 큐어링

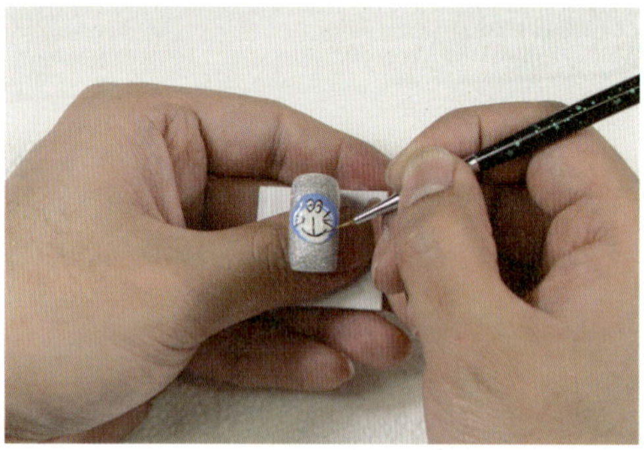

⑤ 라이너 브러시를 이용하여 검정색 컬러 젤로 테두리와 수염을 그려 준다.

⑥ 빨간색 컬러 젤을 이용하여 목에 장식 라인과 코를 그려 준다.

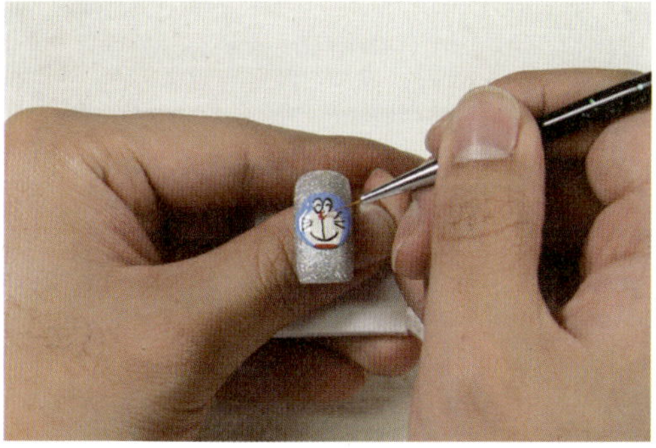

⑦ 흰색 컬러 젤로 코 안에 포인트 흰점을 찍어 준다. → 큐어링

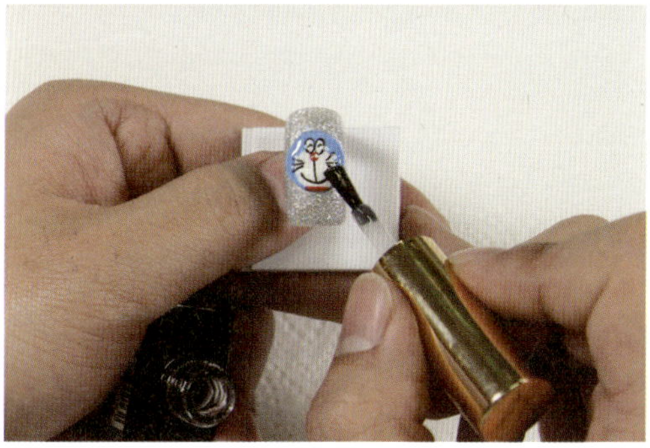

(7) 탑젤 바르기

① 30초~1분 큐어링 한다.
(U.V/LED 겸용 → 램프의 종류에 따라 큐어링 시간을 조절한다.)

② 램프에 큐어링 후 논 와이퍼 탑 젤 또는 퍼펙트 탑 젤처럼 클렌저가 필요없는 제품을 사용했을 경우에는 바로 마무리한다.
미경화 젤이 남는 제품은 젤 클렌저를 이용하여 닦아 내어(경화) 마무리한다.

(8) 완성

2. 젤 디자인 아트(Gel Design Art)

1. 필요한 재료

마스크, 위생복, 더스트 팩, 재료 받침대, 손 소독제, 솜, 습식 소독제, 손목 받침대, 페이퍼 타월, 멸균 거즈, 타월, 니퍼, 푸셔, 우드스틱, 큐티클 리무버, 에나멜 리무버, 파일류, 샌딩, 라운드 패드, 더스트 브러시, 큐티클 오일, 포일, 젤 브러시, 리퀴드 볼, 젤 클렌저, 다양한 컬러 젤과 폴리시 젤, 스펀지, 램프, 베이스 젤, 탑 젤, 스패츌러, 믹싱 팔레트

2. 시술 방법

1) 대리석 아트(Marble Art)

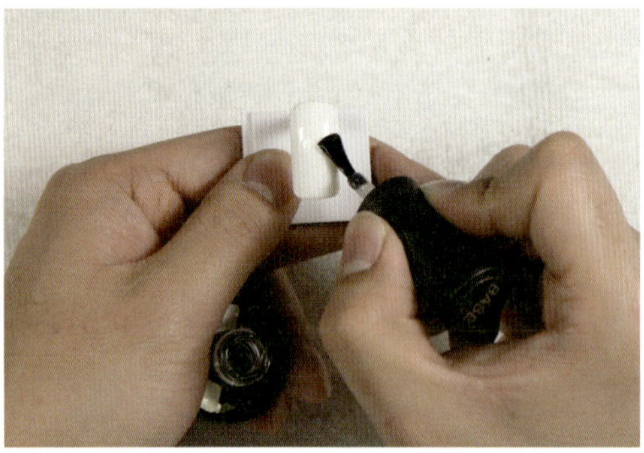

(1) 베이스 젤 바르기

→ 큐어링

(2) 베이스 컬러 바르기

: 원하는 컬러를 선택하여 2Coat 컬러링한다.

(3) 큐어링

: 젤 램프에 큐어링 한다.

(클렌저를 닦지 말고!!)

(4) 베이스 젤을 얇게 발라 준다.

(큐어링 하지 않고!!!)

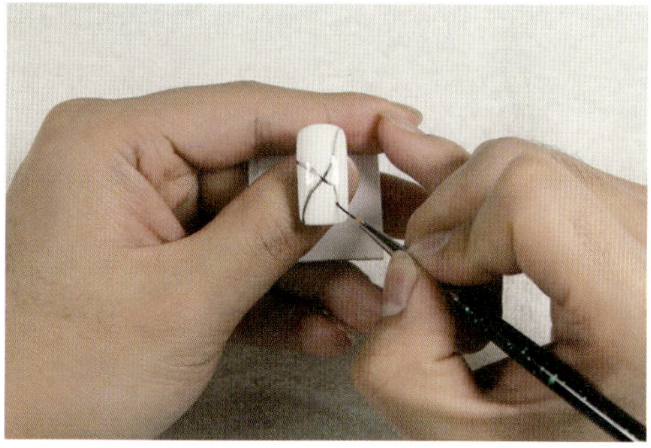

(5) 대리석 라인 만들어 주기

① 블랙 I

- 라운드 브러시로 라인을 그려 준 다음, 경계면을 자연스럽게 그라데이션 한다.
- 큐어링하기

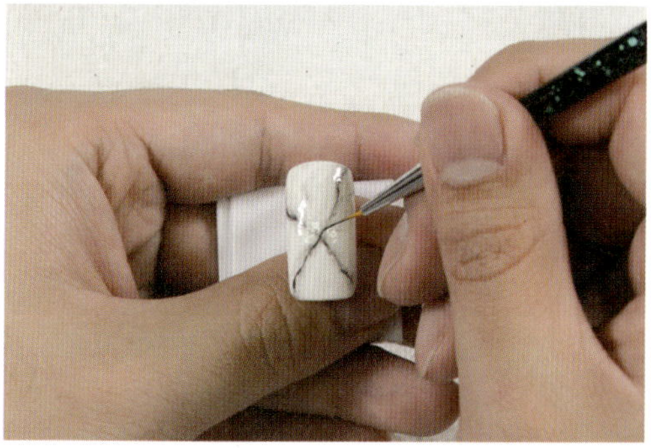

② 블랙 II

- 라인의 선명함을 위해 세필 붓에 검정을 묻혀 한번 더 그라데이션 한다.
- 큐어링 금지!!

③ 그라데이션

: 라운드 브러시에 베이스 젤을 묻혀 그라데이션 한다. → 큐어링 한다.

(6) 탑젤을 발라 준다.

- 큐어링을 한다.
- 제품에 따라 클렌저 사용

(7) 완성

2) 유리 네일 아트(Glass Nail Art)

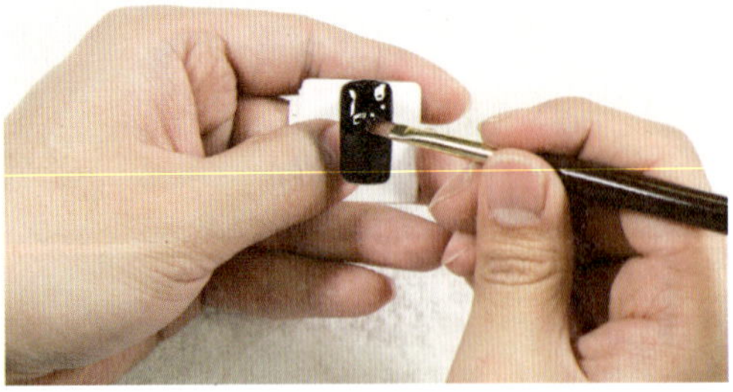

(1) 베이스 젤 바르기

(2) 큐어링을 한다.

(3) 베이스 컬러 바르기(2Coat)

(4) 큐어링을 한다.

(5) 클리어 젤을 발라 준다.

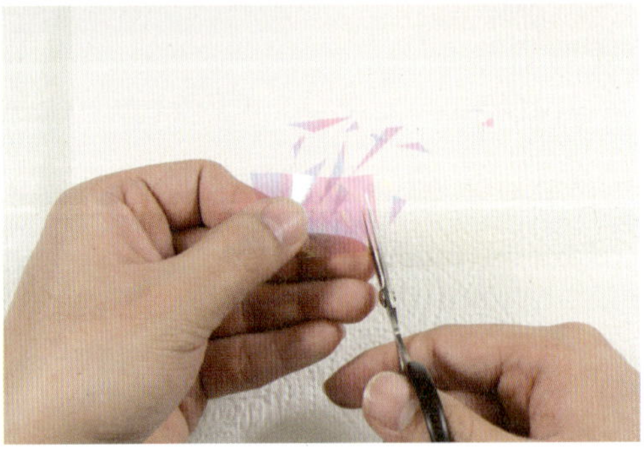

(6) 유리 필름지 커팅 하기

① 유리 네일용 필름지를 원하는 디자인 데로 커팅한다.(사각형은 금물, 각을 살려서 커팅 한다.)

② 다양한 컬러의 필름지가 있다.(본 디자인은 오팔 필름지)

(7) 디자인하기

① 핀셋을 이용하여 필름지를 집어서 원하는 형태로 디자인한다.

② 큐어링한다.

(8) 오버레이

① 측면에서 표면을 확인하다.

② 표면이 고르지 않은 경우 클리어 젤을 이용하여 표면을 커버한다.

③ 큐어링 한다.

④ 클렌저를 이용하여 경화시켜 준다.

(9) 탑 젤 발라주기

- 큐어링을 한다.
- 제품에 따라 클렌저 사용

(10) 완성

3) 니트 젤 아트(Knit Gel Art)

(1) 베이스 젤 바르기

(2) 큐어링

: 젤 램프에 큐어링 한다.

(3) 베이스 컬러 바르기

: 원하는 컬러를 선택하여 2Coat 컬러링 한다.

(4) 큐어링

: 젤 램프에 큐어링 한다.

(5) 파우더 믹싱

아크릴 클리어 파우더와 폴리시 젤을 1:1로 섞어 준다.

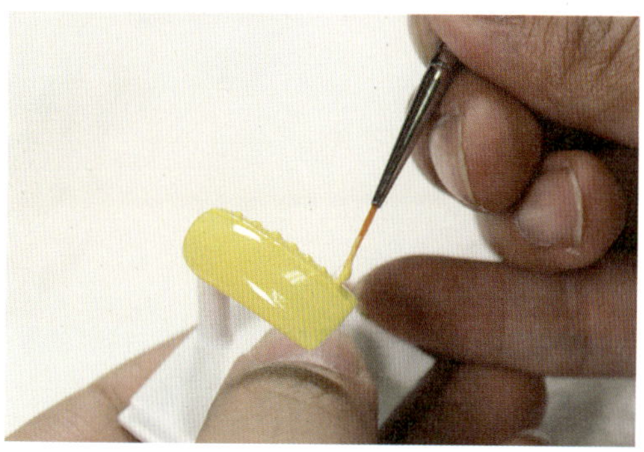

(6) 디자인한다.

① 오른쪽 라인에 점을 일직선으로 찍어 준다.

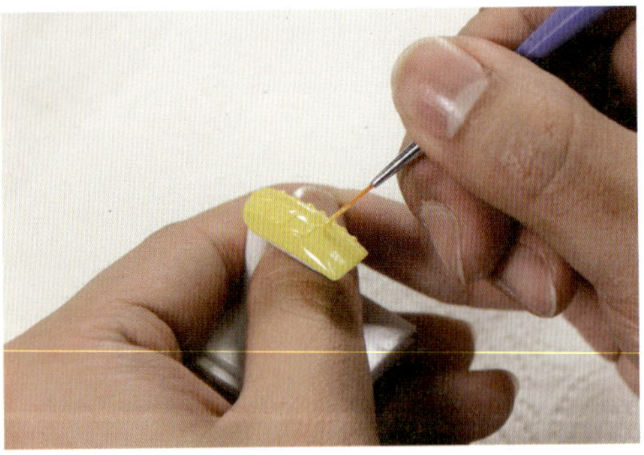

② 꽈배기 모양을 만들어 준다.

③ 선명도를 위해 두 번 올려 준다.

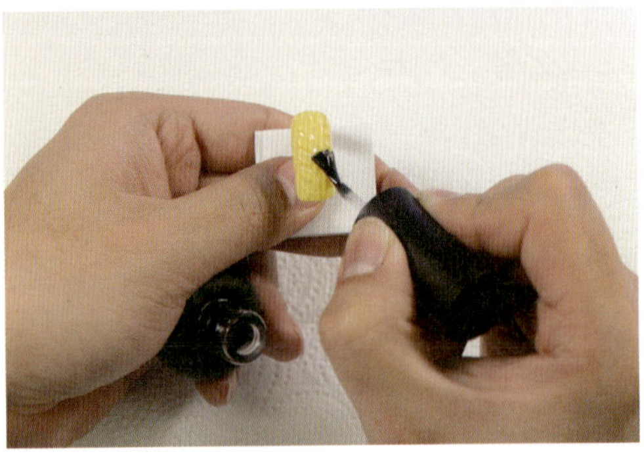

(7) 탑 젤

닦아 내지 않는 무광 탑 젤를 이용하여 마무리 한다.(무광 탑젤은 두께감이 얇아 이중으로 탑 젤을 도포한다.)

(8) 완성

4) 와이어 아트(Wire Art)

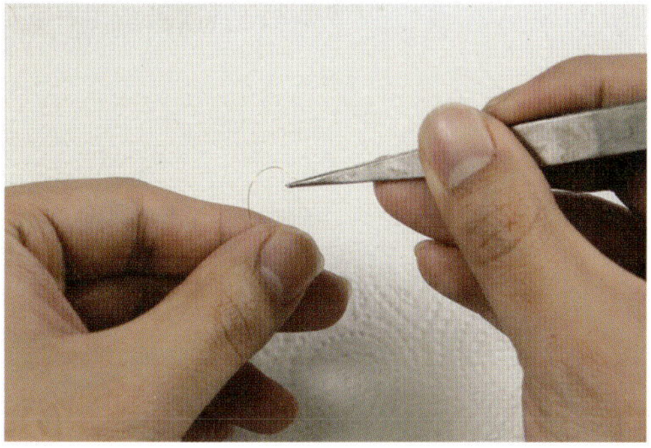

(1) 와이어 디자인

와이어를 잘라 준 뒤에 핀셋을 이용하여 와이어를 디자인한다.

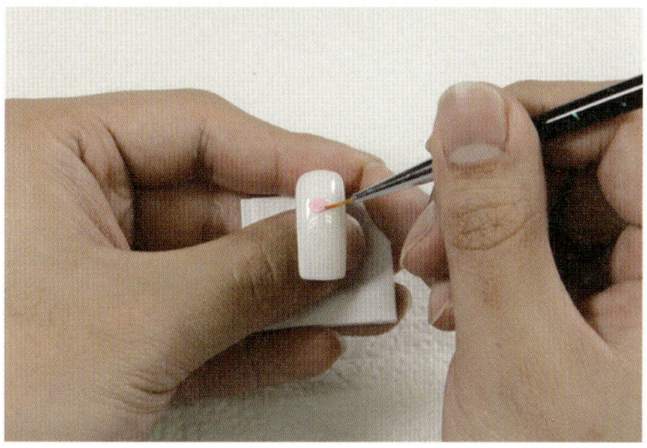

(2) 젤 디자인

① 세필 붓을 이용하여 핑크색 폴리시 젤로 원을 그려 준다.

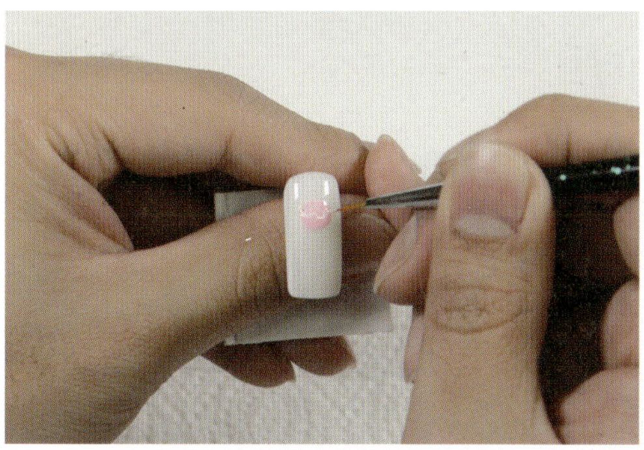

② 흰색 폴리시 젤을 이용하여 세필 붓으로 마블링한다.

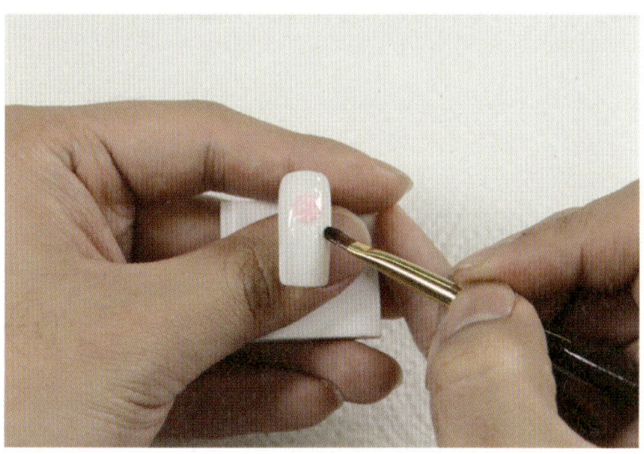

(3) 클리어 젤 오버레이

클리어 젤을 이용하여 전체적으로 오버레이 한다.

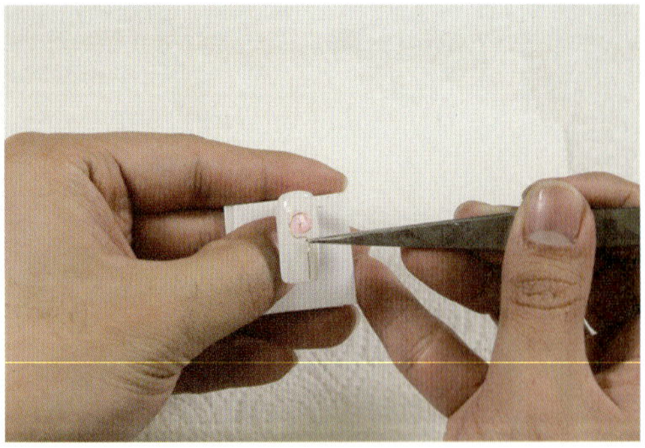

(4) 와이어

마블링 원 위에 디자인한 와이어를 올려 준다.

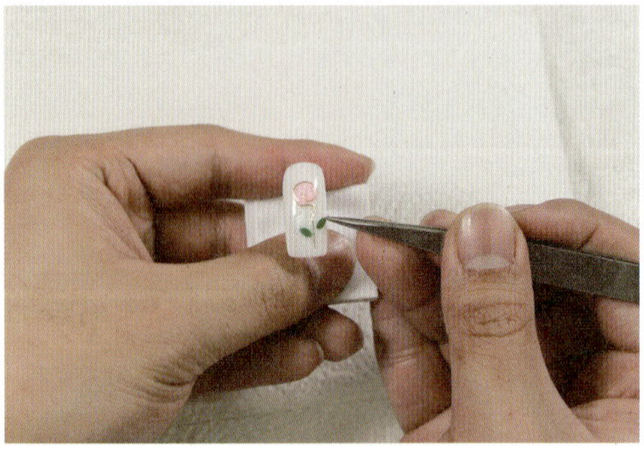

(5) 장식하기

보트 글리터로 잎사귀를 디자인하여 네일을 꾸며 준다. → 큐어링

(6) 탑 젤을 발라 준다.

① 큐어링
② 제품에 따라 클린저 사용

(7) 완성

5) 매직 필름(Magic Film Art)

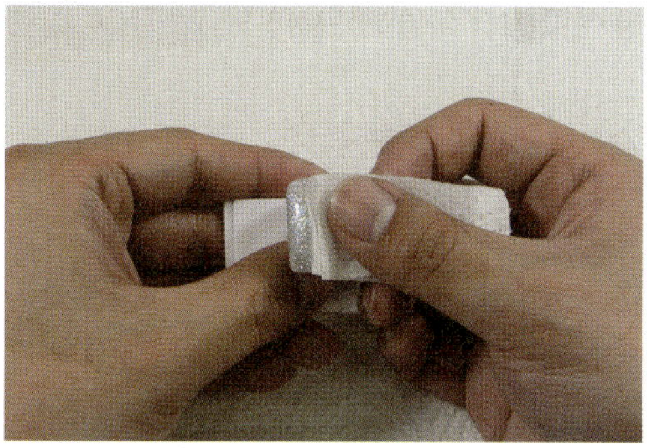

(1) 베이스 젤 바르기

(2) 큐어링

: 젤 램프에 큐어링한다.

(3) 베이스 컬러 바르기

: 글리터 폴리시 젤을 선택하여 2Coat 컬러링한다.

(4) 큐어링

: 젤 램프에 큐어링 한다.

*젤 클렌저로 닦아 준다.

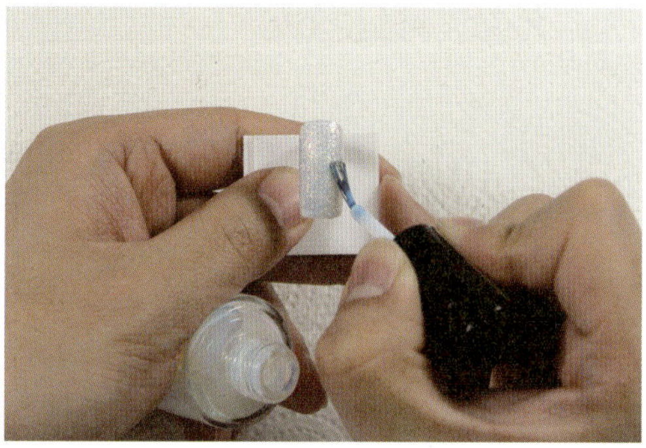

(5) 매직 글루

매직 글루를 표면(플레이트) 전체에 도포한다.

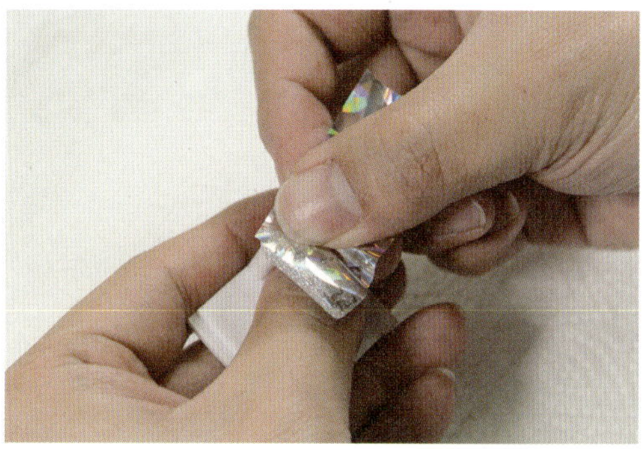

(6) 디자인

글루가 투명하게 되면 매직 필름을 붙였다 뗐다를 반복한다.(필름지 디자인이 손톱에 디자인 된다.)

(7) 탑 겔을 발라 준다.

- 큐어링을 한다.
- 제품에 따라 클렌저 사용

(8) 완성

2. 젤 파츠 아트(Gel Parts Art)

1. 필요한 재료

마스크, 위생복, 더스트 팩, 재료 받침대, 손 소독제, 솜, 습식 소독기, 손목 받침대, 페이퍼 타월, 멸균 거즈, 타월, 니퍼, 푸셔, 우드스틱, 큐티클 리무버, 에나멜 리무버, 파일류, 샌딩, 라운드 패드, 더스트 브러시, 큐티클 오일, 포일, 젤 브러시, 리퀴드 볼, 젤 클렌저, 다양한 컬러 젤과 폴리시 젤, 스펀지, 램프, 베이스 젤, 탑 젤, 스패튤러, 믹싱 팔레트, 클리어 젤, 글리터 등 장식

2. 시술 방법

1) 츄파 춥스 파츠 만들기(Chupa Chups Parts)

(1) 베이스 젤 바르기

(2) 큐어링

: 젤 램프에 큐어링한다.

(3) 베이스 컬러 바르기

: 화이트 컬러 젤을 선택하여 2Coat 컬러링한다.

(4) 큐어링

: 젤 램프에 큐어링한다.

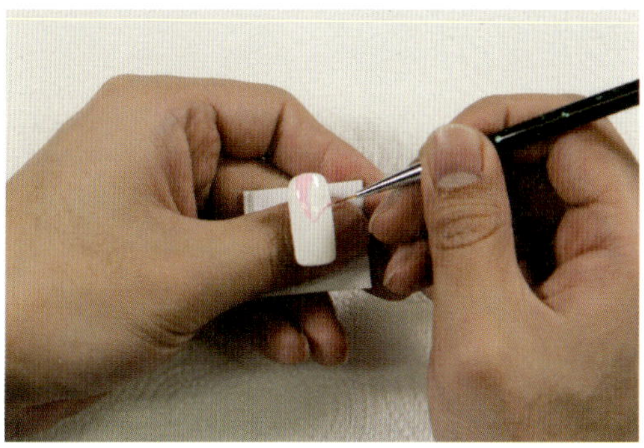

(5) 바탕 디자인하기

① 세필 브러시를 이용하여 회오리 라인을 그려준다.

② 딸기 우유 핑크로 드로잉한다.

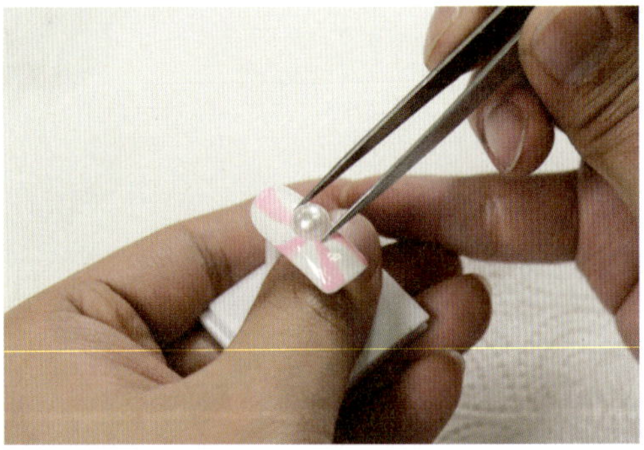

(6) 반참 진주 붙이기

① 파츠 젤을 이용하여 진주를 붙여 준다.
② 큐어링한다.

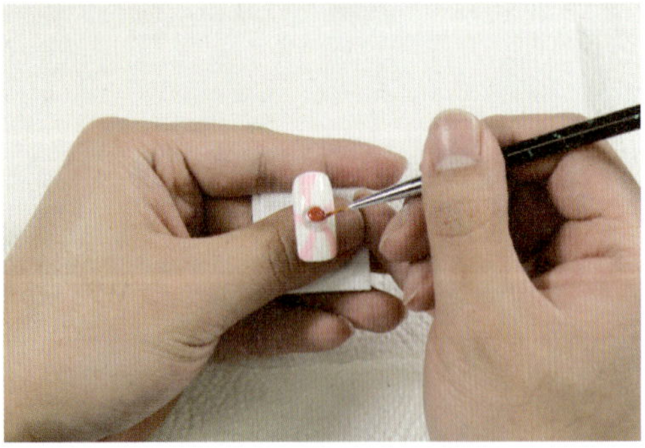

(7) 반참 진주 컬러 입히기

① 빨간색 폴리시 젤을 전체적으로 컬러링한다. (2Coat)
② 큐어링한다.

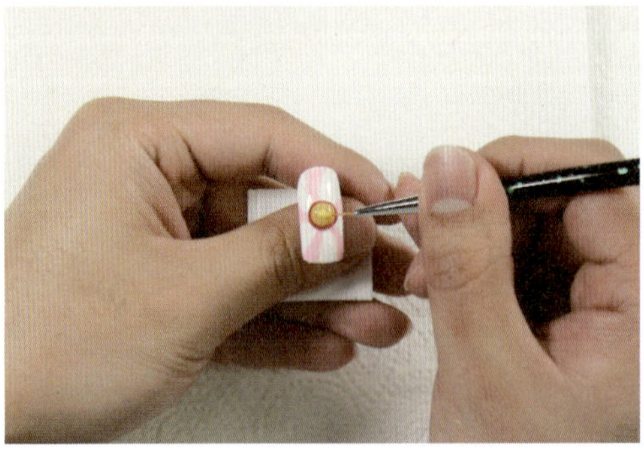

③ 노란색 폴리시 젤을 1/2지점까지 2Coat 한다.
④ 큐어링 한다.

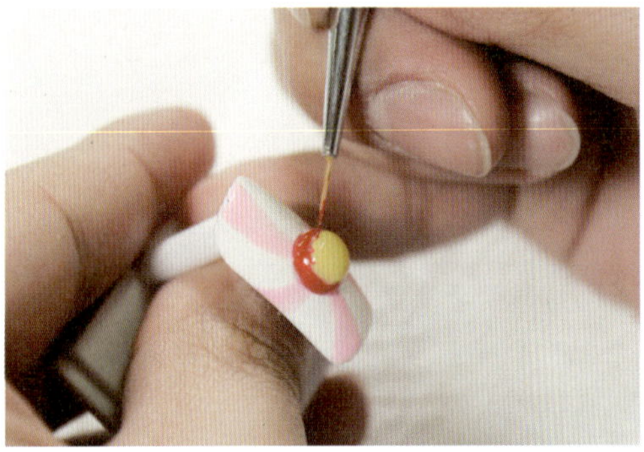

(8) 디자인

① 빨간색 폴리시 젤을 이용하여 라인을 그려 준다.
*10초 큐어링

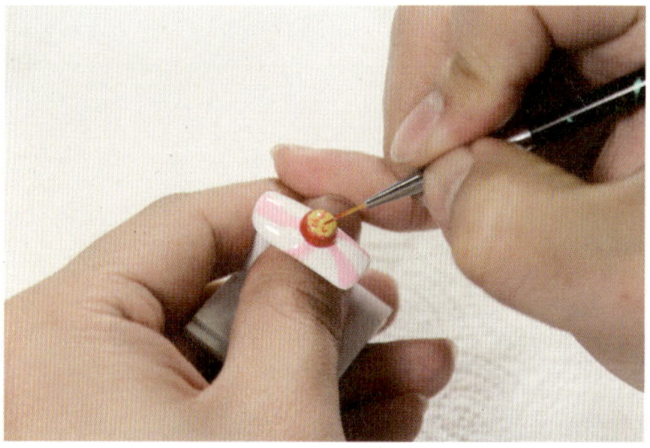

② 빨간색 폴리시 젤을 이용하여 chupa chups 를 레터링한다.
③ 큐어링한다.

(9) 탑 젤을 발라 준다.

- 큐어링을 한다.
- 제품에 따라 클렌저 사용

(10) 완성

2) V컷 스톤(V-cut Stone Parts)

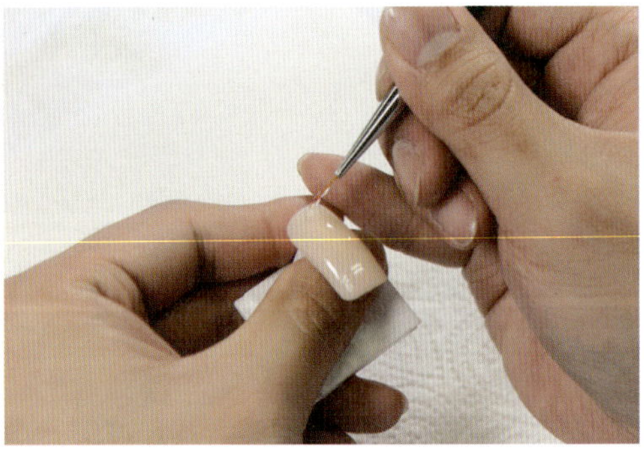

(1) 베이스 젤 바르기

(2) 큐어링

: 젤 램프에 큐어링 한다.

(3) 베이스 컬러 바르기

: 화이트 컬러 젤을 선택하여 2Coat 컬러링한다.

(4) 큐어링

: 젤 램프에 큐어링한다.

(5) 탑 젤을 발라 준다.

- 큐어링을 한다.
- 제품에 따라 클렌저 사용

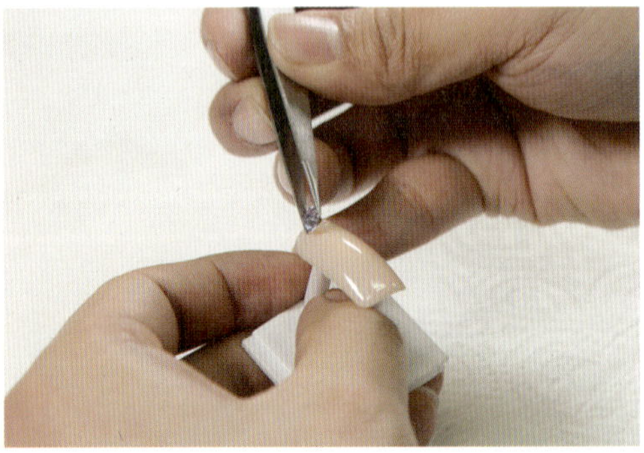

(6) 파츠 올리기

파츠를 올릴 자리에 파츠 젤, 클리어 젤을 이용하여 볼을 만들어 올려 준다.

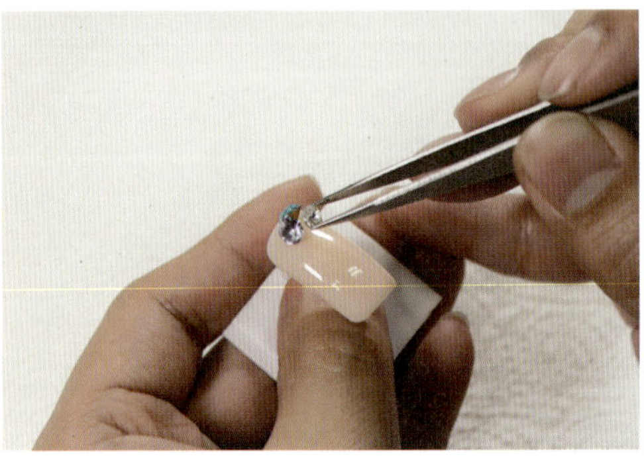

(7) V커트 디자인하기

핀셋을 이용하여 3개의 V컷 스톤을 디자인한다. → 큐어링

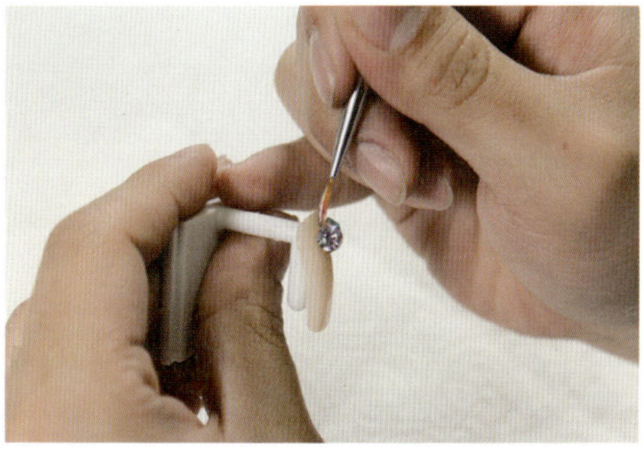

(8) 보강하기

파츠 젤, 클리어 젤을 이용하여 스톤 사이사이를 메꿔 준다. → 큐어링

*클렌저를 사용하면 스톤의 광택이 약화되므로 미경화가 남지 않는 파츠 전용 젤을 사용한다.

(9) 완성

3) 몰드(Mold)를 이용하여 파츠 만들기

(1) 탑 젤 도포

미경화가 남지 않는 탑 젤을 몰드에 발라 준다. → 큐어링

(2) 글리터 믹싱

① 클리어 젤과 원하는 컬러의 글리터를 믹싱한다.

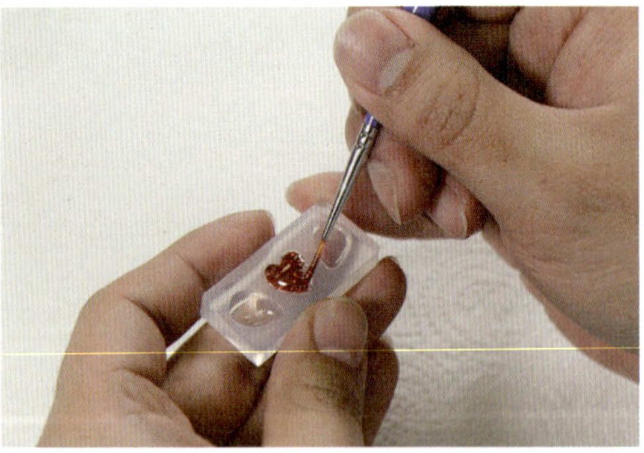

(3) 몰드 채워 주기

① 믹싱된 젤을 몰드 안에 채워 준다. → 큐어링
② 수축된 공간을 확인하여 한번 더 몰드를 채워 준다. → 큐어링

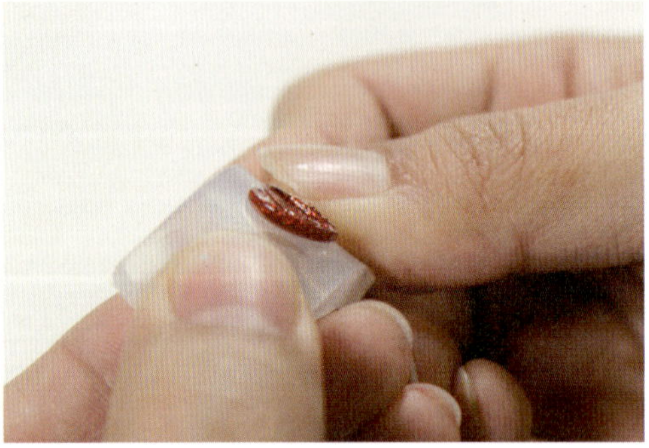

(4) 분리하기

몰드를 밀어서 파츠를 분리한다.

(5) 마무리

블랙 파일을 이용하여 파츠를 다듬는다.

(6) 완성

파츠 글루를 이용하여 파츠를 접착한다

Chapter 7

PART Ⅱ 네일 실습

그 밖의 네일 아트

1. 워터 마블(Water Marble)

Check point

- 여러 색상의 에나멜을 이용하여 마블링한다.
- 종이컵에 최대한 물을 가득 담아야 시술이 편리하다.
- 차가운 물에 에나멜이 굳어 바닥으로 떨어지거나 응고되어 막이 형성될 수 있으므로, 스피디하게 작업하여야 한다.
- 시술했을 경우나 실패 했을 경우, 에나멜 막의 찌꺼기로 다음 작업이 어려울 수 있으므로 깨끗한 새 컵과 새 물을 준비하여 작업을 실시하는 것이 좋다.

1. 필요한 재료

다양한 색상의 에나멜, 우드스틱, 종이컵, 물, 쿠션 양면 테이프, 팁, 베이스 코트, 탑 코트, 샌딩 파일, 페이퍼 타월

2. 시술 방법

(1) 플레이트 표면을 정리한다.

(2) 베이스 코트 바르기

(3) 마블

① 종이 컵에 최대한 가득 물을 담는다.

② 컬러 올리기

2가지 이상의 에나멜을 교차로 떨어뜨린다.

(4) 마블 만들기

우드스틱을 이용하여 선을 그어 준다.

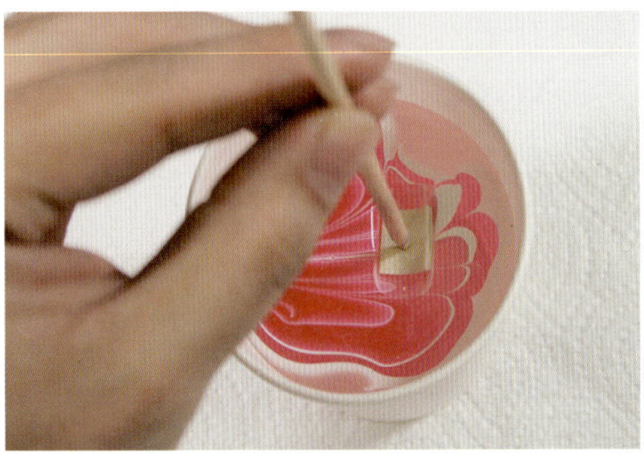

(5) 마블 찍어내기

손이나 팁을 이용하여 표면의 마블링이 찍힐 수 있도록 한 번에 깊이 넣어 준다.

*① 손을 넣었을 경우, 주변에 묻은 에나멜 제거가 용이하도록 큐티클 오일이나 크림을 바른 뒤에 손을 넣어 준다.

② 팁을 이용할 경우 쿠션 양면 테이프로 우드스틱이나 나무 젓가락 등에 부착하여 사용한다.

(6) 표면막 정리하기

손이나 팁을 거내기 전 주변의 응고된 막을 우드스틱을 이용하여 제거한 다음에 꺼낸다.

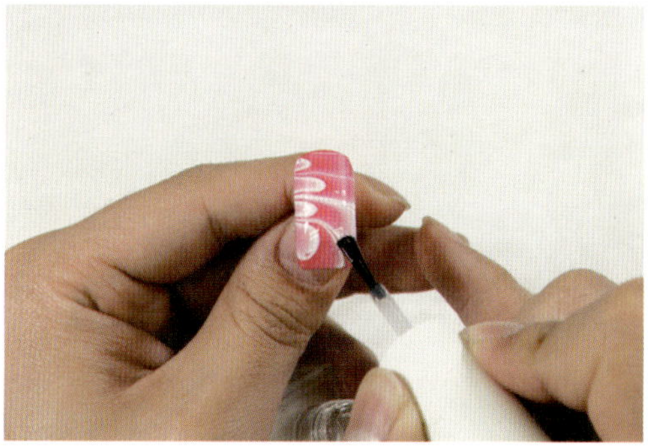

(7) 마무리

① 팁 주변의 물기를 페이퍼 타월을 이용하여 살짝 찍어낸 뒤에 말려 준다.
② 탑 코트로 마무리한다.

(8) 완성

2. 댕글(Dangle)

Check point

- 댕글 드릴 또는 핸드 드릴을 이용하여 손톱의 구멍을 뚫어 준 뒤에 핀셋과 막 니퍼를 이용하여 댕글을 달아 손톱을 아름답게 장식한다.
- 원 네일에 구멍을 뚫을 경우에는 손톱이 손상되므로, 반드시 인조 네일 시술 후에 댕글을 달아 준다.

1. 필요한 재료

인조 네일 작업, 베이스 컬러링, 댕글, 댕글 드릴(핸드드릴), 핀셋, 니퍼

2. 시술 방법

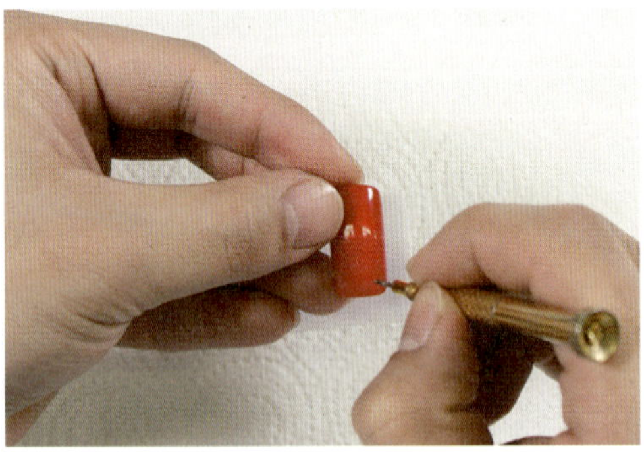

(1) 구멍 뚫어 주기

댕글 드릴, 핸드 드릴을 이용하여 프리에지 끝 부분에 구멍을 뚫어 준다.

(2) 댕글 달아주기

핀셋이나 니퍼 등을 이용하여 양쪽에서 고리를 잡고 댕글을 달아 준다.

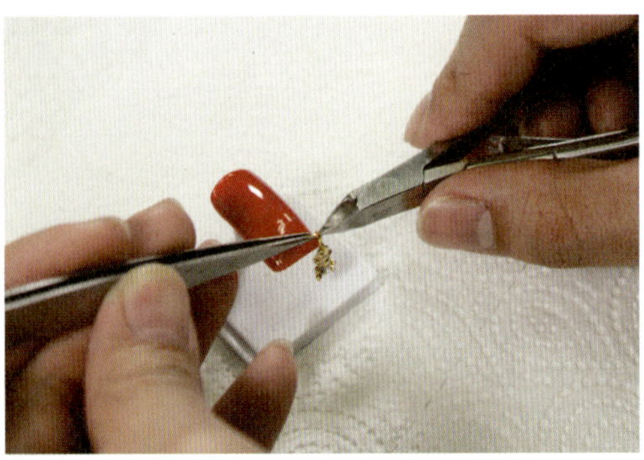

(3) 완성

3. 데칼 네일(Decal Nail, Water Decal Nail)

Check point

- 스티커를 이용하여 아름다운 네일을 연출한다.
- 바로 떼서 사용하는 스티커형 데칼과 물에 불여서 사용하는 워터 데칼 2가지가 있다.
- 스티커형은 편리하며, 워터 데칼은 필름지처럼 아주 얇아 부착력이 강하다.

1. 필요한 재료

데칼, 핀셋, 베이스 코트, 탑코트, 가위 등

2. 시술 방법

구도를 잡아 준 뒤 스티커를 이용하여 디자인한다.

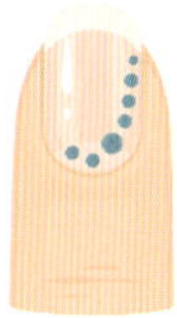

큐티클 라인 구도

프리에지 라인 구도

대각선 라인 구도

(1) 베이스 코트를 발라 준다.

(2) 디자인을 한다.

① 플레이트를 컬러링할 경우 2Coat한다.
② 핀셋을 이용하여 스티커를 떼어 낸다.

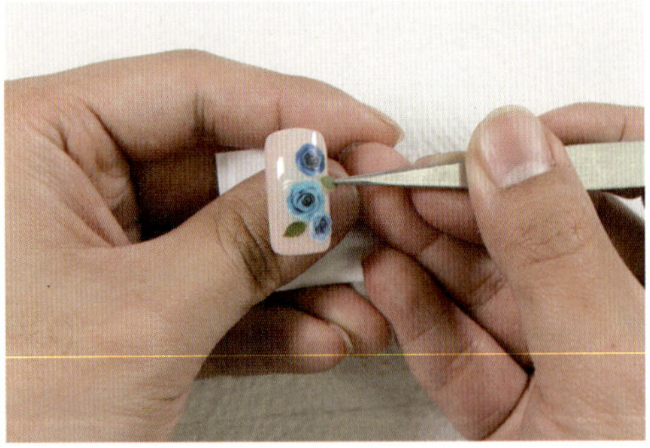

③ 원하는 구도에 맞춰 데칼을 부착한다.

(3) 탑 코트를 발라 준다.

(4) 완성

4. 라인스톤 네일(Rhinestone Nail)

Check point

- 반으로 커팅 된 큐빅을 이용하여 아름다운 네일을 연출한다.
- 여러 가지 접착제(글루, 젤 글루, 파츠 글루 등)를 이용하여 붙여 준다.

1. 필요한 재료

여러 가지 접착제(글루, 젤 글루, 파츠 글루 등), 스톤 픽키 또는 우드스틱, 베이스 코트, 탑 코트, 글루 드라이어 등

2. 시술 방법

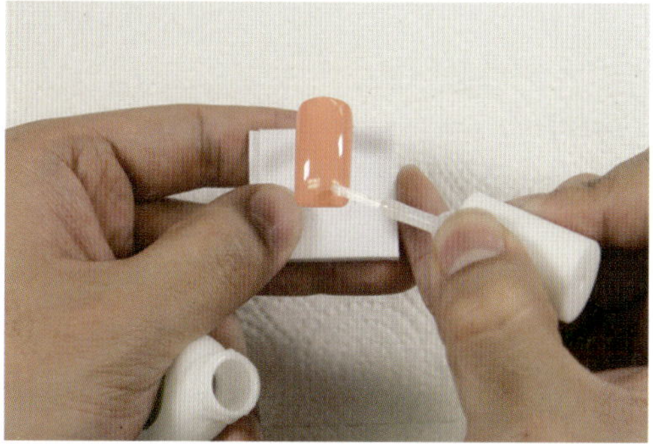

(1) 베이스 코트를 발라 준다.

(2) 접착제

스톤을 붙일 자리에 접착제를 도포한다.

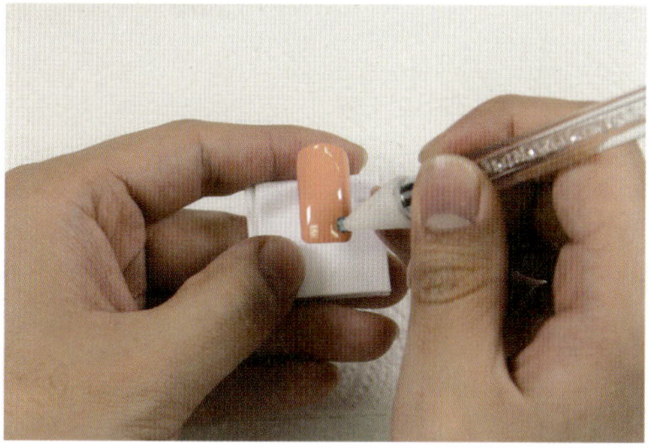

(3) 라인스톤(Linestone) 디자인

① 네일 스톤 픽커(Stone Picker)를 이용하여 큐빅을 집어 준다.

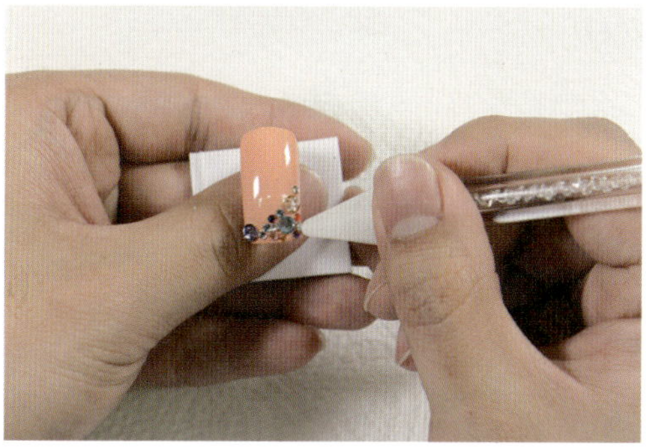

② 디자인한다.

(4) 탑 코트를 발라 준다.

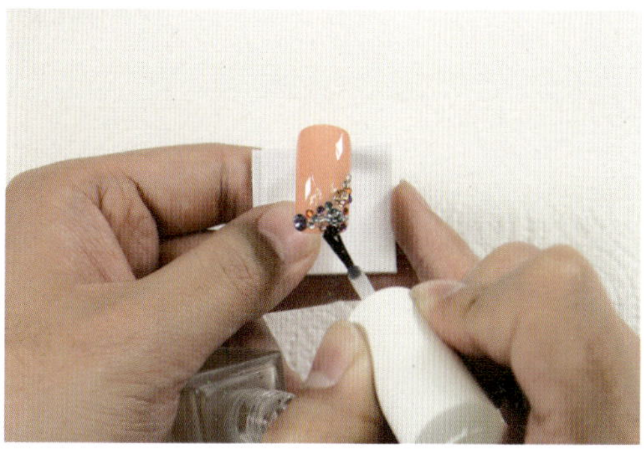

(5) 완성

5. 라인 테이프 네일(Line Tape Nail)

Check point

- 다양한 색상의 라인 테이프를 이용하여 디자인 한다.
- 테이프처럼 접착형이라 바로 붙여서 디자인 할 수 있어 편리한다.
- 예전에는 기본형인 금색과 은색의 1mm의 테이프를 사용하였지만, 요즘은 다양한 색상, 다양한 디자인, 다양의 두께의 라인 테이프가 출시되어 개성 있는 네일을 연출할 수 있다.

1. 필요한 재료

다양한 라인 테이프, 베이스 코트, 탑 코트, 실크 가위 등

2. 시술 방법

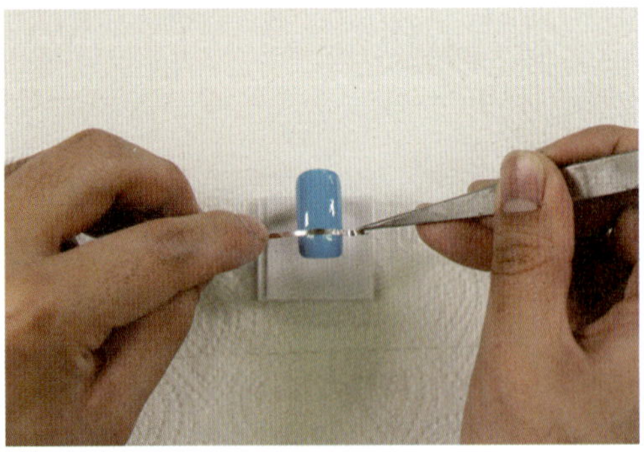

(1) 베이스 코트를 발라 준다.

(2) 디자인

① 컬러링으로 베이스를 발라 줄 경우 2Coat한다.

② 여러 종류의 라인 테이프를 믹스 해서 디자인 한다.

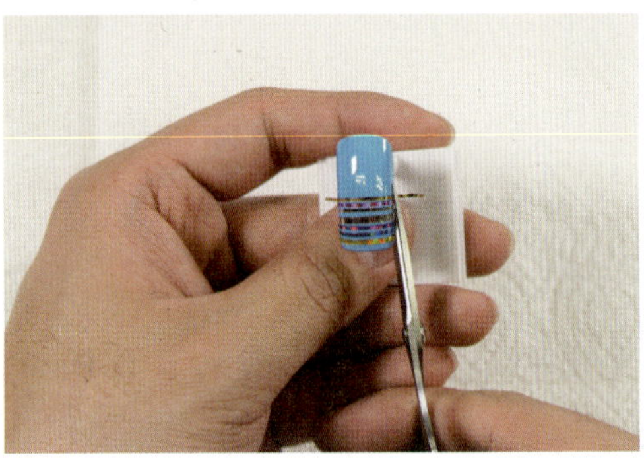

③ 실크 가위를 이용하여 재단한다.

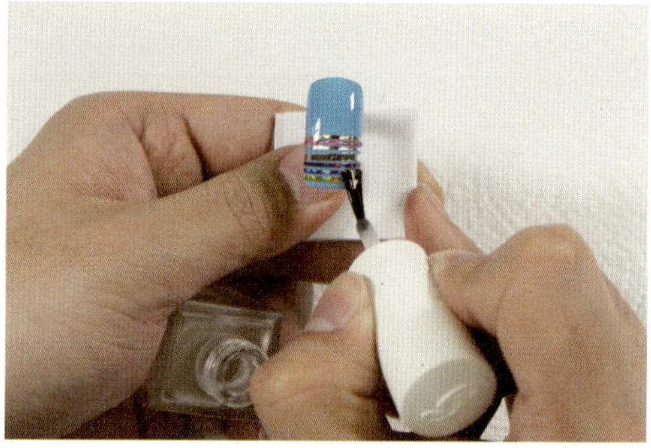

(3) 탑 코트를 발라 준다.

(4) 완성

Chapter 8

PART Ⅱ 네일 실습

핸드 페인팅

1. 라인 장미(Line Rose)

Check point

- 다양한 색상의 물감을 이용하여 손톱 위에 그림을 그려 준다.
- 정밀한 선 작업을 위해 많은 연습이 필요하게 된다.
- 작업을 마무리 한 뒤, 탑 코트를 이용하여 마무리 하는데 번지지 않도록 완전히 마른 뒤에 발라 준다.

1. 필요한 재료

핸드 페인팅용 물감, 다양한 브러시, 물통, 페이퍼 타월, 팔레트(포일) 등

2. 시술 방법

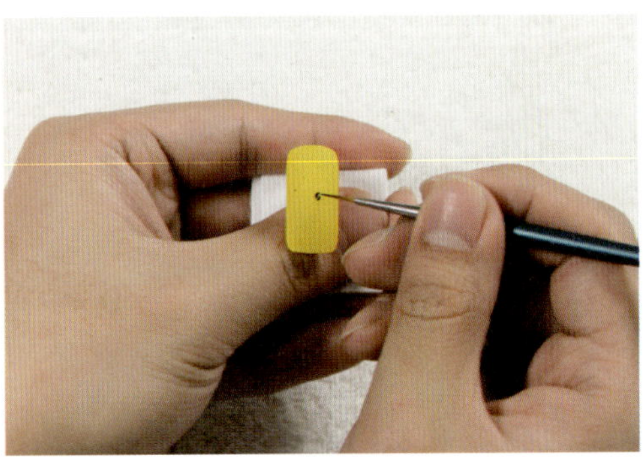

(1) 베이스 코트를 발라 준다.

(2) 베이스 컬러 바르기

에나멜이나 물감을 이용하여 베이스 컬러를 2Coat 발라 준다.

(3) 장미꽃잎 그리기

* 티타늄 화이트(Titanium White)

① 아주 작은 삼각형 두 개를 마주보도록 그려 준다.

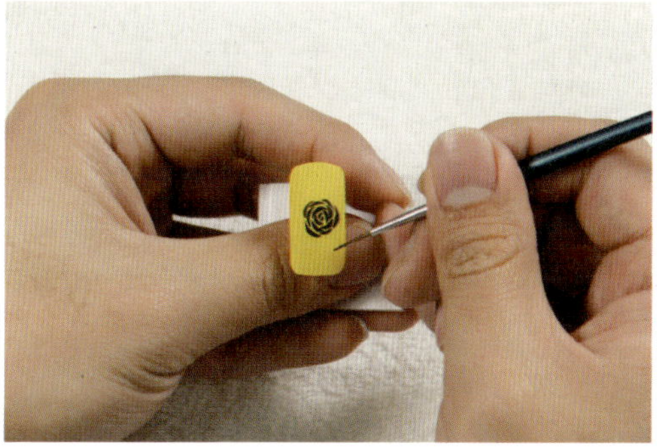

② 직각 삼각형 모양으로 심지를 감싸듯이 그려 준다. (마주 보도록 두 개의 잎을 그려 준다.)

③ 직각 삼각형을 계속 겹치듯이 그려 준다.

(4) 디자인

원하는 디자인을 추가하여 연출한다.

(5) 마무리

탑 코트를 이용하여 마무리한다.

(6) 완성

2. 캐릭터(라이언, Lion Character)

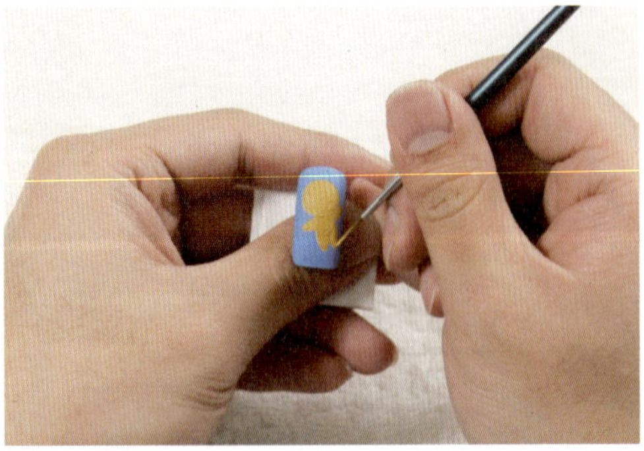

(1) 베이스 코트를 발라 준다.

(2) 베이스 컬러 바르기

에나멜이나 물감을 이용하여 베이스 컬러를 2Coat 한다.

(3) 캐릭터 그리기

① 황토색(Yellow Oxide)을 이용하여 얼굴과 몸통을 그려 준다.

세필 브러시와 라운드 브러시를 이용한다.

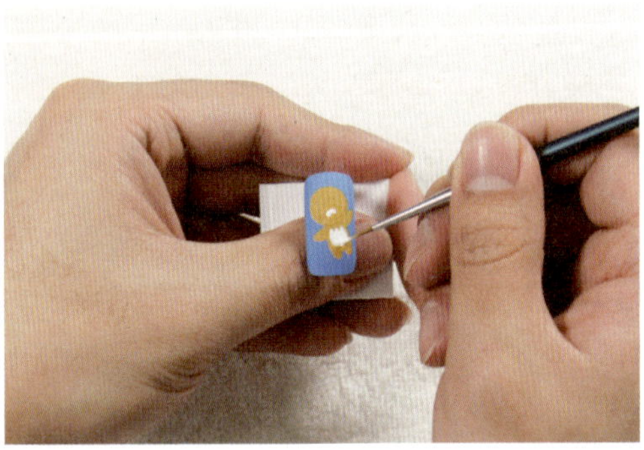

② 코와 배 그리기

티타늄 화이트(Titanium White)를 사용한다.

세필 붓을 이용하여 코와 배를 그려 준다.

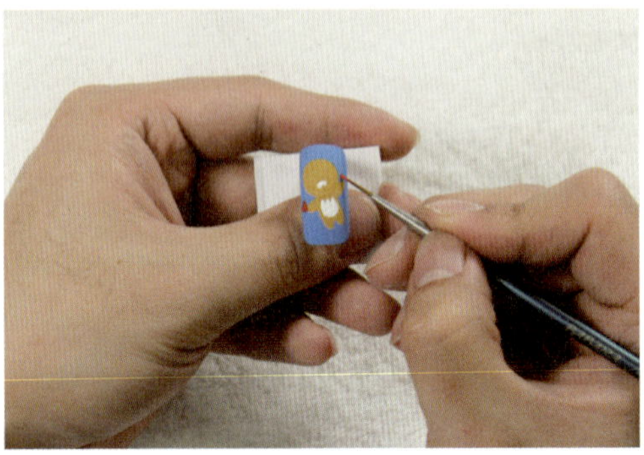

③ 하트 그리기

빨간색 계열(Napthol Crimson)을 이용하여 양 손에 그려 준다.

세필 브러시를 이용한다.

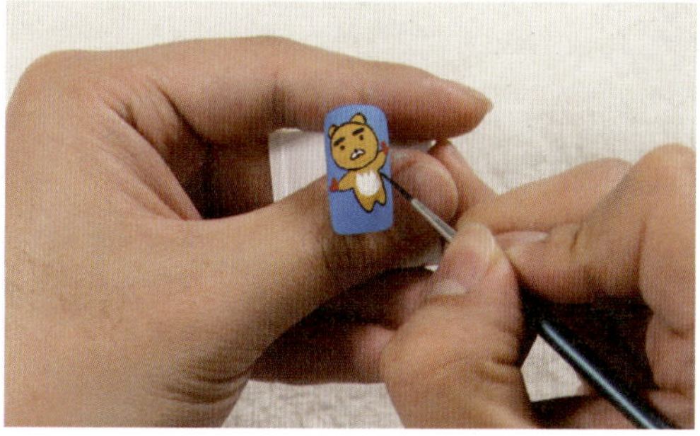

(4) 라인 그리기

카본 블랙(Carbon Black)을 이용하여 눈과 코를 그려 준 다음에 전체적인 라인을 그려 준다.

라이너 브러시나 세필 브러시를 이용한다.

(5) 마무리

탑 코트를 이용하여 마무리한다.

(6) 완성

2. 선인장(Cactus)

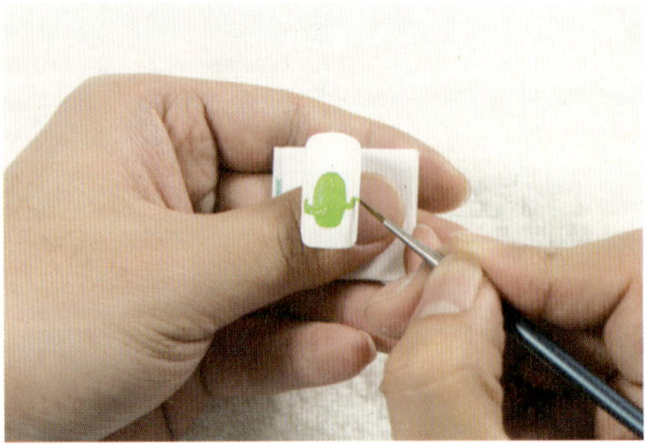

(1) 베이스 코트를 발라 준다.

(2) 베이스 컬러 바르기

에나멜이나 물감을 이용하여 베이스 컬러를 2Coat 한다.

(3) 선인장 몸통 그리기

라운드 브러시와 세필 브러시를 이용하여 선인장 몸통을 그린다.

밝은 그린 색(Green Light)을 이용한다.

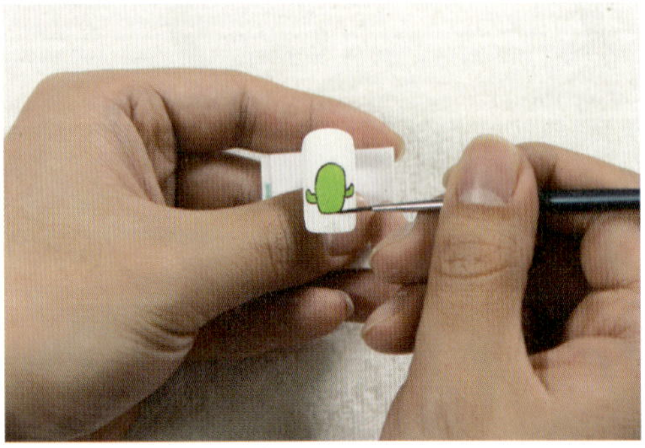

(4) 라인 그리기

① 카본 블랙(Carbon Black)을 이용하여 전체적인 라인을 그려 준다.

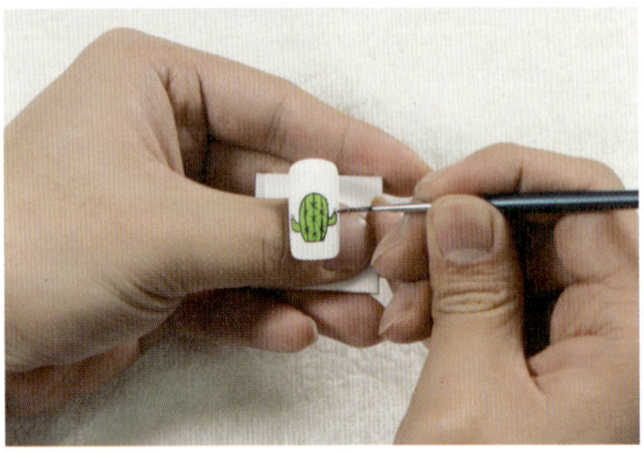

② 라이너 브러시나 세필 브러시를 이용하여 선인장 가시를 그려 준다.

(5) 하트 그리기

• 세필 브러시를 이용하여 빨간색 계열(Napthol Crimson)로 꼭지에 하트를 그려 준다.

(6) 마무리

탑 코트를 이용하여 마무리한다.

(7) 완성

Chapter 9

PART Ⅱ 네일 실습

포크아트

1. 데이지(Daisy)

Check point

- 포크 아트 전용 물감을 이용하여 브러시로 물감을 그라데이션 하여 아름다운 네일을 연출한다. 로딩이라는 브러시 작업을 통해 그라데이션 하므로 색이 섞이지 않도록 주의하여 드로잉 한다.
- 작업을 마무리 한 뒤에 탑 코트를 이용하여 마무리 하는 데 번지지 않도록 완전히 마른 뒤 발라 준다.

1. 필요한 재료

포크아트 전용 물감, 다양한 브러시, 물통, 페이퍼 타월, 팔레트(palette, 포일) 등

2. 시술 방법

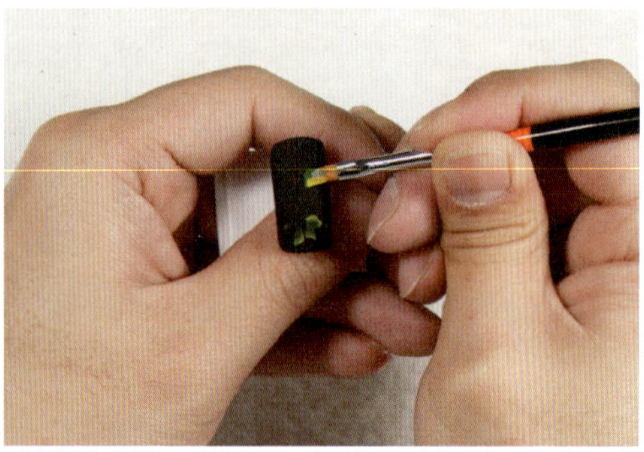

(1) 베이스 코트를 발라 준다.

(2) 베이스 컬러 바르기

에나멜이나 물감을 이용하여 베이스 컬러를 2Coat 한다.

(3) 잎사귀 그리기 Ⅰ

① 올리브 그린(olive green)과 옐로 라이트(Yellow Light)를 더블 로딩한다.

② 원하는 위치에 잎사귀를 그려 준다.

(4) 잎사귀 그리기 Ⅱ

선명도를 위해 한번 더 그려 준다.

* 스퀘어 브러시 1호 또는 라운드 브러시 2호를 사용한다.

(5) 꽃잎 그리기

① 티타늄 화이트(Titanium White)를 이용하여, 콤마 기법을 이용하여 꽃잎을 중앙방향을 향해 그려 준다.

② 라운드 브러시 2호를 사용한다.

(6) 꽃 심 그리기

① 옐로 라이트(Yellow Light)

② 큰 도트를 이용하여 중앙 심지를 찍어 준다.

(7) 수술 그리기

① 도트의 작은 부분을 이용하여 수술을 표현한다.

② 고동색(Burnt Umber)을 이용하여 수술을 꾸며 준다.

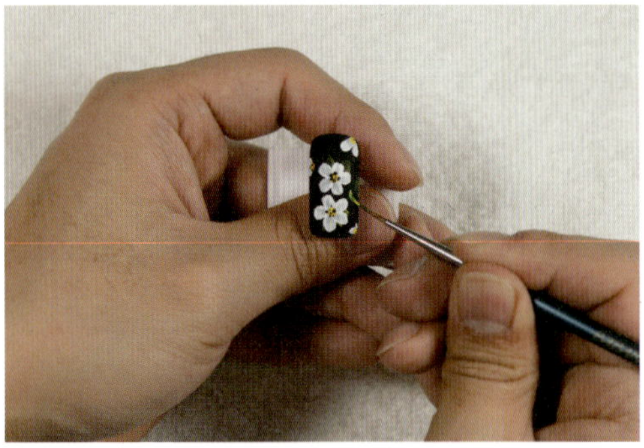

(8) 줄기 그리기

세필 브러시를 이용하여 줄기와 꽃받침을 그려 준다.

(9) 꾸미기

도트(펄 화이트(Pearl White)를 이용하여 꾸며 준다.

(10) 마무리

탑 코트를 발라 준다.

(11) 완성

2. 포피(Poppy)

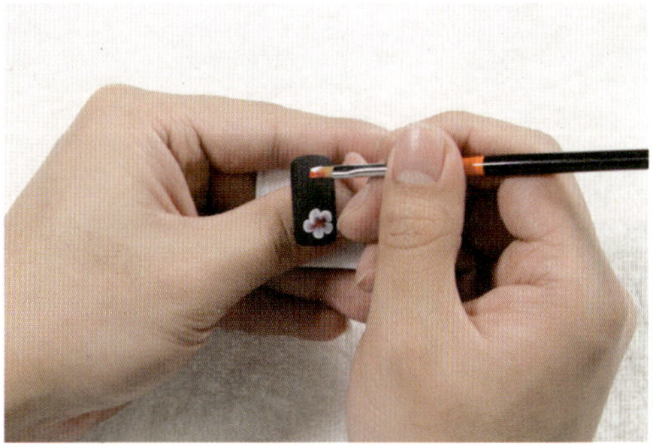

*컬러는 자유선택

(1) 베이스 코트를 발라 준다.

(2) 베이스 컬러 바르기

에나멜이나 물감을 이용하여 베이스 컬러를 2Coat 한다.

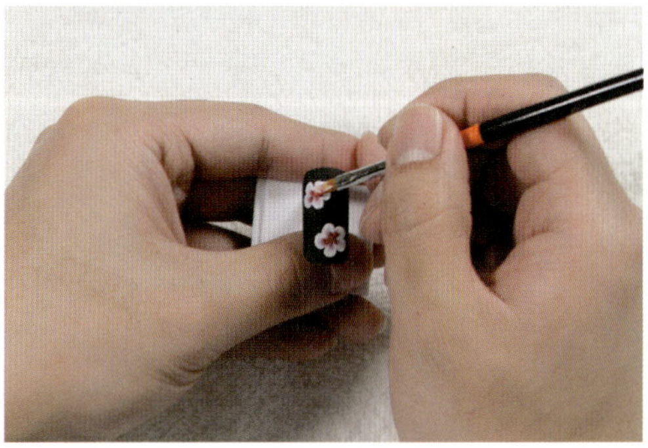

(3) 꽃잎 그리기 I

① 냅톨 크림슨(Napthol Crimson-레드 계열)과 티타늄 화이트(Titanium White)를 더 블로딩하여 드로잉한다.

② 5등분으로 구도를 잡아 5개의 꽃잎이 들어갈 수 있도록 한다.(스퀘어 브러시 1호)

③ 선명도를 위해 한번 더 그려 준다.

(4) 디자인하기

디자인에 맞춰 꽃을 더 그려 준다.

(5) 수술 그리기

도트를 이용하여 펄 화이트(Pearl White)로 꾸며 준다.

(6) 마무리

톱 코트를 발라 준다.

(7) 완성

3. 겹장미(Rose)

(1) 베이스 코트를 발라 준다.

(2) 베이스 컬러 바르기

에나멜이나 물감을 이용하여 베이스 컬러를 2Coat 한다.

(3) 잎사귀 그리기 I

① 올리브 그린(olive green)과 옐로 라이트(Yellow Light)를 더블 로딩한다.

② 원하는 위치에 잎사귀를 두 번 그려 준다.(색의 선명도)

* 스퀘어 브러시 1호 또는 라운드 브러시 2호를 사용한다.

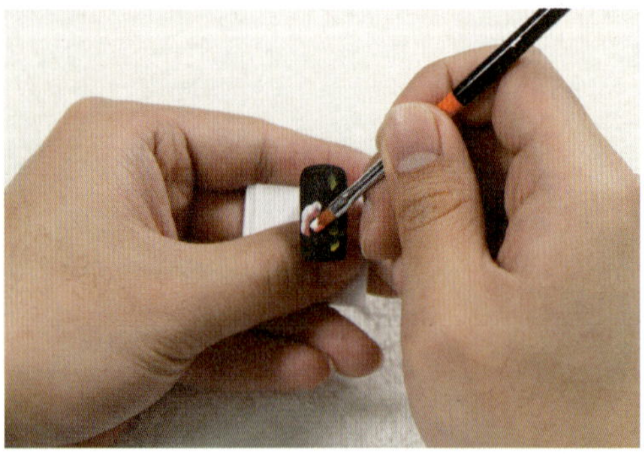

(4) 꽃잎과 꽃봉오리 그리기

① 티타늄 화이트(Titanium White)와 로즈 핑크(Rose PInk)를 더블 로딩하여 C-스트록(Stroke)으로 뒷 꽃잎 3장을 그려 준다.

* 스퀘어 브러시 1호

② 중심에 봉오리를 그려 준다.

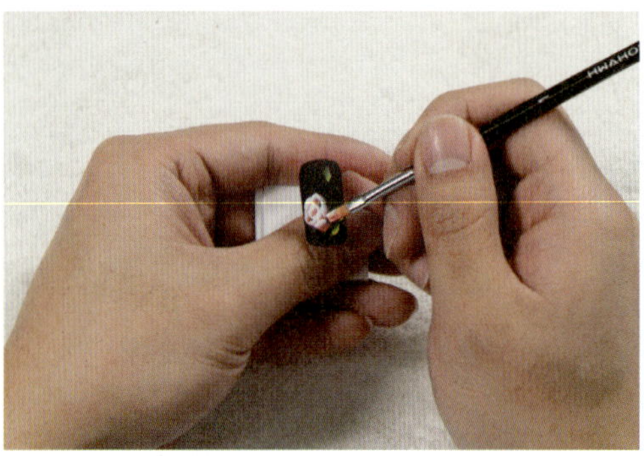

③ 감싸듯이 꽃잎 두 장을 그려 준다.

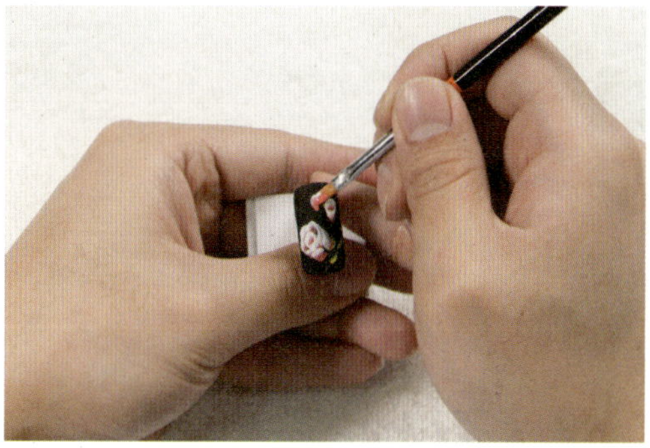

(5) 작은 꽃봉오리 그리기

C-스트록(Stroke) 기법으로 구도를 맞춰 꽃봉오리를 그려 준다.

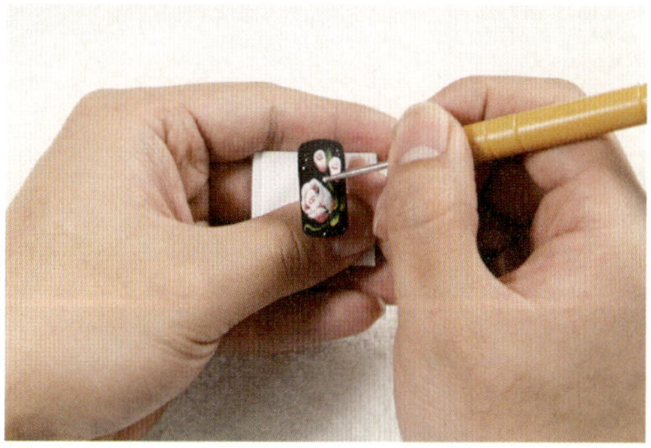

(6) 꾸미기

① 세필 붓으로 줄기를 그려 준다.

② 도트를 이용하여 펄 화이트(Pearl White) 또는 글리터로 디자인을 꾸며 준다.

(7) 마무리

탑 코트를 발라 준다.

(8) 완성

Chapter 10

PART Ⅱ 네일 실습

드릴을 이용한 관리

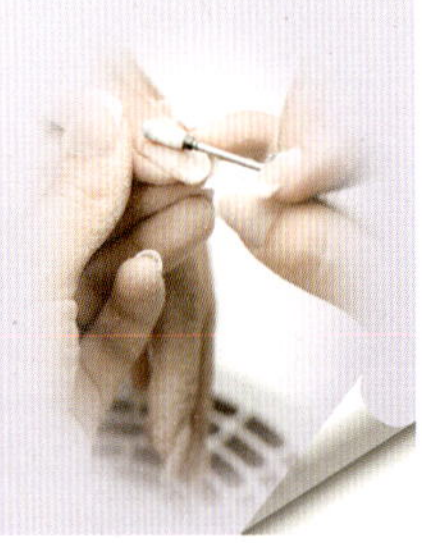

1. 드릴을 이용한 인조 네일 제거

Check point

- 드릴이라는 손 관리 전동기기에 네일용 비트를 끼워 인조 네일 제거 작업인 쏙 오프(Soak Off), 전처리 작업인 프레퍼레이션, 네일 케어, 굳은살 관리(손, 발) 등을 실시한다.
- 가장 일반적으로 사용하는 비트의 종류는 다이아몬드 비트, 메탈 비트, 샌딩 비트, 쏙 오프용 세라믹 콘 둥근 비트, 둥근 비트, 세라믹 비트, 콘 스톤 비트, 굳은살 제거 비트 등 다양하며, 재질과 비트의 모양에 따라 명칭이 분리된다.
- 드릴링을 과하게 하거나 RPM을 너무 과하게 하게 되면 발열되어 통증을 느낄 수 있고, 표면과 큐티클 라인이 손상을 입을 수 있으므로 주의한다.

1. 필요한 재료

드릴, 비트, 수건, 더스트 팩, 큐티클 리무버, 큐티클 오일, 파일링, 샌딩, 디스크 패드, 솔, 알코올, 솜, 포일, 마스크, 보안경 등

2. 주의 사항

① 구입 시 RPM을 확인하고, R · L좌우 전환이 가능 여부를 확인한다.

② 핸드 피스 헤드 부분에 BAR가 없으면 공회전되어 손상될 수 있으므로 항상 BAR를 끼워서 보관한다.

③ 비트 사용 후 청결히 소독하지 않으면 염증과 피부 트러블이 생길 수 있으므로 70%의 알코올에 20분 이상 소독하도록 한다.

• 메탈 비트 : 알코올에 담가 두었다가 꺼내어 물기를 완전히 제거한 뒤에 보관한다.

• 스톤 및 사포 비트 : 알코올을 분산한 뒤에 완전히 건조되면 보관한다.

④ 드릴과 비트 모두 떨어 뜨리지 않도록 항상 주의한다.

3. 사전 준비

① 테이블을 세팅(시술전 테이블 소독)하고 더스트 팩을 준비한다.

② 습식 소독제에 메탈 도구와 우드스틱을 담가 둔다.(자외선 소독기에 보관 뒤 꺼내서 70% 알코올에 20분 담가 둔다.)

③ 재료 받침대에 관리에 필요한 제품을 세팅한다.

④ 깔끔하고 단정한 복장에 위생복과 마스크를 착용한다.

4. 비트의 분류

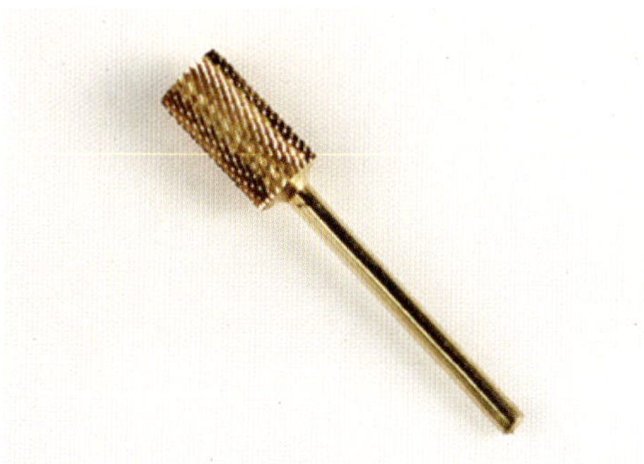

(1) 메탈 비트(Methyl Bit)

각질 제거, 큐티클 정리 및 제거, 루즈 스킨 제거, 인조 네일 길이 조절과 표면 정리

*표면 정리 : 거친면의 비트는 강하게 사용할 때, 부드러운 비트는 정리용으로 사용된다.

100~180Grit

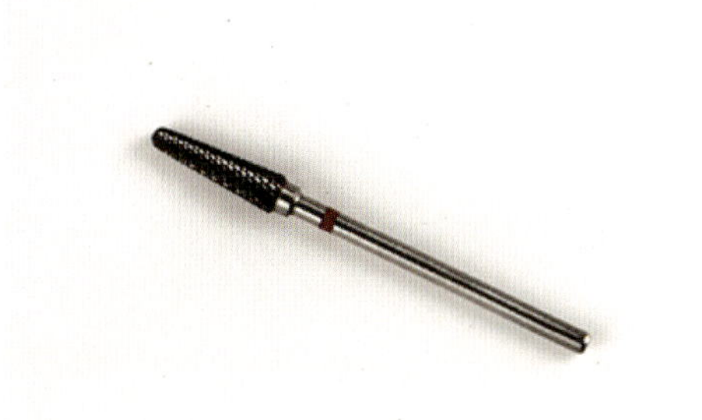

(2) 댕글 비트(Dangle Bit)

큐빅이나 댕글을 위한 구멍을 뚫을 때 사용한다.

(3) 오일용 비트(Oil Bit)

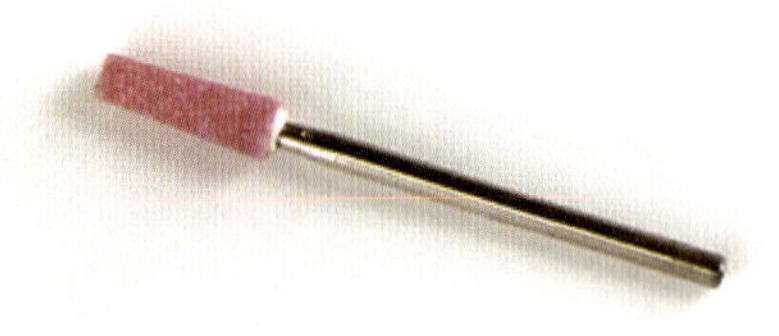

오일 비트 따로 분리하여 사용한다.

(4) 더스트 브러시 비트(Dust Brush Bit)

먼지를 털어낼 때 사용하며, 혈액순환에도 도움을 주므로 마사지의 효과를 얻을 수 있다.

(5) 사포 비트(Sandpaper Bit)

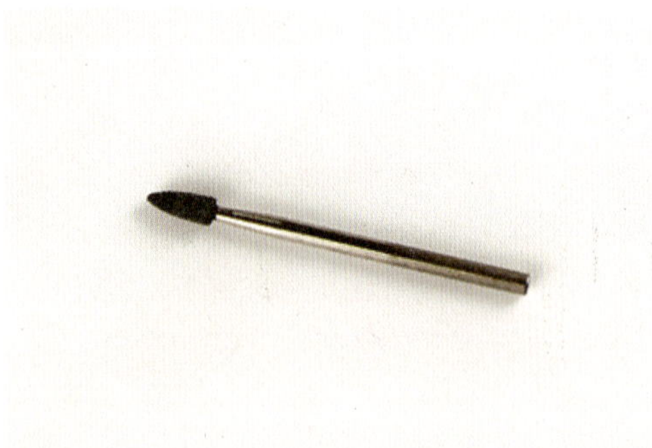

크기에 따라 부위별로 사용하며, 페디용 각질 제거, 뒤꿈치 각질, 콘커터 대용으로 사용된다.

(6) 스톤 비트(Stone Bit)

톨 재질로 되어 있어 부드럽다.

(7) 비트 추천

① 케어용 비트 : 다이아몬드 비트, 세라믹 스톤 비트
② 쏙 오프 용 : 세라믹 비트
③ 샌딩 비트 : 파인 비트, 다이아몬드 비트
④ 정리용 비트 : 더스트 브러시 비트, 그레이 혼 비트, 실리콘 비트

5. 시술 방법

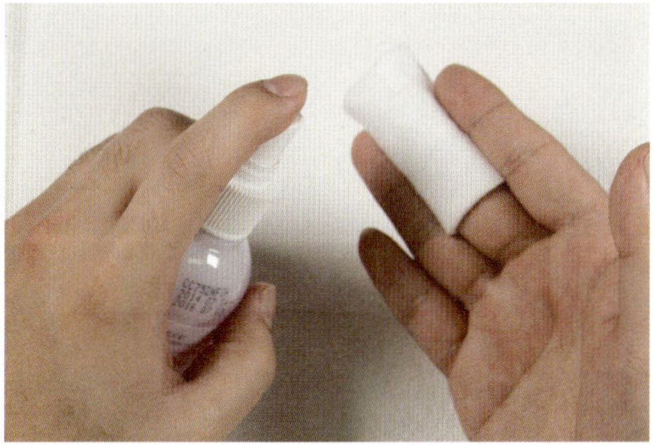

(1) 손 소독

시술자의 손을 먼저 소독한 뒤에 고객의 손을 소독한다.

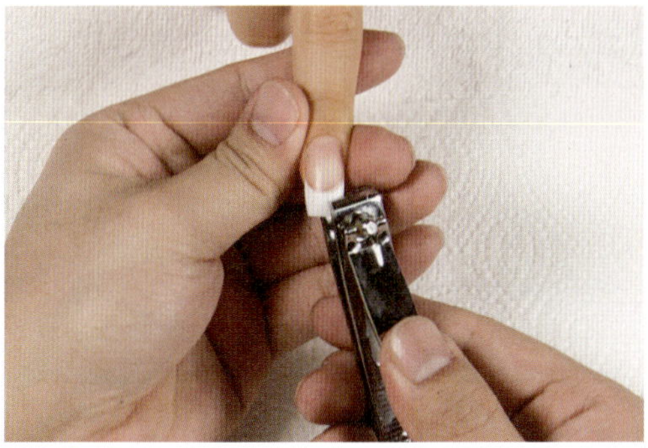

(2) 클리퍼(Clipper)

클리퍼를 이용하여 자연 네일(원 네일)만 남기고 최대한 제거한다.

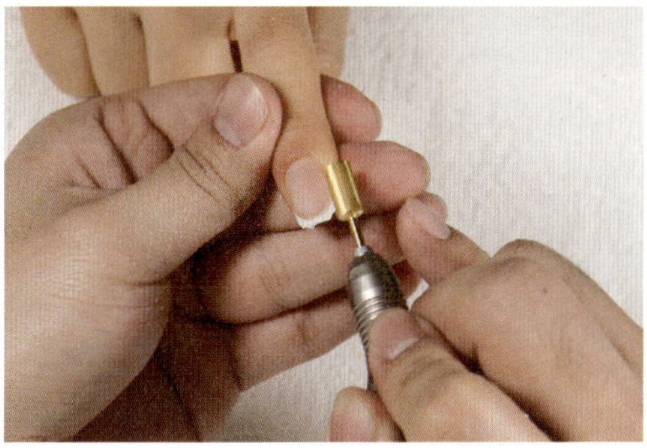

(3) 드릴링 Ⅰ

① 드릴을 이용하여 네일 바디가 손상되지 않도록 주의하며, 표면을 가로 방향으로 드릴링한다.

*오른손 잡이는 방향 버튼을 R로 설정 왼쪽 방향으로 시술, 왼손잡이는 방향 버튼을 L로 설정 오른쪽 방향으로 시술한다. → 비트가 도는 반대 방향으로 시술한다.

(4) 드릴링 2

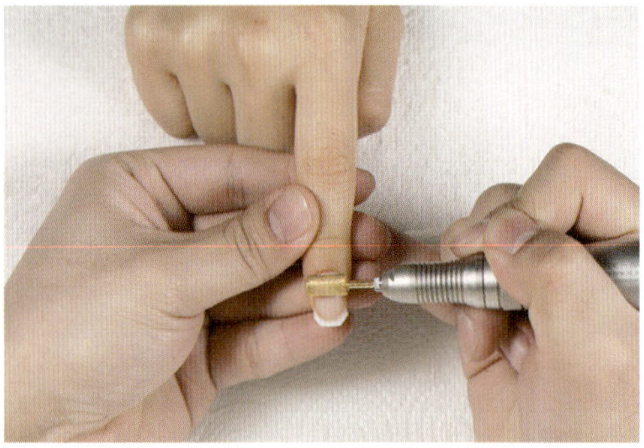

② 드릴을 이용하여 네일 바디가 손상되지 않도록 주의하며, 표면을 세로 방향으로 드릴링한다.

*오른손 잡이는 방향 버튼을 R로 설정 왼쪽 방향으로 시술, 왼손잡이는 방향 버튼을 L로 설정 오른쪽 방향으로 시술한다.

→ 비트가 도는 반대 방향으로 시술한다.

(5) 큐티클 오일 바르기

100% 아세톤 원액(퓨어 아세톤, Pure Acetone)으로 인한 피부의 손상을 막아주기 위해 큐티클 라인에 오일을 도포한다.

(6) 솜 올려주기

솜을 반으로 절단하여 100% 아세톤 원액(퓨어 아세톤)을 충분히 적셔 플레이트에 올린다.

(7) 호일(Foil)

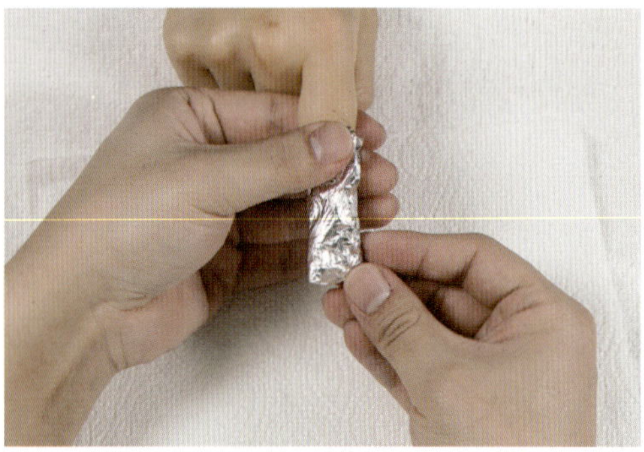

① 포일을 이용하여 손톱을 감싸 준다.

② 5~7분 정도(시술 상태에 따라 차이가 있다.) 기다린다.

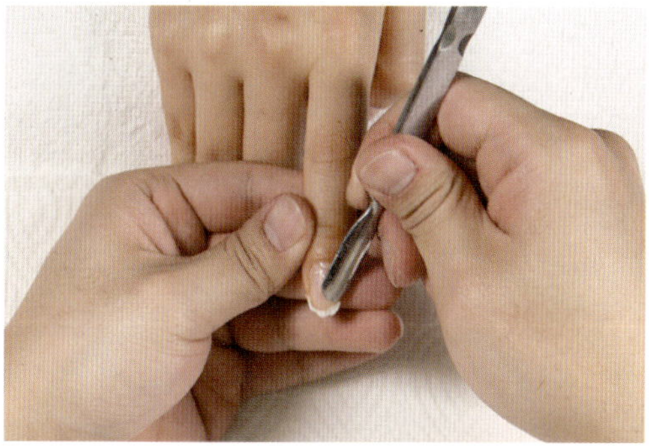

(8) 푸셔

푸셔를 이용하여 오버레이 되어 있는 잔여물을 밀어 낸다.

*플레이트와 큐티클이 다치지 않도록 45° 각도를 유지하고, 푸셔의 방향은 큐티클 → 프리에지 방향으로 밀어 준다.

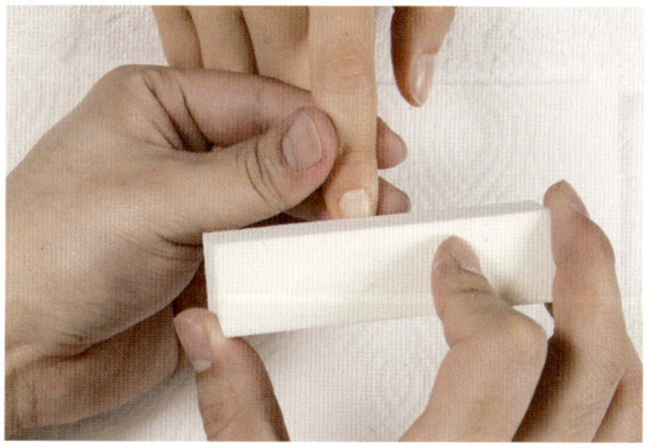

(9) 버핑(Buffing) & 셰이프(Shape)

파일 등을 이용하여 표면을 깨끗하게 마무리한다.

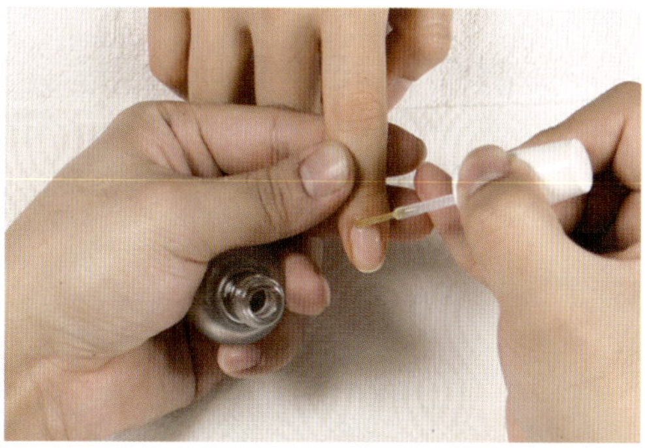

(10) 마무리

광택 파일과 오일을 이용하여 마무리한다.

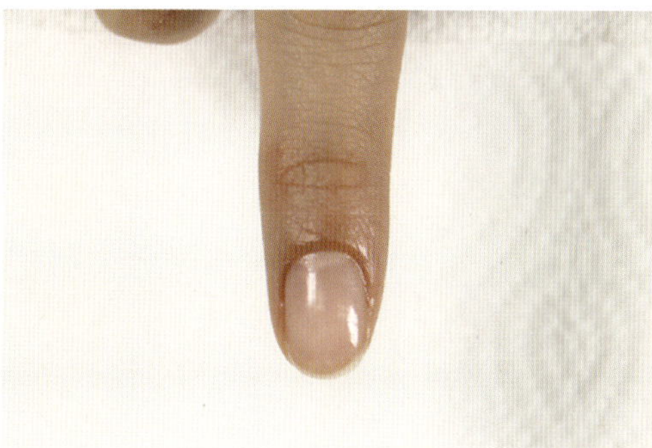

(11) 완성

2. 발 각질 제거

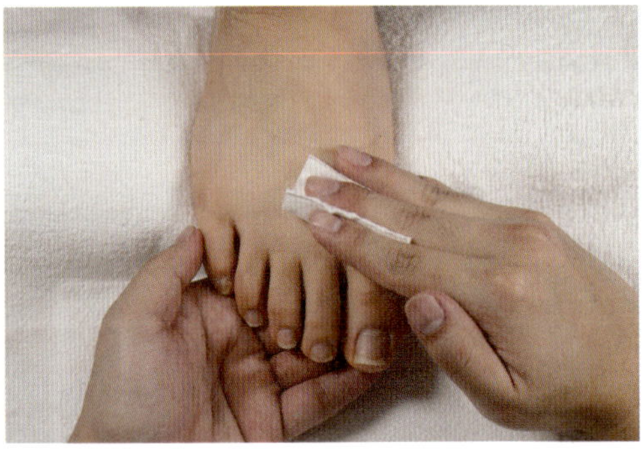

(1) 소독하기

시술자의 손을 소독한 다음에 고객의 발을 소독한다.

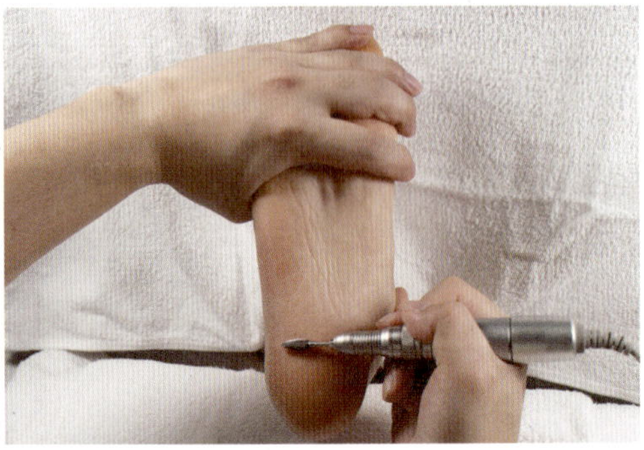

(2) 뒤꿈치 각질 제거하기

① 강한 비트를 이용하여 발 뒤꿈치의 가장 두꺼운 각질(굳은살)을 제거한다.(중앙 부분)

*시술자의 반대 손은 고객의 발을 안정적으로 잡아 준다.

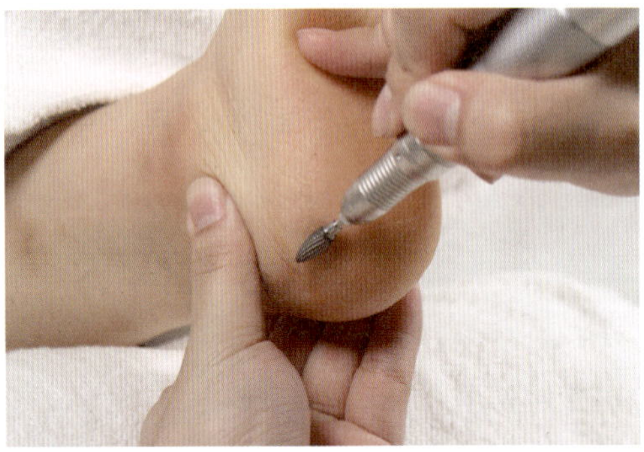

② 뒤꿈치의 바깥 사이드 부분

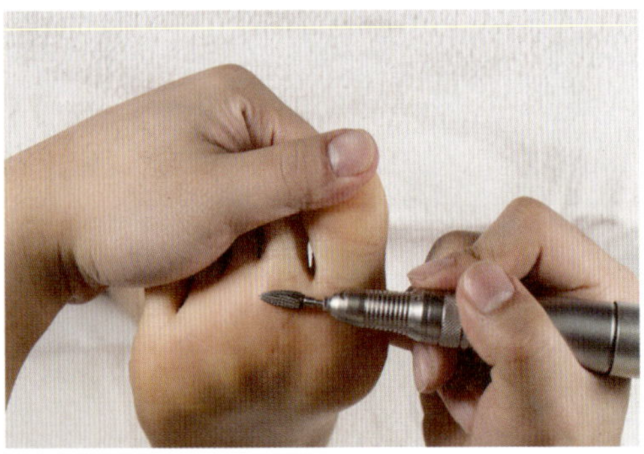

③ 발가락 아래 부분

구두를 많이 신게 되면 특히 이 부분에 각질이 많이 형성된다.

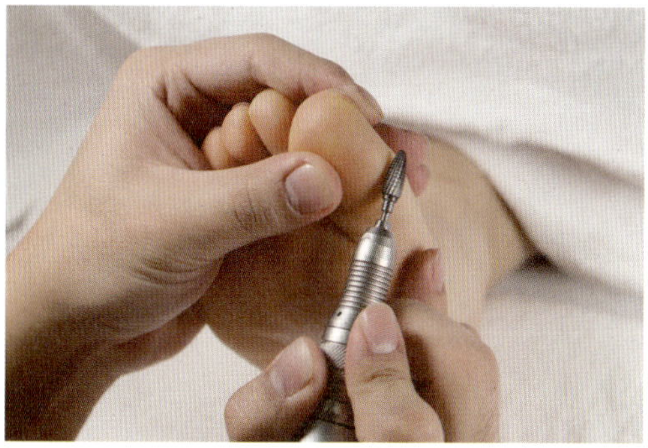

④ 엄지발가락 측면

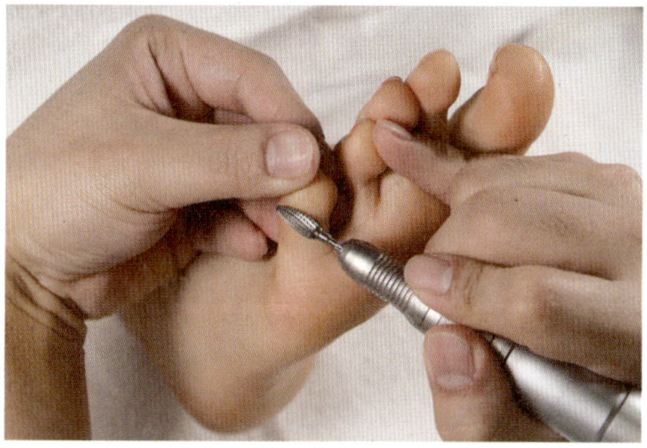

⑤ 새끼발가락 측면

* 비트의 선택은 고객의 각질 정도에 따라 강도를 선택한다.

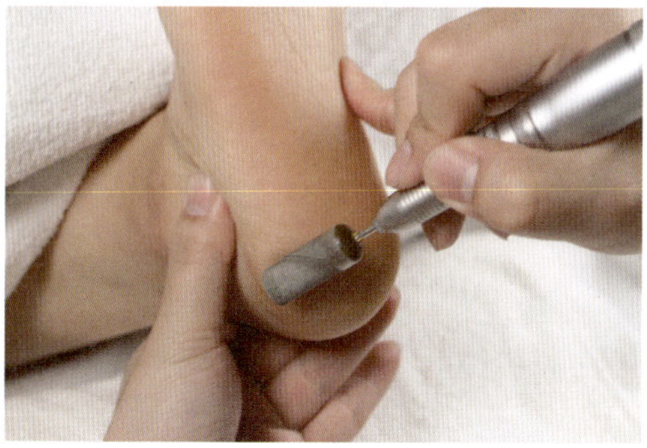

(3) 사포 비트

메탈 비트를 사용한 자리를 부드럽게 만들어 주기 위해 실시한다.

① 발바닥

② 발바닥 윗쪽

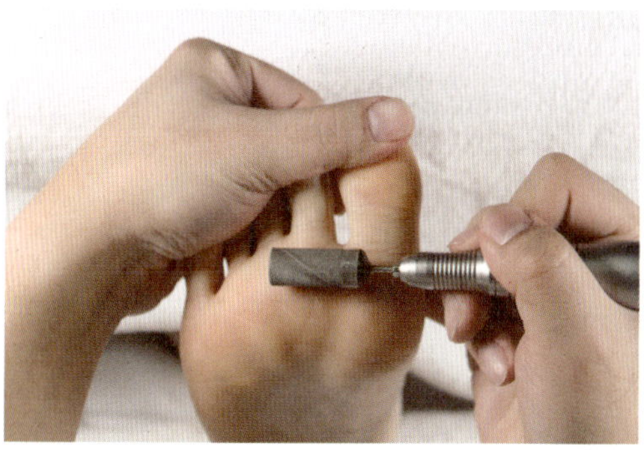

③ 발가락 측면

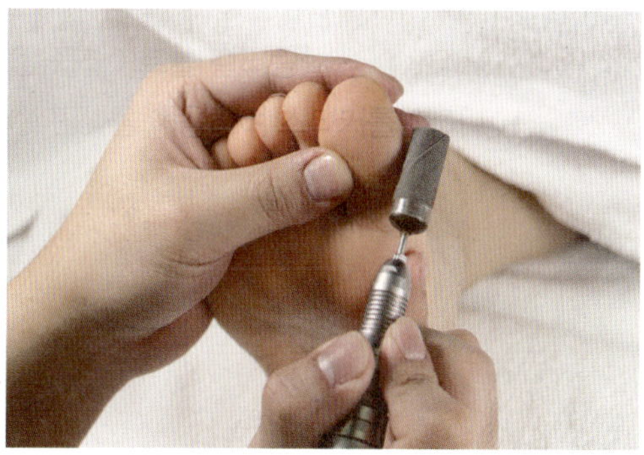

Chapter 1

PART Ⅱ 네일 실습

인조 네일 제거

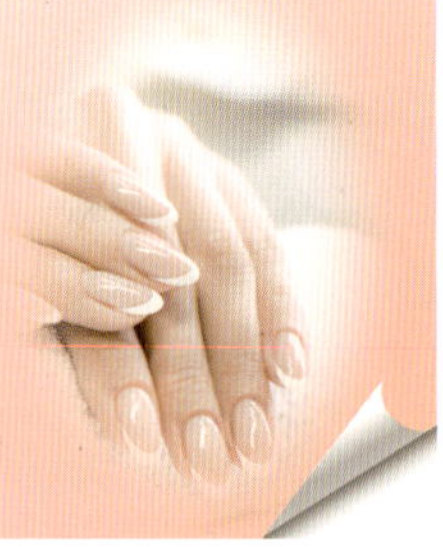

1. 팁으로 연장한 인조 네일 제거

Check point

- 팁을 연장한 뒤에 아크릴 파우더, 랩, 젤 등을 오버레이한 인조 네일을 제거하는 방법이다. 팁으로 네일을 연장했을 때에는 보강 제품은 상관없이 팁 커터를 이용하여 길이를 잘라 준다.
- 100% 아세톤 원액(푸어 아세톤)이 강하기 때문에 원 네일과 큐티클에 손상을 입을 수 있으므로, 주의하여 제거하여야 한다.

1. 필요한 재료

마스크, 위생복, 더스트 팩, 재료 받침대, 손 소독제, 솜, 습식 소독기, 손목 받침대, 페이퍼 타월, 멸균 거즈, 타월, 니퍼, 푸셔, 우드스틱, 큐티클 리무버, 퓨어 아세톤, 파일류, 샌딩, 라운드 패드, 더스트 브러시, 큐티클 오일, 팁 커터, 클리퍼

2. 사전 준비

① 테이블을 세팅(시술전 테이블 소독)하고 더스트 팩을 준비한다.

② 습식 소독제에 메탈 도구와 우드스틱을 담가 둔다.(자외선 소독기에 보관 뒤, 꺼내서 70% 알코올에 20분 담가 둔다.)

③ 재료 받침대에 관리에 필요한 제품을 세팅 한다.

④ 깔끔하고 단정한 복장에 위생복과 마스크를 착용한다.

3. 시술 방법

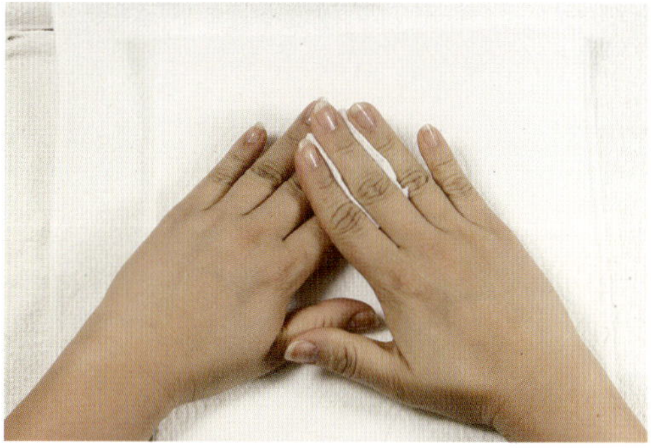

(1) 손 소독

시술자의 손을 먼저 소독한 뒤에 고객의 손을 소독한다.

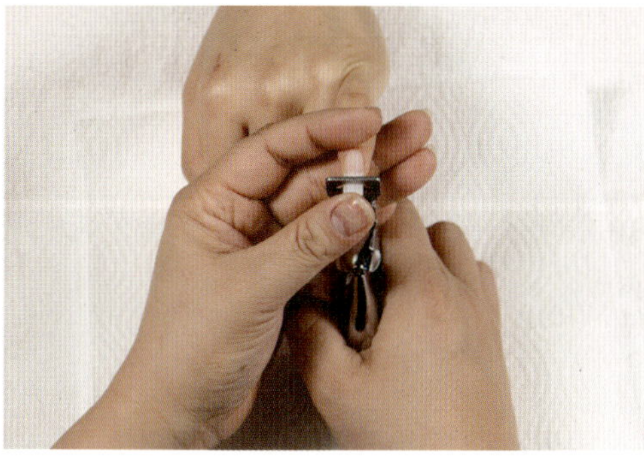

(2) 팁 커터

팁으로 연장한 네일을 팁 커터를 이용하여 커팅한 뒤, 클리퍼를 이용하여 자연 네일(원네일)만 남기고 최대한 제거한다.

(3) 파일링 하기

네일 바디가 손상되지 않도록 주의하며, 표면을 최대한 파일링 한다.

(4) 큐티클 오일 바르기

100% 아세톤 원액(퓨어 아세톤)으로 인한 피부의 손상을 막아주기 위해 큐티클 라인에 오일을 도포한다.

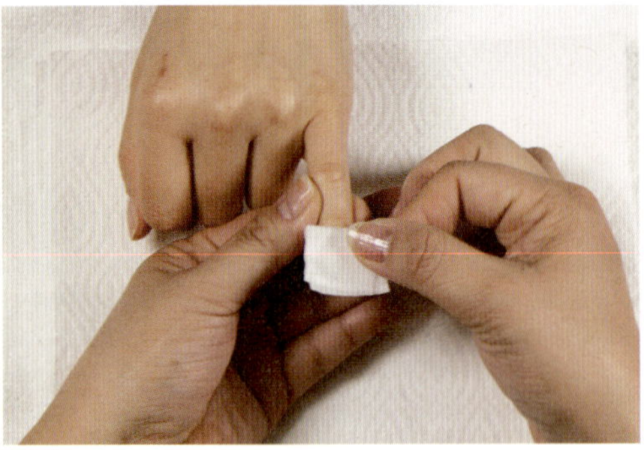

(5) 솜 올려주기

솜을 반으로 절단하여 100% 아세톤 원액(퓨어 아세톤)충분히 적셔 플레이트에 올려 준다.

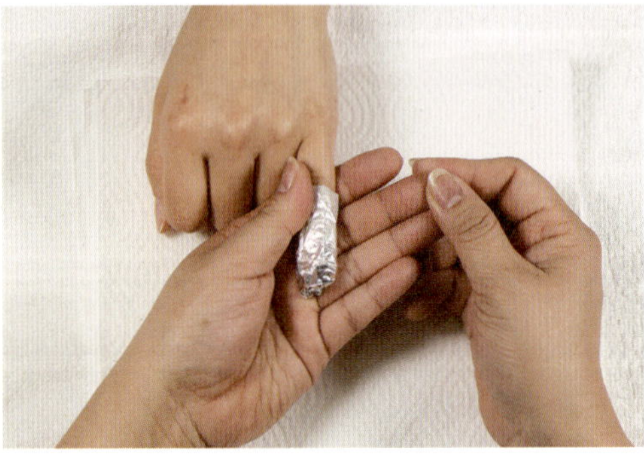

(6) 호일(Foil)

① 포일을 이용하여 손톱을 감싸 준다.

② 5~7분 정도(시술 상태에 따라 차이가 있다.) 기다린다.

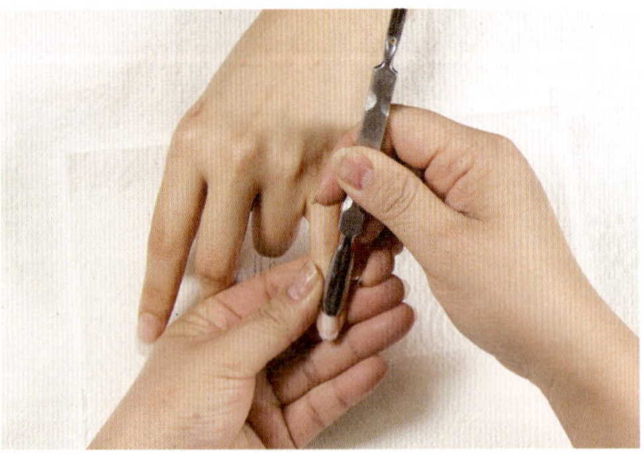

(7) 푸셔

푸셔를 이용하여 오버레이(Overlay)되어 있는 잔여물을 밀어 낸다.

* 플레이트와 큐티클이 다치지 않도록 45° 각도를 유지하고, 푸셔의 방향은 큐티클 → 프리에지 방향으로 밀어 준다.

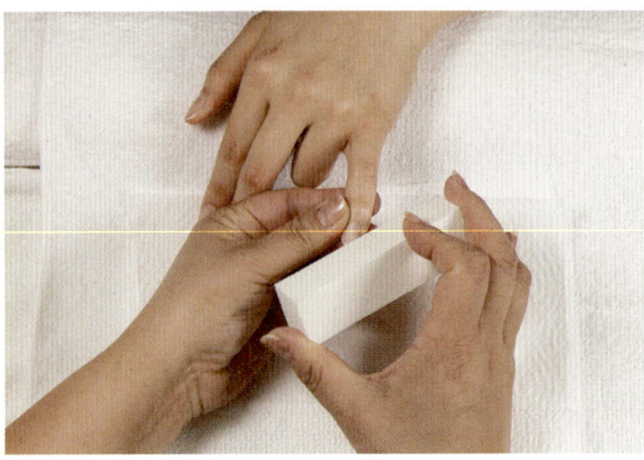

(8) 버핑(Buffing) & 셰이프(Shape)

파일 등을 이용히여 표면을 깨끗하게 마무리한다.

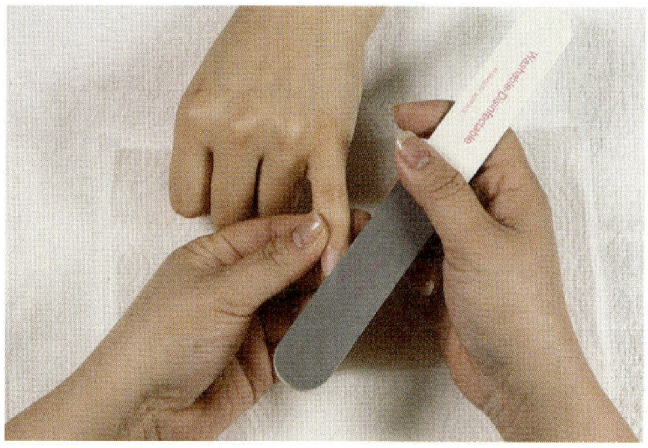

(9) 마무리

광택 파일과 오일을 이용하여 마무리한다.

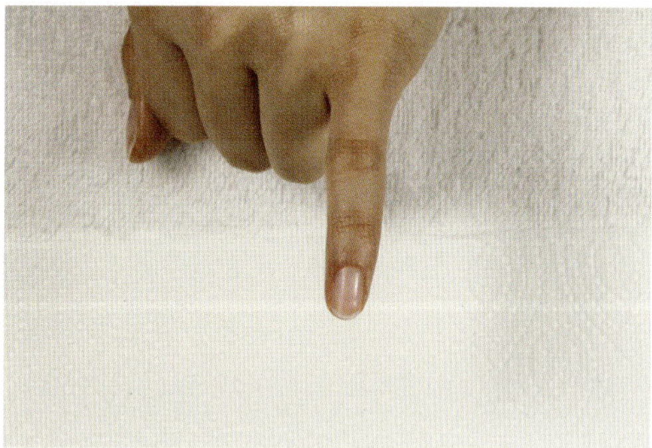

(10) 완성

2. 스캅춰 인조 네일 제거

Check point

- 폼지(Form)를 끼워 아크릴 파우더, 랩, 겔 등을 연장한 뒤에 인조 네일을 제거하는 방법이다. 팁이 부착되어 있지 않은 모든 인조 네일은 클리퍼만을 이용하여 커팅한다.
- 팁 커터기를 사용할 경우 팁의 커브와 핀치로 인한 커브가 다르기 때문에 원 네일이 뒤집어져 상해를 입을 수 있으므로 팁 커터의 사용을 금지한다.
- 100% 아세톤 원액(퓨어 아세톤)이 강하기 때문에 원 네일과 큐티클에 손상을 입을 수 있으므로, 주의하여 제거하여야 한다.

1. 필요한 재료

마스크, 위생복, 더스트 팩, 재료 받침대, 손 소독제, 솜, 습식 소독기, 손목 받침대, 페이퍼 타월, 멸균 거즈, 타월, 니퍼, 푸셔, 우드스틱, 큐티클 리무버, 퓨어 아세톤, 파일류, 샌딩, 라운드 패드, 더스트 브러시, 큐티클 오일, 클리퍼

2. 사전 준비

① 테이블을 세팅(시술 전 테이블 소독)하고 더스트 팩을 준비한다.

② 습식 소독제에 메탈 도구와 우드스틱을 담가 둔다.(자외선 소독기에 보관 뒤 꺼내서 70% 알코올에 20분 담가 둔다.)

③ 재료 받침대에 관리에 필요한 제품을 세팅한다.

④ 깔끔하고 단정한 복장에 위생복과 마스크를 착용한다.

3. 시술 방법

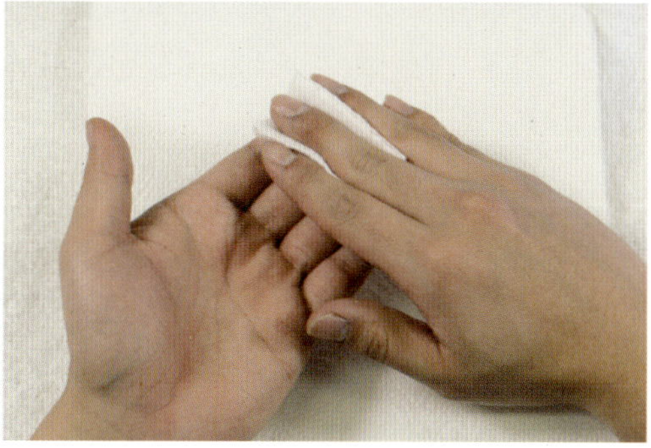

(1) 손 소독

시술자의 손을 먼저 소독한 뒤에 고객의 손을 소독한다.

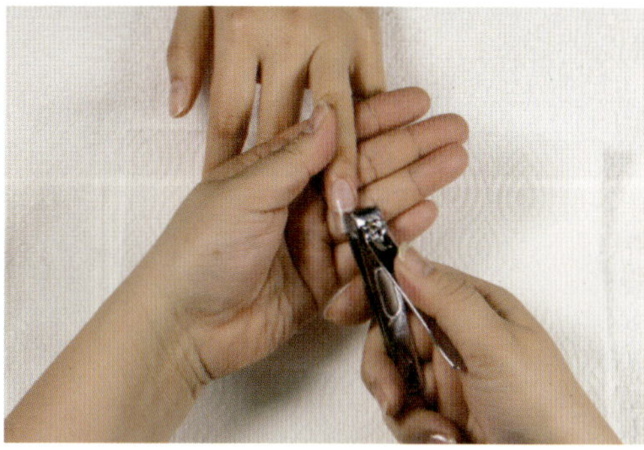

(2) 클리퍼(Clipper)

클리퍼를 이용하여 자연 네일(원 네일)만 남기고 최대한 제거한다.

(3) 파일링 하기

네일 바디가 손상되지 않도록 주의하며, 표면을 최대한 파일링 한다.

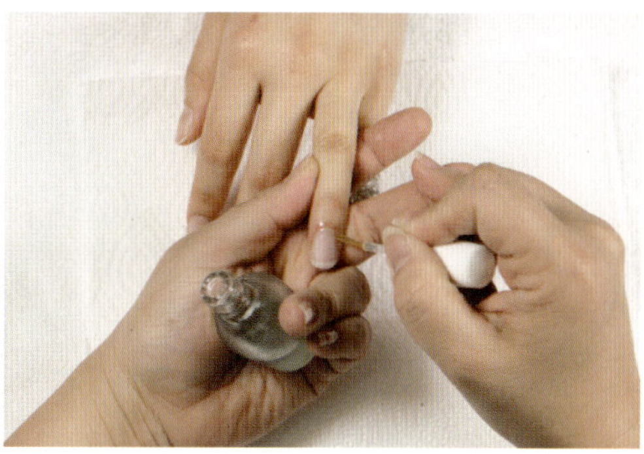

(4) 큐티클 오일 바르기

100% 아세톤 원액(퓨어 아세톤)으로 인한 피부의 손상을 막아 주기 위해 큐티클 라인에 오일을 도포한다.

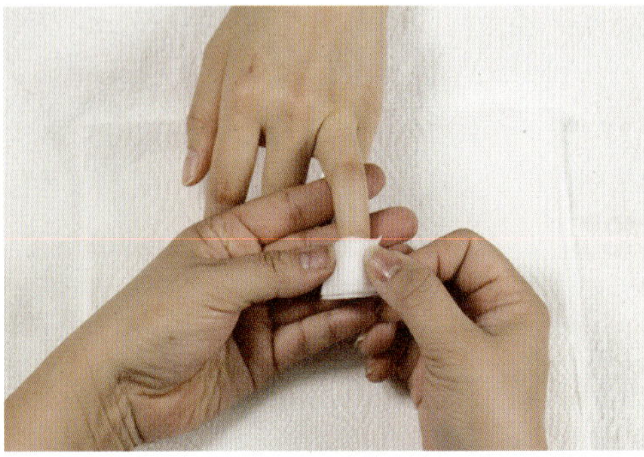

(5) 솜 올려주기

솜을 반으로 절단하여 100% 아세톤 원액(퓨어 아세톤)을 충분히 적셔 플레이트에 올려 준다.

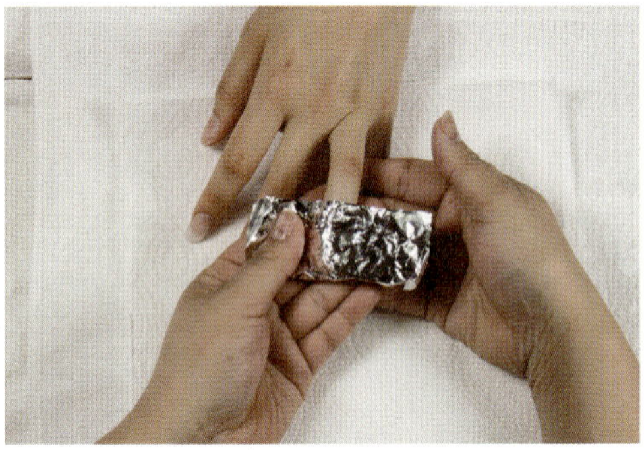

(6) 호일(Foil)

① 호일을 이용하여 손톱을 감싸 준다.
② 5~7분 정도(시술 상태에 따라 차이가 있다.) 기다린다.

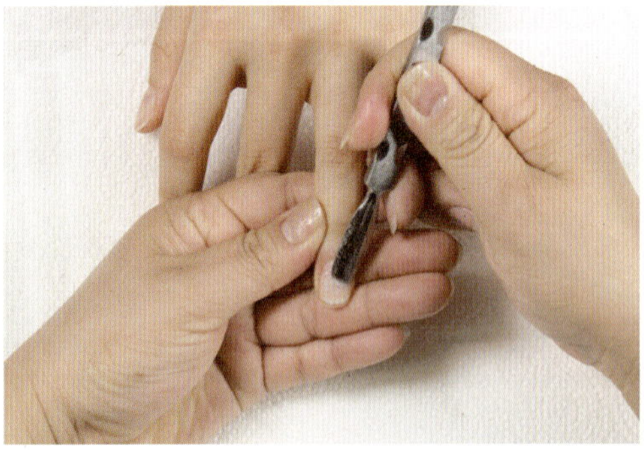

(7) 푸셔

푸셔를 이용하여 오버레이되어 있는 잔여물을 밀어 낸다.

*플레이트와 큐티클이 다치지 않도록 45° 각도를 유지하고, 푸셔의 방향은 큐티클 → 프리에지 방향으로 밀어 준다.

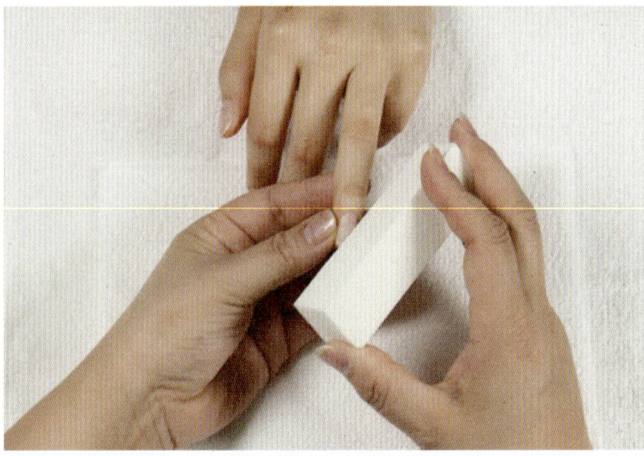

(8) 버핑(Buffing) & 셰이프(Shape)

파일 등을 이용히여 표면을 깨끗하게 마무리한다.

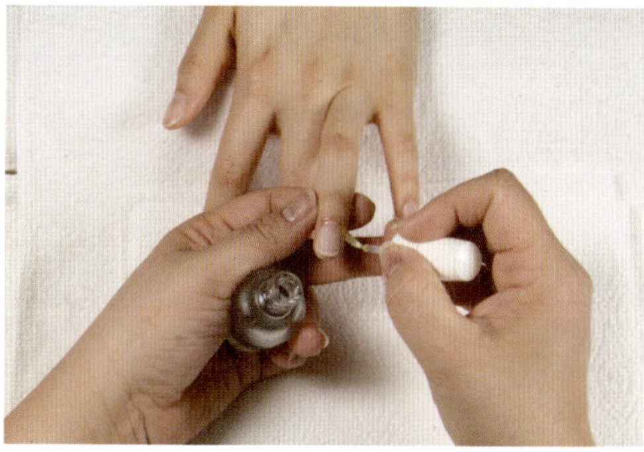

(9) 마무리

광택 파일과 오일을 이용하여 마무리한다.

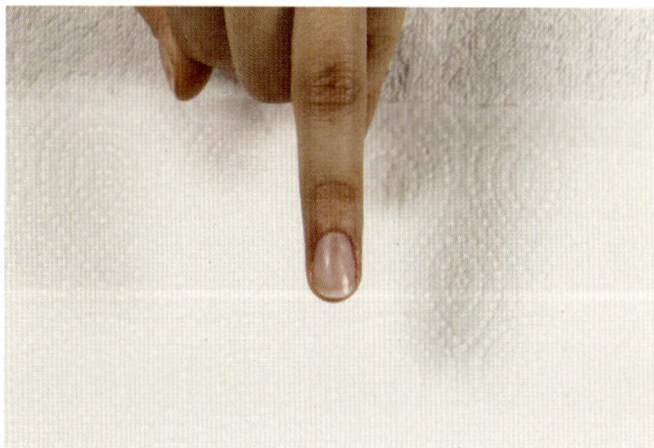

(10) 완성

참고 문헌

강성례 외 19인, "NEW 해부생리학", 2014, 메디시언.

권지우, "Nailist 네일미용사 필기", 2016, ㈜에듀웨이.

권태일 외 14인, "NEW 네일아트 이론 및 실기", 2014, 메디시언.

권태일 외 2인, "네일(미용사) 실기 시험문제", 2015, 메디시언.

권태일 외 2인, "미용사(네일) 필기 시험문제", 2015, 네일에듀.

권태일 외 2인, "미용사(네일) 실기 시험문제", 2015, 네일에듀.

구자영 외 9인, "기초 해부생리학", 2006, 도서출판 성화.

김미원 외 13인, "The World of Nail Technology, 2006", 도서출판 성화.

노민희 외 2인, "인체해부학", 2004, 정담미디어.

민방경 외 9인, "NCS기반 전공자를 위한 네일미용 I ", 2016, 가담플러스.

윤범철 외 7인, "에센스 인체해부학", 2019, 메디시언,

이미춘 외 6인, "NCS기반 네일미용학", 2018, 광문각.

찾아보기

ㄹ

ㅁ

ㅂ

ㅅ

ㅇ

ㅈ

ㅊ

ㅋ

ㅌ

ㅍ

ㅎ

기타

네일 케어 & 네일 아트

2020년 3월 1일 초판 인쇄
2020년 3월 5일 초판 발행

저 자 권태일 · 정윤주 · 허혜순 · 김경환

발행인 주병오 · 주민기

발행처 ㈜지구문화
JIGU CULTURE Co.Ltd

경기도 파주시 회동길 209
파주출판문화도시

마케팅부 (031) 955－7566 · 7577
편집부 (031) 955－7731
FAX (031) 955－7730

독자의견 전화 (031) 955－7577
홈페이지 www.ji-gu.co.kr
이메일 profjangchoon@hanmail.net
등록번호 1979년 7월 13일 제 9－57호

ISBN 979－11－86739－93－8

책은 사람을 만들고
사람은 책을 만든다.

값 25,000원